U0521946

国家社科基金冷门绝学项目（项目编号：20VJXG013）阶段性成果

地图史学研究

A Study on Cartographic History

孙靖国 著

中国社会科学出版社

图书在版编目（CIP）数据

地图史学研究 / 孙靖国著. -- 北京：中国社会科学出版社，2024.12. -- ISBN 978-7-5227-4715-6

Ⅰ．P28-092

中国国家版本馆 CIP 数据核字第 2025ZM4564 号

出 版 人	赵剑英
责任编辑	宋燕鹏
责任校对	王文源
责任印制	李寡寡

出　　版	中国社会科学出版社
社　　址	北京鼓楼西大街甲 158 号
邮　　编	100720
网　　址	http://www.csspw.cn
发 行 部	010-84083685
门 市 部	010-84029450
经　　销	新华书店及其他书店
印刷装订	北京市十月印刷有限公司
版　　次	2024 年 12 月第 1 版
印　　次	2024 年 12 月第 1 次印刷
开　　本	710×1000　1/16
印　　张	18.5
字　　数	230 千字
定　　价	89.00 元

凡购买中国社会科学出版社图书，如有质量问题请与本社营销中心联系调换

电话：010-84083683

版权所有　侵权必究

自序　地图作为对象、资料和方法

地图是什么？根据我国权威工具书——《中国大百科全书》，地图是"按照一定数学法则，经过地图概括，用特定符号将地面上的自然和人文现象缩小表示在平面上的图形"[①]。也就是说，地图是用符号法来表示地理环境中自然与人文因素的空间分布的图形呈现方式。

对于历史地理学，乃至于历史学来讲，地图都是重要的工具和成果呈现方式，这些地图既包括先民在历史时期所绘制的地图（我们将其称作"古旧地图"），也包括作为学术研究成果呈现的历史地图。当然，这二者也存在交集，也就是先民亦会绘制历史地图，以表现其语境中的历史时期的地理环境。所以，历史学研究中所涉及的地图及其功能，体现在以下两种类型和三种功能：

1. 古旧地图，作为研究对象，形成了一个分支学科，即"地图学史"。

2. 古旧地图，可以作为历史地理学，乃至历史学和地理学研究的史料，成为历史学和地理学文献的一部分。

3. 历史地图，是历史地理学，乃至历史学和地理学相关领域研究成果的符号图形表现方式。

这三个领域，既涉及历史地理学相关领域的研究对象、研究

[①] 缪鸿基：《地图》，《中国大百科全书·地理学卷》，中国大百科全书出版社1990年版，第99页。

资料，也是重要的研究方法，可以称作"地图史学"。下面，我试从地图学史和历史地图两个方面来进行回顾与反思。

一　地图学史的研究进展与几点思考

中国绘制地图的历史源远流长，而对前代地图的研究与利用，亦史不绝书，如明代罗洪先将元代朱思本的单幅地图《舆地图》增补改绘为地图集《广舆图》等。现代意义上的中国地图学史研究，可以追溯到1911年陶懋立在《地学杂志》上发表的《中国地图学发明之原始及改良进步之次序》，运用西方近代地图学方法研究中国地图，对从夏代以来的中国地图学史进行了梳理。[①] 若将该年作为现代中国地图史研究的开端的话，那么到现在已经有超过百年的历史，下面我将其分为三个阶段，进行简单回顾。

第一，肇端时期。在陶懋立之后不久，陆续有学者对中国地图学史进行研究，如1934年创办的《禹贡》半月刊，从一开始就显示出了对地图学史研究的浓厚兴趣，刊载多篇论文进行讨论。这一筚路蓝缕的开创阶段，从近代历史学和地理学角度对中国地图学史进行了梳理，同时集中研究了与中西交通关系密切的少数重要地图，如《郑和航海图》和利玛窦所绘《坤舆万国全图》等。

第二，学科体系建立时期。新中国成立后，地图学史研究呈现持续发展的态势，王庸《中国地图史纲》对从原始地图到近代地图测绘的中国地图学发展历程进行了系统的阐述，为后来的研究奠定了基础与范式。从20世纪70年代开始，"兆域图""马王堆地图""放马滩地图"等相继出土，提供了早期地图的实物证

---

① 陶懋立：《中国地图学发明之原始及改良进步之次序》，《地学杂志》1911年第2卷第11、12号。

据，对地图学史研究起到了推动作用，掀起了一个研究的热潮。

第三，全面发展时期。20世纪90年代以降，在曹婉如、郑锡煌、李孝聪、汪前进、华林甫等学者和各收藏单位的努力下，多家海内外收藏机构的古旧地图陆续以目录、图集或展览图册的形式公布出来。近年来，各地纷纷出版古旧地图集，或在编绘历史地图集的时候，将反映本地的古代地图亦收录在内，民国时期地图史的研究文献业已编汇出版。近年来，比较重要的古旧地图集有：曹婉如等编《中国古代地图集》（三册，文物出版社1990—1997年版），李孝聪《欧洲收藏部分中文古地图叙录》（国际文化出版公司1996年版），李孝聪《美国国会图书馆藏中文古地图叙录》（文物出版社2004年版），汪前进、刘若芳编《清廷三大实测全图集》（外文出版社2007年版），华林甫《英国国家档案馆庋藏近代中文舆图》（上海社会科学院出版社2009年版），中国国家图书馆、测绘出版社编著《北京古地图集》（测绘出版社2010年版），孙靖国《中国科学院图书馆藏中国古代地图叙录》（地图出版社2012年版），蓝勇主编《重庆古旧地图研究》（西南师范大学出版社2013年版），李孝聪、陈军、陈海燕编《中国长城志·图志》（江苏科学技术出版社2016年版），孙逊、钟翀主编《上海城市地图集成》（上海书画出版社2017年版），李孝聪《中国运河志·图志》（凤凰科学技术出版社2019年版），李孝聪、饶权主编《中国国家图书馆藏山川名胜舆图集成》（上海书画出版社2021年版），张萍主编《西北城市变迁古旧地图集粹》（西安地图出版社2021年版），钟翀编著《江南近代城镇地图萃编》（上海书店出版社2023年）等。

在此基础上，地图学史研究快速发展，论著明显增多，据我不完全统计，2016年，以古旧地图为研究对象的中文论文就超过了60篇，而2010年之前每年多在十几篇左右。近年来这一势头有增无减，2023年，中国历史地理学的两部重要期刊——《中国历史地理论丛》和《历史地理研究》刊发的与地图学史相关论文达到了 13 篇。利用古地图作为史料进行研究的论著亦逐年递增，对城市史、中外交通史、边疆史、海洋史等领域有明显的推动作用，如近年公布的牛津大学藏"塞尔登地图"等。国家与学术界的重视亦显著提高，进入 2010 年以后，以古地图研究为题的国家社科基金项目数量也呈增加趋势，几乎每年都有与古旧地图整理、研究相关的重大项目或冷门绝学团队项目立项，分别为卜宪群主持"《地图学史》翻译工程"（2014 年）、李孝聪主持"外国所绘近代中国城市地图集成与研究"（2015 年）、成一农主持"中国国家图书馆所藏中文古地图的整理与研究"（2016 年）、刘义杰主持"中国古代海上丝绸之路图像资料的收集、整理与研究"（2018 年）、武向平主持"近代日本在华资源'调查'及盗绘图表整理与研究（1868—1945）"（2018 年）、钟翀主持"中国国家图书馆藏山川名胜舆图整理与研究"（2019 年）、郭亮主持"西方与近代中国沿海的图绘及地缘政治、贸易交流丛考"（2020 年）、王社教主持"陕西古旧地图整理与研究"（2020 年）、韩昭庆主持"国内外庋藏康熙《皇舆全览图》谱系地图整理与研究"（2023 年）、哈斯巴根主持"边疆治理视域下北疆多语种舆图文献的整理与研究"（2023 年）等，覆盖了世界地图史、中国古代和近代地图史。学术会议方面，从 2014 年开始，中国社会科学院古代史研究所、宁波市博物馆、复旦大学、中国人民大学、云南大学和中国国家博物馆等学术机构先后举办古地图相关学术会议，地图史研究学术影响力扩大，已经成为一个新的学术增长点。

关于中国地图学史研究的进一步发展，我有下列几点思考，敬请学界同仁批评。

一是中国地图学史研究的理论和方法。目前来看，研究中国地图学史大概有如下两种角度：其一为从科技史的角度进行研究，似可名之为"科学取径"，注重从现存地图和文献记载中提炼技术进步的线索。另一是从思想、文化甚至是艺术角度来进行研究，似可命名为"文化取径"，如余定国在《地图学史》第二卷第二册中，对中国古代地图以数字化或定量化为方向不断向前发展的理念提出了疑问，他认为："中国文化中的地图不仅用于展示距离，还可用于彰显权力、教育和审美。"① 余定国虽然并未真正建构起一套自洽的中国地图学史体系，但促进了学界的反思。成一农在其《"非科学"的中国传统舆图：中国传统舆图绘制研究》中也对"科学取径"的支柱命题"制图六体"和"计里画方"进行了质疑，主张应当重新对中国地图学史进行构建。②

我认为，正如思想史不应该只是少数思想家或著作的编联，地图学史也不应只是少数被认为是被选择出来的地图的连缀。事实上，如果我们对存世的大量中国古地图进行广泛的研究的话，就会发现，大部分地图，尤其是绘本，都是由特定的人绘制，描绘特定的对象，表现特定的内容，给特定的人看，所以其表现方法也以其认为最适合于所表现内容的方式来呈现，而不必考虑其阅读对象范围之外的读者的需要。正如李孝聪在《古代地图的启示》中所指出的："大多数中国人编制的地图都是为了使用，而不是单纯专为私人收藏而绘""对中国人编制地图的实用性与精确度的评判只有从过去两千多年中国传统社会体制的需要与中国人日常的耕读生活上去认识才能理解"③。从这一角度切入研究，不妨称之为"功能取径"。

如果从世界地图学史的发展轨迹来考察，我们可以发现，包括中国在内的大部分地区都没有发展出经纬投影的科学测绘体系，而多是用地物之间的相对位置关系来表现地理形势，即使是

---

① ［美］J. B. 哈利、［美］戴维·伍德沃德主编，黄义军译，卜宪群审译：《地图学史》第二卷第二分册《东亚与东南亚传统社会的地图学史》，中国社会科学出版社2022年版，第65页。
② 成一农：《"非科学"的中国传统舆图：中国传统舆图绘制研究》，中国社会科学出版社2016年版。
③ 李孝聪：《古代地图的启示》，《读书》1997年第7期。

古代地中海世界，虽然很早就产生了地圆学说，托勒密在其《地理学（Geography）》中介绍了使用投影绘制世界地图的技术，但保存至今的很多地图都没有采用投影测绘法，比如被认为绘制于公元4世纪的《波伊廷格地图（Peutinger Table）》，在今天可见的13世纪副本上，亦是用象形符号表示地理要素，地物之间距离用文字标注表示，并无统一的比例尺。中世纪的《不列颠地图（Matthew Paris's Map of Britain）》《高夫地图（Gough Map）》等表现较大区域的地图，以及众多表现城市等小区域的地图，也都是如此，而直到大航海时代以后，经纬投影测绘才逐渐成为西方绘制各类地图的主流。从这个角度来看，在标准统一，可以拼合拆分的投影测绘体系推广之前，大部分的古地图都是特定的，中国也不例外。根据清宫内府保留下来的舆图档案《天下舆图总折》《萝图荟萃》和今天所见的古地图，我们可以看到，在清代，由西方传教士主持用西法测绘地图的同时及其后，各地仍在绘制传统地图，即使到了19世纪末，中法两国勘定广西中越边界以近代实测地形图为准，但清朝主持勘界的官员蔡希邠仍自行绘制传统地图以记录此次勘界，由此亦可证中国古代地图特定性传统之深厚。[1]

明确了这一点之后，我以为，只有在将大量现存古地图还原到当时的历史背景下，结合当时的地理认识、绘画技法等因素进行细致研究之后，我们才能更真切地了解和再现具有不同目的、功能的地图的绘制与表现场景，才能摆脱过去以少数被认为有"代表性"的地图为主体的叙事途径，更全面地呈现中国古代地图绘制和使用的全貌，还原地图学史的情景。与前辈学者受限于材料，只能多从传世文献中搜集资料相比，得益于大量古地图图像的公布，更加细致的研究亦是这一时代学术研究发展应有

---

[1] 参见周长山《中法陆路勘界与〈广西中越全界之图〉》，中国地理学会历史地理专业委员会《历史地理》编辑委员会编：《历史地理》第三十一辑，上海人民出版社2015年版。

之义。

二是继续进行世界范围内的古旧地图搜集、整理和编目工作。由于地图的绘制、保存、复制难度均高于普通书籍，所以古代地图多已亡佚，在流散过程中也往往与原档案或原系列地图分离，虽然现在已披露很多珍品地图，但仍有诸多收藏单位的藏品并未公开，甚至连可用的目录都付诸阙如，所以学界无从把握现存古地图的全貌，更在研究单幅地图时往往无法明确其在地图史上的定位。如果海内外各收藏单位可以编制"中国古旧地图联合目录"，将对学术研究产生极大裨益。

三是古代地图绘制群体和小传统的梳理。中国古代地图的个别性，决定了未必有统一的测绘手段或行为，可能既有如《海岛算经》般的数学计算，也有如石涛论画所言"搜尽奇峰打草稿"式的简单踏勘或凭借经验记忆；既有如《广舆图》般以简洁的地图语言呈现，也有利用图说注记增补地理信息。也就是海野一隆在《地图的文化史》中所提出的"多系并存"现象。同时，我们可以发现，中国古地图存在一些小传统，比如不同机构绘制的区域地图、河工地图、军事地图、路程图等，但这些地图传统之间往往彼此相差较大，而且不同地理单元或层级的地图不能拼合，说明在当时很可能存在不同的绘制者群体，这些不同的群体和小传统的技术如何传承，彼此之间是否存在技术的交流，应是研究地图史的重要切入点。

四是测绘史与现存古地图之间关系的研究。古地图虽然可以挖掘出多个学科的价值，但测绘史是其重要学科属性这一点毋庸置疑。地图的测绘，是人类对地理空间进行认识、测量、重组，并用特定符号在平面上呈现的过程，地图是测绘活动的结果，彼此之间密不可分，文献中所记载的测绘技术已有很充分的研究，那么这些测绘技术应用到哪些地图上，如何应用，现存古地图又是用何种测绘方式制作，这二者之间的关系也应是地图史研究的重要切入点。

五是将中国地图史置于世界范围内进行研究，将中国古代地图与各个地区（而非仅仅西欧地区）的地图传统进行比较，以切实把握中国地图传统的特色与贡献。

中国地图学史所研究的对象是中国古旧地图，以及中国历史时期绘制、使用、传播地图的情况。就整个中国地图学史的研究内容而言，无论是文献记载，还是实物证据，既有悠久的历史，又有丰富的地图实物。如前所揭，从陶懋立开始，经过历代学者一百多年的努力，尤其是近30年以来，随着曹婉如先生主编《中国古代地图集》和李孝聪教授所著《欧洲收藏部分中文古地图叙录》《美国国会图书馆藏中文古地图叙录》等地图图录的陆续公布，大批中国古旧地图得以披露，围绕中国地图学史进行的讨论也日益深入与广泛。但时至今日，在深入挖掘中国地图学史的学术价值的过程中，依然存在就图论图、关注重点局限于中国古旧地图等问题，限制了古旧地图这一独特文献的史料价值的发挥。其中一个重要的问题，就是应避免就中国地图学史谈中国地图学史，应该将其置于世界各地区地图绘制、使用与传播的大背景下，进行比较研究，以便更好地认识中国传统地图的特点。① 具体而言，我在研究中国地图学史的过程中，常常因只就中国传统地图及其近代转型而论而深感困惑，在总结中国地图发展的"规律"或"特点"时往往不敢遽断，因为缺乏其他区域地图学史的总体认识，所以无法判定哪些属于中国地图的"特点"，哪些则是很多地区普遍经历的阶段。而且，如果我们将重点转到讨论面对同样或类似的问题，不同地区的地图绘制会呈现出哪些异同之处，反映了哪些地理观念甚至是更深层次的内容，也许会有很多收获。这些异同之处对于反观中国传统舆图，审视中国传统地理观念，衡量中国先民地理观念，亦应有重要的学术价值。

---

① 参见成一农《近70年来中国古地图与地图学史研究的主要进展》，《中国历史地理论丛》2019年第3辑。

正是出于这样的想法,我参与了《地图学史》(*The History of Cartography*)的翻译工作,负责翻译戴维·伍德沃德(David Woodward)主编的《地图学史》第三卷《欧洲文艺复兴时期的地图学史》(*Cartography in the European Renaissance*)的第二册。在翻译该书的过程中,我深刻感受到,我们对世界各地地图学发展的脉络和细节越清楚,就越有助于我们更清晰地把握中国传统地图和地图学史的特点,究竟哪些是中国传统地图的独特之处,哪些属于人类地图学发展的共性。虽然衡量中国地图学史,应该是在包括欧洲等全世界各地区地图学史的背景下进行(这也是该套丛书的重要价值所在),但仅就欧洲近代地图学史而言,就已经足以说明很多问题,尤其是该书所提供的欧洲地图学发展的丰富细节,通过与中国古代地图互相印证,对于我们了解地图所呈现的地理知识的形成与不同使用群体,有着非常重要的启发意义。期待包括本人工作在内的《地图学史》的翻译,能够对中国地图学史的研究起到促进作用,也期待着中国地图学史研究的深入与广泛,其成果能更好地丰富与推动世界地图学史的进一步发展。希望古旧地图能够在历史学、地理学、科技史、文化、思想等广阔学术领域发挥其独有的文献价值,从诸多维度为读者提供启迪。

最后,古地图研究之所以呈现不同方法取径,恰是因为其与历史学、地理学、测绘学乃至文化艺术等学科的密切联系。应充分展现古地图对不同学科研究的价值,大力推进从多种角度对古地图的研究,进而更全面地把握本就具备多重维度的中国地图史面貌。

二 历史地图编绘与历史地理学研究

历史地图是历史地理学研究的重要成果,而且堪称历史地理学研究独有的成果,无论对于历史地理学研究成果的展示,还是对于推动历史地理学研究，都有着不可替代的重要作用。

首先，历史地图可以更加直观、更有效率地表现相关历史地理学研究的结论，帮助读者更全面、更直接、更具象地掌握相关研究的结论。

其次，历史地图可以直接提供历史时期相关地物的空间分布格局，并作为空间分析的工具和结果，一目了然地展示相关历史时期相关地域人地关系的情况和演变。

再次，由于历史地图具有直观性和完整性，可以帮助研究者克服"集粹法"的弊病，促使研究者对文字文献中的模糊性、不完整性等问题进行反思和警惕，推动历史地理学向着更深层次研究。

最后，在绘制历史地图过程中，不可避免地处理到一些以往可以模糊处理的问题，比如治所、城市、聚邑等的具体位置，海岸线的具体轮廓，河流的具体走向，湖泊的分布范围，道路的经行路线，等等，这些在很多研究中往往可以通过文字表述模糊处理，比如某地在今某地某方位，有的可能更精细一些，总体来说并不精确，在文字表述语境下似足可应对。但在绘制历史地图过程中，却无法回避。再比如文化区域、风俗区域、气候区域、灾害波及区域、植物分布、动物分布等历史区域研究和表述，单纯的文字描述可以粗略地写为"幽并一带""四川盆地西部""长江下游等地"，有些相对模糊，有的甚至会跨越自然地理界线而无从确认。

正因如此，我认为：第一，历史地图应该成为历史地理研究的必备表现形式，正如谭其骧先生曾经指出的："地理之学，非图不明"①，应该呼吁历史地理成果发表时尽量绘制历史地图，以表现其成果的空间格局和地物的空间关系。第二，历史地图编

---

① 谭其骧：《中国古代地图集·序》，《中国古代地图集（明代卷）》，文物出版社1995年版，第2页；又见氏著《长水集续编》，人民出版社1994年版，第356页。

绘理论、方法和思路方面的探讨在近年来比较鲜见，应大力倡导此领域的研究，学界也应投入力量探讨新时代的历史地图绘制标准与规范。

要之，与历史地理学密切相关的地图，包括古旧地图和历史地图，前者是研究对象和资料，后者是成果表现方式。二者均为历史地理学独特且核心的文献和呈现方式，更应该在理论与方法方面推动历史地理学的研究。本书正是基于这个目的，将我十五年来的相关研究整合成书，希望能有些许裨益，也期待着同仁的批评。

目　录

第一章　边图研究 ……………………………………………（1）
　《整饬大同左卫兵备道造完所属各城堡图说》
　　与明清之际宣大形势 ……………………………………（1）
　古地图地理信息的量化研究方法探析 ……………………（14）

第二章　海图研究……………………………………………（31）
　郑若曾系列地图对岛屿的表现方法 ………………………（31）
　明清之际的北洋海域与《登津山宁四镇海图》 …………（44）
　《江防海防图》再释
　　——兼论中国传统舆图所承载地理信息的复杂性 ……（55）
　《山东至朝鲜运粮图》与明清中朝海上通道 ……………（73）
　陈伦炯《海国闻见录》及其系列地图的版本和来源 ……（82）
　黄叔璥《海洋图》与清代大兴黄氏家族婚宦研究 ………（97）
　古地图中所见清代内外洋划分与巡洋会哨 ………………（112）
　《直隶沿海各州县入海水道及沙碛远近陆路险易图说》
　　与清后期直隶河海情形 …………………………………（125）
　从几幅海图看中国地图的近代转型 ………………………（134）

第三章　世界范围内地图文化研究 ………………………（147）
　欧洲文艺复兴时期与中国明清时期地图学史三题 ………（147）

美国国会图书馆藏《大明一统山河图》与
　　明清东亚地理信息交流 …………………………（162）

第四章　专题地图与历史地图 …………………………（175）
从舆图看清东陵的管理与殡葬活动 ………………（175）
《湖北省江汉堤工图》与相关历史地理问题 …………（186）
美国国会图书馆藏1882年日本人所绘盛京城镇地图
　　与相关历史地理问题 …………………………（201）
古地图中所见延庆历史地理 ………………………（215）
清代钱塘江海塘地图举要 …………………………（226）
由"读史地图"到"历史地图"
　　——《中国史稿地图集》对中国现代历史地图集
　　发展的影响 …………………………………（241）

参考文献 ………………………………………………（259）

后　记 …………………………………………………（279）

第一章 边图研究

《整饬大同左卫兵备道造完所属各城堡图说》与明清之际宣大形势

一 《图说》的内容与绘制技法

中国科学院图书馆收藏有一套彩绘地图集，绫纸本，每叶开本为纵26.3厘米，横33.1厘米。蓝色封面封底，封面居中贴签题写图名"整饬大同左卫兵备道造完所属各城堡图说"①。图集中地图32幅，说29篇，其中"三路总图"及各路总图共4幅，各占1叶，"三路总图"所附"云西地里图说"亦占1叶，各路总图无图说，其余各城堡右图左说，各占半叶。具体细目为：三路总图、云西地里图说、中路总图、左卫城、右卫城、杀虎堡、破虎堡、铁山堡、牛心堡、残虎堡、马堡、红土堡、黄土堡、云阳堡、三屯堡、马营堡、北西路总图、助马堡、拒门堡、灭鲁堡、威鲁堡、宁鲁堡、破鲁堡、保安堡、云冈堡、云西堡、威远路总图、威远城、云石堡、威虎堡、威平堡、祁家河堡、高山城。图中无比例尺，亦无方向标，但大体保持上北下南的方向。这套图集描绘了大同左卫兵

---

① 此图集图像与图说文字，参见拙著《舆图指要——中国科学院图书馆藏中国古地图叙录》，中国地图出版社2012年版，第138—153页。按：为行文简洁，本节用《图说》来指代《整饬大同左卫兵备道造完所属各城堡图说》，杨时宁所著《宣大山西三镇图说》则用《三镇图说》指代。

备道所辖地区（约今山西左云、右玉两县）的山脉、河流、城堡、边墙以及城堡之间的交通路线。

  《图说》采用形象化的符号法来描绘大同左卫道辖区内的各种地理信息，如山脉绘成不同颜色的山峦形状，河流则用绿色曲线表示，有些河段，尤其是山间河流或一些河流的上游（多为从山上流出）则绘成较粗的赭石色带状，似是强调这类季节性河流洪水暴发时携带泥沙导致河水较浑浊的现象。城堡周边的民堡、庙宇、接火墩等亦绘出，只是与城堡相比画得很小，以示并非重点。交通线用红色细线条描绘，交通线的走向绘制得非常明晰，在具体城堡图中尤其明显，若与当地的地理环境相对照，则可看出反映了当时的交通路线情况。如"云西堡图"，该堡位于十里河谷地南岸，地势由南至向下倾斜。从地图来看，云西堡只开北门，自是因为当时的交通线是沿着十里河的河谷，避免上坡绕行。另外北门外加修了一圈堡墙，究其原因，一方面当是十里河河道摆动较大，对南岸形成冲击威胁，加修堡墙有防范洪水的作用。另一方面，从云西堡图来看，道路与城堡相通之处为外堡墙的东西两侧小门，可见亦起到瓮城的军事防御作用。同样，对于一些绘制者认为重要的地形地貌，《图说》中亦着重绘出，甚至加以夸张地表现，以凸显其重要意义，如高山城北十里河南岸的阶地和台地。

  边墙、烽燧和各类城堡是《图说》表现的重点，边墙用立面的带状墙体表现，每隔一段绘制一座敌楼状符号，中间夹有烽燧状符号。城堡用立面的方形城垣形状表示，上面画有城楼、角楼和城门，以读图者鸟瞰审视的方向，以平立面结合的方式表现出角度。以城门和城楼为例，南城墙与北城墙的城楼、角楼、城门都是正向，而东西两侧则向两边外侧倒置。城门的数量与方位虽然在《图说》中并未提及，但从图上所表现内容与《三镇图说》《三云筹俎考》相对照来看，是一致的。可见城门、城楼是一座城堡防御体系中的关键部位，绘图者对之非常重视。城堡的轮廓绘制得非常细致，一些与普通方形城堡不同的特别形制亦被清晰绘出，比如高山城、受沧头河威胁而收起西南城角的右卫城、包筑有大型关厢的助马堡等。

图中建筑的着色，分为蓝色与黄色两类，大部分城堡、少数边墙的边台以及城堡（包括很多村堡）的城门都用蓝色涂抹；而用黄色着色的建筑主要有五种类型：1. 边墙与大多数边台；2. 塞外废弃的城堡，有玉林城、丰州城、凉城儿、云内城等，并在四面城垣上绘出缺口，以示废弃；3. 腹里接火墩；4. 村堡或寺庙等建筑，如"左卫城"图中的端午村、十里窑村、马立寨村、李石匠村、向阳寨村、南荆庄、马到头等，"右卫城"图中的真武庙、草沟堡、辛堡子、王杰窑子、油坊头堡、刘家堡、包官岭堡、高家堡等，但值得注意的是，大多数堡门都是绘成蓝色的；5. 马营河堡、三屯堡、旧云石堡、旧云冈堡、云冈堡、平集堡等少数官堡，堡门都着以蓝色。从《图说》中的文字记载来看，墙体着黄色的这几座官堡具有一个共同点：堡墙都是土筑，没有包砖。而其他城堡除残虎堡、马堡、红土堡、祁家河堡系"用石包修"外，皆用砖包砌。从边墙来看，今天大同、左云和右玉三地的明长城墙体均未发现包砖痕迹，而若干敌楼、城门则为砖砌。① 可见黄色与蓝色是为了区分城堡等建筑墙体土筑与砖石包甃两种情况，大同左卫道处塞上要地，城堡等防御工事的坚固程度，自是当地军政机构关注的重点之一。

图说共有 7600 余字，内容非常详细，包含了边防所需要了解的各方面信息，如：

灭鲁堡

建自明嘉靖二十二年，万历元年用砖包修。周围二里四分六厘，身高三丈，女墙八尺。东至破鲁堡，西至威鲁堡各二十

---

① 董耀会、吴德玉：《大同市辖长城现状》《左云县辖长城现状》《右玉县辖长城现状》，载中国长城学会编《长城百科全书》，吉林人民出版社 1994 年版，第 1150—1153 页。

里，南至高山城三十二里，北至边墙七里。边墙北自保安堡头墩起，西至威鲁堡旧庄墩界止，长四里三分。原管边墩六座，内奉文裁去墩五座，今题留墩一座、腹里接火墩十座。本堡内设守备一员、把总一员，今定经制，官军一百二员名、马四匹，见在米豆草束无。本堡外控保安诸堡，内蔽左卫，云西要冲之地也。东与破鲁相接而地势平衍，无崇山峻岭以为之限，守斯地者可不加之意云。

综合来看，图说中包含的信息有以下几方面：
1. 城堡的建置沿革、城墙的修筑年代、包砖情况、周长、高度（包括墙体高度和女墙高度）；2. 城堡与周边四个方向（东、南、西、北）的相邻城堡的距离；3. 城堡分管边墙起止地点、长度，所管理边墩、边台和腹里接火墩数目、情况，以及裁撤后所管辖的边墩、接火墩数目；4. 设置于城堡的职官，包括道员、同知；大同总兵下属的参将、守备、管操中军、把总、操守、防守等职官；山西行都司下属的掌印卫守备、卫千总、百总、千总管巡捕事、所掌印军政、站官、儒学训导等职官；5. 确定经制后的官军员名，以及裁撤前后官军员名的变化；6. 马骡、粮米、料豆等军用物资的情况；7. 崇祯年间以来城堡的修筑情况；8. 对城堡战略价值和军事地位的分析，以及绘制者个人的建议。

总体而言，《图说》的绘制着眼于军事战守，体现出浓厚的实用主义色彩。从绘制手法和表现形式来看，与《三镇图说》《三云筹俎考》呈现出惊人的相似之处，此图很有可能受到了后者的影响。

二 《图说》的绘制时间与背景

在《图说》开篇，有专章"云西地里图说"，叙述大同左卫兵备道的建置、地理、形胜、沿革与绘制此图集的背景，兹录于下：

尝考右卫北十五里即为边界，且孤悬隔远大同，于是设兵备一员，与左卫路参将同住左卫，此云西一道所由防也。其所辖，则右卫与助马、威远三路，左、云、右、玉、威远五卫及高山等二十八城堡。继奉文将红土、马营二堡裁革，军马俱归并右卫城，所辖共二十六城堡。后定经制，将马堡、残虎、铁山、黄土、云阳、三屯、威平、祁家河、云西九堡守、操议裁，各设坐堡一员、守门军各十名，专司启闭。今奉文，坐堡议裁，止留兵丁看守门禁。惟是诸城堡延袤四百余里，沿边一带，东起拒门，西尽威虎，凡二百四十余里，其兵马、边垣、钱粮仍隶本道。向卜部、哈部市口卖马，塞人得安耕牧。自逆闯蹂躏以来，搜括捐助，紊乱营伍，云西一带遂极萧条。恢云而后，问死存孤，百尔安集，遗黎稍稍复业。然以东翼云，为大同之右臂；以南控晋，为偏、老之后门。今闯贼虽灭，余氛未烬，豕突狼奔，犹虞窃发，一切固圉，视昔宜饬焉。今着本道分隶四路城堡图各系一说，庶一览而云西形胜在目前矣。

《图说》中叙及城堡沿革，均做"明某年"，如"左卫城"图说中"按明洪武二十五年初设为镇朔卫，寻革"；"杀虎堡"图说中"建自明嘉靖二十三年"等。城堡名中所带"胡""虏"字样，都已改为"虎"与"鲁"。很显然，此图应为清人所作。"左卫城"图说中提到"左、云二卫"，"右卫城图说"中提到"右、玉二卫"。而云川、玉林二卫分别于顺治七年（1650）十月归并于大同左卫和右卫。①可见《图说》至少应绘制于顺治七年十月之前。

又，顺治六年（1649）九月，清政府着手调整宣大二镇官兵经制，对各城堡驻守职官和官军名额都有规定。②而此《图说》中，

---

① 《清世祖实录》卷50，顺治七年十月癸卯，中华书局1985年影印本，第400页。
② 《清世祖实录》卷46，顺治六年九月丁丑，中华书局1985年影印本，第368页。

各城堡所定经制官军员额与顺治六年（1649）"更定经制"员额不同，加上明代万历年间编著的《三镇图说》中所记载数额进行对比，列表于下。

表1　　　　　　　　　　大同左卫道驻军对比表

城堡名	今地	《三镇图说》兵数	《图说》兵数	顺治六年定兵数
左卫城	左云县城	1500	1235	200
右卫城	右玉县右卫镇	1630	900	200
杀虎堡	右玉县杀虎口村	778	200	100
破虎堡	右玉县破虎堡村	700	200	100
铁山堡	右玉县铁山堡村	534	10	
牛心堡	右玉县牛心堡乡	434	100	100
残虎堡	右玉县残虎堡村	395	10	
马堡	右玉县马堡村	364	10	
红土堡	右玉县红土堡村	275		
黄土堡	右玉县黄土坡村	321	10	
云阳堡	右玉县云阳堡村	313	10	
三屯堡	左云县三屯乡	292	10	
马营堡	右玉县马营河村	200		
助马堡	大同市助马堡村	634	900	400
拒门堡	大同市拒门堡村	487	100	100
灭鲁堡	左云县管家堡乡	389	100	100
威鲁堡	左云县威鲁村	416	100	100
宁鲁堡	左云县宁鲁堡村	392	100	100
破鲁堡	大同市新荣区破鲁堡村	320	100	100
保安堡	左云县保安村	382	100	100
云冈堡	大同市云冈石窟	218	100	100
云西堡	左云县云西村	345	10	
威远城	右玉县威远镇	752	900	400
云石堡	右玉县云石堡村	543	100	100
威虎堡	朔州市少家堡村	467	100	100
威平堡	右玉县威坪堡村	279	10	
祁家河堡	右玉县城	215	10	
高山城	大同市高山镇	723	300	200

资料来源：《宣大山西三镇图说》《图说》及《清世祖实录》卷46。

第一章 边图研究

由上面对照表可以看出，顺治六年（1649）所确定各城堡的官兵员名，与《图说》中所载，大体上都有一个较大幅度的削减。其中红土、马营二堡据《图说》所述即已"奉示裁革"，故顺治六年经制未提及。马堡、残虎、铁山、黄土、云阳、三屯、威平、祁家河、云西等九堡《图说》中只剩下门军10名，顺治六年一并裁去。牛心、拒门、灭鲁、威鲁、宁鲁、破鲁、保安、云冈、云石、威虎等十堡官兵数量本就为100，①顺治六年保持不变，但设官由守备官（牛心堡原为操守官）与把总削减为操守一员。杀虎、破虎二堡《图说》中官兵为200名，顺治六年裁至100名，设官也由守备和把总改为操守一员。左卫城《图说》中士兵为1235名，顺治六年削减至200名，军官裁去参将和同知，保留守备一员。右卫城《图说》中士兵为900名，顺治六年裁减至200名，军官裁去参将和两名把总，保留守备一员。高山城《图说》中士兵为300名，顺治六年裁至200名，裁去把总一名，保留守备一员。助马堡和威远城在《图说》中士兵为900名，顺治六年减至400名，军官方面裁去两名把总，保留参将和守备。由上表可以看出，从明万历三十一年（1603）到《图说》中年代，再到顺治六年，大同左卫道的驻军人数是逐渐减少的。这也与明末局势混乱，战乱频仍，宣大边兵频频征调作战，折损严重息息相关。所以，此《图说》应绘制于顺治六年九月更定宣大官兵经制之前。

另外，在《图说》开篇"云西地里图说"中提到，"今闯贼虽灭，余氛未烬，豕突狼奔，犹虞窃发"。可见此图说写作时间，应在顺治二年（1645）五月李自成被杀之后不久。而且，大顺政权

---

① 按：《图说》中"官军某某员名"中的零头，应系所设营兵制职官，如云石堡"内设守备一员、把总一员，今定经制，官军一百二员名"，士兵应为一百名，军官二员。再如威远城"参将一员、守备一员、把总二员、卫守备一员、卫千总缺、卫百总五员、千总管巡捕事一员、儒学训导一员。今定经制，官军九百四员名"，官兵应为九百名，军官为参将一员、守备一员、把总二员，而卫守备、卫千总、卫百总、千总管巡捕事、儒学训导系卫所制系统，不被认为是军官。

兵进大同时，总兵姜瓖即开城投降。大顺政权兵败退守西安时，他杀死大顺将领张天琳和张黑脸，占据大同。① 随即于顺治元年（1644）六月投降清朝，"大张榜示，通行布告军民人等德音"②。从大顺政权占领大同到姜瓖投清的这段时间内，大同地区并未发生大规模战争，而顺治五年（1648），姜瓖起兵反清，③ 其武装与清军之间的战争，则几乎波及山西全省。这一重大史事，《图说》中未见痕迹。则此《图说》很可能作于姜瓖起事之前。

顺治二年（1645）八月初二，清廷往各地派驻官员，其中包括大同左卫道的西路左卫参将、云西堡守备、宁鲁堡守备、拒门堡守备、破虎堡守备、威远城守备、杀虎堡守备和威鲁堡守备。④ 其中的云西堡在《图说》中已经裁撤，说明《图说》的绘制时间应在此之后。

关于《图说》的绘制背景，在姜瓖投降清朝的奏文中，提及："惟大同地方，荒沙无际，粮谷不收，且两次进兵，兵荒相继，百姓无衣无食，逃散流离，向难禁止。"⑤ 六月二十四日，姜瓖再上条陈给清政府，提出六条建议，其中第三条为"练兵丁以备战守"，具体条陈为："大同为九边巨镇，先年屯宿重兵拾伍万，即天启年间尚存拾万，至职莅云时，合抚、镇两标与各路堡计之，则约止柒万矣。频年征调，伍籍几虚，浃岁无粮，士马耗弊。名虽有兵，而不获兵之用。今时事孔棘，正急于用兵，岂可不亟为募练，以资战守乎？然募兵较易，而措饷寔难。为今之计，务要召足拾万之数，

---

① 顺治《云中郡志》卷12《外志》。
② 《大同总兵姜瓖条陈》，《明清史料》丙编第五本，上海：商务印书馆1936年版，第401页。
③ 《清世祖实录》卷41，顺治五年十二月戊戌，中华书局1985年影印本，第332页。
④ 中国第一历史档案馆编：《清初内国史院满文档案译编》中，光明日报出版社1989年版，第117—118页。
⑤ 中国第一历史档案馆编：《清初内国史院满文档案译编》中，光明日报出版社1989年版，第33页。

使寔寔充伍，人人堪战。规定营制，分定战守，若果能整练貔貅，仰承大清威令，则闯孽自不难计日而擒。但无粮养兵，鼓励奚恃？计兵马拾万，岁需饷银壹百壹拾陆万柒千有奇，似不可不速为措处，幸当事者蚤筹之。"①

姜瓖此条陈的主要用意在于向清政府索要饷银、物资与兵额，但也说明了大同地区兵数混乱的实情。清廷在接收大同镇的同时，应该对此地着手进行调查。整饬大同左卫兵备道设于明嘉靖三十七年（1558）。②清代沿袭了这一职官，顺治元年（1644）八月起，到顺治五年（1648）姜瓖反清，耿应衡、李起龙先后担任大同左卫道。③所以，应是此二人任职期间，在辖区内调查官兵、马匹、军备物资和城堡情况，并重新确定官兵员额，奉上级命令编绘此图说，以便了解大同左卫道的形势。此图的绘制年代应在顺治二年（1645）八月之后，顺治五年（1648）十二月姜瓖反清之前，记载了清朝第一次着手调整大同地区官兵经制的措施。

三 《图说》所反映明代屯堡的职能与清初裁撤的原因

大同左卫道所辖区域，北部为蒙古高原南缘的低山地带，稍内为河流谷地和阶地，地势相对平缓开阔，很难抵御骑兵的冲击。所以明代通过修筑屯堡的方式弥补卫所城之间的防御空虚。在刊刻于成化十一年（1475）的《山西通志》中，记载了大同右卫附近的新城、大柳树、牛心、苍头河、薛家马营和王忠官屯六堡。其中前四堡为"大同右卫屯军居"，后二堡为"大同右卫哨马营，永乐七年指挥□□□筑"。另有净水瓶堡，在威远卫附近。

---

① 《大同总兵姜瓖条陈》，《明清史料》丙编第五本，上海：商务印书馆1936年版，第401页。
② （明）杨时宁：《宣大山西三镇图说》，正中书局1981年影印版，第336页。
③ 《清世祖实录》卷7，顺治元年八月辛酉，中华书局1985年影印本，第76页；《清世祖实录》卷25，顺治三年四月甲申，中华书局1985年影印本，第214页。

这些城堡的规模都较小，如：新城和大柳树堡皆"周围一百九十丈，高二丈五尺"；牛心堡"周围一百四十丈，高二丈五尺"；苍头河堡"周围一百三十丈，高二丈五尺"；净水瓶堡"周围一里二百八十步，高二丈八尺"①。在此之后，仍有增筑屯堡的建议。成化十九年（1483），保国公朱永上奏："大同东西延袤千里，平漫，居民星散，无险可守。宜及此间暇修治边墙，及增筑野口、宣宁、四方涧、石佛寺六堡。虏至，驱人、畜入其中，既可以自固，亦可以伏兵。"②

明代中期以后，蒙古各部频频侵扰宣府、大同、延绥、固原、甘肃等北边地区，给明朝北方边防体系造成巨大压力。嘉靖二十六年（1547），翁万达主持修筑了大同西、中、北三路的边墙，③但时人亦指出："修墙设险仅可阻遏零骑，虏若拆墙突入，地敞兵寡，势自难御"，还需要"修筑墩堡以便收保，所谓坚壁清野，必须壁既称坚然后野可望清"④。

嘉靖二十九年（1550），俺答入大同，进犯北京，大肆破坏掳掠，"诸府州县报，所残掠人畜二百万"⑤。三十六年（1557），蒙古重兵围困大同右卫城，情势相当危机。当时，兵部尚书许论评价了屯堡在保障交通方面的作用："右卫远在大同西北，深入虏地。异日所以得安，由东西堡寨联络策应之也。今墩堡悉毁于虏，遣一

---

① （明）李侃、胡谧纂修：成化《山西通志》卷 3《城堡》，《四库全书存目丛书》，齐鲁书社 1996 年影印本，史部，第 174 册，第 68—69 页。按：王忠官屯和净水瓶二堡在成化《山西通志》中字迹漫漶，笔者依正德《大同府志》核之，张钦纂修：正德《大同府志》卷 2《城堡》。

② 《明宪宗实录》卷 245，成化十九年十月壬申，台北"中央研究院"历史语言研究所 1962 年校印本，第 4154 页。此处石佛寺即云冈堡所在的云冈石窟。

③ 《明世宗实录》卷 323，嘉靖二十六年五月戊寅，台北"中央研究院"历史语言研究所 1962 年校印本，第 5998—5999 页。

④ （明）杨博：《责成宣大山辽四镇边臣修筑墩堡疏》，《杨襄毅公本兵疏议》卷 15，《续修四库全书》，上海古籍出版社 2002 年版，第 477 册，第 453 页。

⑤ （明）冯时可：《俺答前志》，《明经世文编》卷 434，中华书局 1962 年影印本，第 6 册，第 4745 页。

孤城于极塞外，固房一围困，即声问隔绝。"① 解围之后，兵部侍郎吴嘉会提议修筑这一带的墩堡："各屯堡为房所毁，未能尽复，其最要者若牛心站、黄土坡、单家等堡，皆运道所经、兵马必由之处，宜亟修理。""屯营久废，军士无所得食。宜谨斥堠、慎收保。"②宣大总督杨博亦上书建议："臣等议得左卫至高山站六十里，合无于适中缪官人屯筑大堡一座，二十里铺、旧高山城各修筑小堡一座；高山站至镇城六十里，于适中冈家湾筑大堡一座，白庙儿屯、右白佛寺各修筑小堡一座。"③

于是，此后的几年，明朝在大同西北部又陆续修筑了 10 个屯堡：嘉靖三十七年（1558）修筑的云阳堡、牛心堡、红土堡、黄土堡、云西堡和旧云冈堡，三十八年（1559）修筑的铁山堡和云石堡，四十一年（1562）修筑的祁家河堡，以及四十五年（1566）修筑的威平堡。可以看出，其中大多数位于右卫—左卫—大同之间的河谷交通要道上。

关于这些屯堡的功能，《三镇图说》中论及牛心堡："先年零骑窃伏，不时出没，抢掠右卫，声援几至断绝。故设此堡，所系颇重。"④ 根据《图说》中的记载，从西北端边墙处的杀虎堡，沿马营堡—右卫城—红土堡—黄土堡—牛心堡—云阳堡—左卫城—云西堡—高山城—云冈堡一线，至大同城，城堡距离最近的七里，最远的不过三十里，杀虎堡至左卫城一线城堡较密，左卫城至大同城一线城堡较疏。由此可见明代对沧头河、十里河河谷平原东西交通路线控制据点的规划，也说明了屯堡在保障交通路线方面的作用。从另一个角度来看，由于规模较小，又处在交通要道上，屯堡的军事

---

① 《明世宗实录》卷458，嘉靖三十七年四月壬辰，台北"中央研究院"历史语言研究所1962年校印本，第7749—7750页。
② 《明世宗实录》卷457，嘉靖三十七年三月己未，台北"中央研究院"历史语言研究所1962年校印本，第7728页。
③ （明）杨博：《右卫路通乘时以图后效疏》，《明经世文编》卷275，中华书局1962年影印本，第4册，第2903页。
④ （明）杨时宁：《宣大山西三镇图说》，正中书局1981年影印本，第356页。

作用往往难以发挥。例如三屯堡"先年虏零掠无常,耕牧往来均为所苦。自此堡设,而人便收敛,亦为要区。但规模狭小,士马无多,有警难以防御"①。马营河堡"一遇有警,实难责其防御。或零骑窃发,收敛人畜,免致剽掠之患,庶几有小补云"②。可见其功能主要还是在保护附近居民。

正是因为明代嘉靖朝以后设置的这些屯堡职能的局限性,一旦局势发生变化,它们的职能随之弱化,存在意义亦很快丧失。

明代末年,在后金的大举经略下,漠南蒙古各部渐次归降后金。崇德元年(1636),漠南蒙古十六部领主四十九名会于盛京,参与劝进皇太极受尊号,建国号"大清",并受封亲王、郡王等爵。③正是因为蒙古各部并入清朝的统治范围,所以顺治元年(1644)姜瓖投降清朝之后,大同地区长城内外归属同一政权管辖。于是,即使清朝初年战争仍很频繁,但已经开始着手整顿城堡与边防。顺治元年六月,宣府巡抚李鉴启上书:"上谷一府,在明朝为边镇,在我朝为腹里。前定经制,兵多而员冗,今宜急议裁汰……至于冗员,如宣府城内有万全都司,有管屯都司,又有巡捕都司。今宜照大同例,改设知府,而以征收屯粮之事归并于府官,则管屯之都司可裁也。在城管粮同知加以缉捕一衔,则巡捕都司又可裁也。保安、延庆两州,斗大一城,既有州官,又设守备,似宜裁去守备,而以城守之务专责正印官料理。若永宁县,距柳沟止二十里,而有两参将,尤属滥冗,似宜裁去永宁之参将,专其责于县官。东路一隅,设总镇,又设两协,其间宜留宜汰,尤宜急议。怀来一城内有道有厅,又有参将、守备,亦属赘疣,似宜裁去参将而留守备,以司城守,若援营之兵有名无实,不如简其精壮者付之守备,而以道厅为之提挈。兵马既减,钱粮出纳有数。其旧设同知、

---

① (明)王士琦:《三云筹俎考》卷3《险隘考》,明万历刊本,第45页。
② (明)杨时宁:《宣大山西三镇图说》,正中书局1981年影印本,第340页。
③ 《清太宗实录》卷28,天聪十年四月乙酉、四月丁酉,中华书局1985年影印本,第360—373页。

通判多员，亦宜量加裁减、归并。"①李氏所论虽是宣府，但很准确地反映了清政府整顿北边地区军政职官的背景和动机，即"兵多而员冗"，大同地区亦属此列。

所以，《图说》中提到裁撤的 11 个屯堡，虽然级别较低，但亦秉承此思路。在《图说》的相关说明中，很多都提到了其裁撤的原因，如马营堡："本堡当右卫、杀虎之中，因为有警而设，后因款而裁。则兵少力薄，恐徒饵敌，故耳。"云西堡："本堡虽近腹里，为通镇城孔道，素称繁苦，无分边防守之责，故近议归并焉。"威平堡："本堡当威远、平鲁之交，南北应援，所系亦重。然稍近腹里，亦无分边防守之责，故近议归并焉。"对某些屯堡的裁撤，作者也提出了异议，如红土堡："本堡正当右卫东来孔道，迤东则黄土、牛心、云阳，亦往来接济处也，权宜议裁，似失设堡之初意。"祁家河堡："本堡西接威远，东蔽左卫。往来声援收保，重有赖焉。"但此二堡依然被裁掉，究其原因，在于这些城堡修筑年代较晚，规模较小，距离边墙较远，其职能主要是保障交通、储藏物资与保护周边地区的军民而已。所以，到了清代，这些屯堡已经失去了其主要职能，所以在清朝刚刚接收大同地区之初，就遭到了裁撤。

---

① 《清世祖实录》卷 5，顺治元年六月戊寅，中华书局 1985 年影印本，第 63—64 页。

古地图地理信息的量化研究方法探析

古人如何绘制地图？这是地图学史必须回答的核心问题。学界多认为，中国古代受"天圆地方"思想影响，将地表看作一个平面，因此并未形成绝对的投影坐标系；但在绘制小范围地图时，可以不考虑地表的曲度，相当精确①。王庸先生在《中国地图史纲》中阐述的中国地图学史发展的评判标准正是如此，他认为以"制图六体"和"计里画方"为代表的地图更科学、价值更高，而那些没有按照这些方法绘制的地图，"直到清代，一般官绘地图还是画着山水和注着四至道里等等，不但没有什么改进，亦不画方，还比裴秀、贾耽等古地图幼稚而落后了"②。尽管他也意识到中国古代大量的地图没有按照此类较为"科学"的方法绘制，但这种评判标准依然构成了之后中国地图学史的框架③。

那么，那些没有计里画方或看不出是根据制图六体绘制而成的地图，是如何绘制的？其准确程度如何衡量？曹婉如先生以沈括《梦溪笔谈》为例，指出沈括"认为有了二十四至的'鸟飞之数'（即水平直线距离），即使以后地图亡佚了，按二十四个方向所到之地的水平直线距离布置郡县，很快就可以绘成精确的郡县分布图"④。在此，她提出了中国古代地图绘制的重要方法，也就是运用地物相对关系确定位置从而绘制地图。地物的位置通常以某一个地物为基准，用相对基准物的方位和距离来进行表述。这种利用相对位置关系来帮助人们构建地理信息体系，确定所表现地图的位置

---

① 曹婉如：《中国古代地图绘制的理论和方法初探》，《自然科学史研究》1983年第3期。
② 王庸：《中国地图史纲》，生活·读书·新知三联书店1958年版，第18页。
③ 成一农：《"非科学"的中国传统舆图：中国传统舆图绘制研究》，中国社会科学出版社2016年版，第10—14页。
④ 曹婉如等编：《中国古代地图集（战国至元卷）》前言，文物出版社1999年版。

的方法，在中国历史较早时期的地理书籍中就有运用，《山海经》中就有多处此类表述：

> 《南次二经》之首，曰柜山，西临流黄，北望诸毗，东望长右。①
>
> 又东五百里曰浮玉之山，北望具区，东望诸毗。②
>
> 《西次三经》之首，曰崇吾之山，在河之南，北望冢遂，南望䍃之泽，西望帝之搏兽之丘，东望螞渊。③
>
> 又西北三百七十里，曰不周之山，北望诸毗之山，临彼岳崇之山，东望泑泽。④
>
> 又西三百二十里，曰槐江之山。……南望昆仑，其光熊熊，其气魂魄。西望大泽，后稷所潜也；其中多玉，其阴多榣木之有若。北望诸毗，槐鬼离仑居之，鹰、鹯之所宅也。东望恒山四成，有穷鬼居之，各在一搏。⑤
>
> 又南三百里，曰景山，南望盐贩之泽，北望少泽。⑥
>
> 又北五百里，曰镎于毋逢之山，北望鸡号之山，其风如飚。西望幽都之山，浴水出焉。⑦
>
> 《东次二经》之首，曰空桑之山，北临食水，东望沮吴，南望沙陵，西望湣泽。⑧
>
> 又《东次三经》之首，曰尸胡之山，北望㚄山。⑨
>
> 又南水行五百里，流沙三百里，至于无皋之山，南望幼

---

① 袁珂校注：《山海经校注》，上海古籍出版社1980年版，第8页。
② 袁珂校注：《山海经校注》，上海古籍出版社1980年版，第11页。
③ 袁珂校注：《山海经校注》，上海古籍出版社1980年版，第38页。
④ 袁珂校注：《山海经校注》，上海古籍出版社1980年版，第40页。
⑤ 袁珂校注：《山海经校注》，上海古籍出版社1980年版，第45页。
⑥ 袁珂校注：《山海经校注》，上海古籍出版社1980年版，第89页。
⑦ 袁珂校注：《山海经校注》，上海古籍出版社1980年版，第98页。
⑧ 袁珂校注：《山海经校注》，上海古籍出版社1980年版，第105页。
⑨ 袁珂校注：《山海经校注》，上海古籍出版社1980年版，第111页。

> 海，东望榑木，无草木，多风。是山也，广员百里。①

曹婉如先生之后，亦有学者对此绘图方法进行讨论。汪前进通过分析唐代李吉甫的《元和郡县图志》，发现其中的方向和里程数据就是用来绘制地图的："《元和郡县图志》系统地录载了唐初府（州）的'八到'，县治至府（州）治的方向和里程，县下级行政或军事单位和自然地物至所在县治的方向和里程。'八到'的内容包括方向、里程、起止点。"根据系统分析该书中全部方位和里程材料，他指出："可以认定李吉甫当时绘制地图的方法是极坐标投影法，并且是多次使用；以都城为极点，确定各府（州）治的位置；以府（州）治为极点，确定各县治的位置；以县治为极点，确定县下一级行政或军事单位和自然地物的位置。该书记录地图数据和展现绘制地理全图的方法，上可以追溯至东汉，下可沿流至明清，因而它并不是孤立的个别现象，而是中国测绘史上普遍采用的方法。"② 成一农也指出："地理志书中记载的这种数据以及汪前进提到的'极坐标投影法'，其数据特点就是地理要素位置的确定主要依赖要素之间的相对位置（距离和方向）关系。数据之间不仅相互依赖，而且这种依赖关系在绝大多数情况下并不是单一的，一个地理要素通常与很多其他地理要素之间具有数据上的依赖关系（即'四至八到'）。"③

如上所述，既然中国古代文献十分注重地物之间相对位置关系的数据，那么这些数据是如何应用于地图绘制上的？而在没有现代测绘技术的时代，地图绘制者是否能准确把握地物之间的相对位置

---

① 袁珂校注：《山海经校注》，上海古籍出版社1980年版，第112—113页。
② 汪前进：《现存最完整的一份唐代地理全图数据集》，《自然科学史研究》1998年第3期。
③ 成一农：《〈广舆图〉绘制方法与数据来源研究（一）》，中国社会科学院历史研究所明研究室编：《明史研究论丛》第十辑，故宫出版社2012年版，第210页。

第一章 边图研究

关系？换个角度来讲，也就是地图上地物之间的相对位置关系是否反映以及在多大程度上反映了实际的地理情况？这是探讨地图史需要解决的问题，也是研究中国传统地图绘制技法与古人所掌握地理知识情况的一个有价值的切入点。

由于古代地图绘制方法、绘制风格的非统一性，所以很难得出统一的结论，本书选取在风格和技法上都具有较高一致性的四幅明代及清初官绘边镇地图的大同左卫道部分：《九边图说》《宣大山西三镇图说》《三云筹俎考》《整饬大同左卫兵备道造完所属各城堡图说》，对这一问题进行初步研究探索。需要说明：相对位置关系包括"距离""方向"两个概念，作为初步研究，本书仅对"方向"进行探索。为量化地物间相对"方向"关系，本书使用"方位角"概念对"方向"进行量化计算；由于数据量庞大，本书在方法上借助计算机技术手段，通过 GIS 及 Python 编程批量计算地图上地物的相对位置关系，并与实际位置关系进行比对，来对这一问题进行探讨①。

---

① 近年对古旧地图进行数据化提取、配准的研究渐成风气。相关研究见汪前进、刘若芳《清廷三大实测全图集》，外文出版社2007年版；陆俊巍、韩昭庆、诸玄麟等《康熙〈皇舆全览图〉投影种类的统计分析》，《测绘科学》2011年第6期；罗聪、张萍《清至民国石羊河流域聚落数据集》，《中国科学数据》2018年第3期；李振德、张萍《清至民国西宁至拉萨道路（青海段）分布格局的变迁——基于古旧地图及数字化的分析》，《历史地理研究》2020年第2期；徐建平《基于地图数字化的民国政区复原——以1934年版〈中华民国新地图〉为例》，《历史地理研究》2020年第3期；张萍《西北城市古旧地图谱系及其价值与利用》，《安徽史学》2021年第1期；林宏《〈广舆记〉与卫匡国〈中国新图志〉城址经纬度推定过程研究》，《历史地理研究》2021年第1期；李莉婷、韩昭庆《康熙〈皇舆全览图〉和〈乾隆十三排图〉中广东地区图面内容的比较研究——兼与广西地区对比》，《历史地理研究》2021年第1期。这些研究都体现出对古旧地图进行数字化处理方面的新进展，但值得注意的是，这些论著所研究的地图大多是基于投影法所绘制的带有经纬度的地图，或者是基于经纬度投影理念或方法而绘制的地图，而非形象画法的传统地图，且着眼点多在于如何利用或提取古旧地图上的信息，而非对古旧地图的绘制与表现方法进行研究。而对古地图上地物之间的方位角与实际方位角进行比较的研究较少，较早者如张修桂《马王堆地形图测绘特点研究》，收入曹婉如等编《中国古代地图集（战国至元代卷）》，文物出版社1990年版，论文集第4页。此文对马王堆三号汉墓出土的帛书《地形图》上从深平到桂阳、泛道、龁道、营浦、南平、春陵、桃阳和观阳八县的方位角进行手动测算，并与今测图对应方位角进行比较。

一 本书研究地域范围与地物信息

本书所选地图表现的地域是明末清初大同左卫道所辖地区（今天山西省西北部的左云、右玉两县以及大同、朔州两市的部分地区）。此地系由属于海河水系的十里河（古称武州川水）和属于黄河水系的沧头河（古称中陵川水）冲积而成的黄土河谷地带，扼守杀虎口与武周塞。草原游牧军队若突破此地，由蒙古高原沿沧头河进入桑干河谷地，向南可逾管涔山系进入汾河谷地，威胁太原；向东可破飞狐口，进入华北平原，威胁北京，战略意义非常重要。为控制这一地区，战国时期就在此设置郡县。明朝在此区域先后设置诸多卫所①，由山西行都司管辖。之后随着军事态势变化，逐渐修筑诸多城堡，嘉靖三十七年（1558）设置整饬大同左卫等处兵备道，并在大同左卫城设置副总兵，在大同右卫城、威远卫城和助马堡设置参将，形成以大同左卫城为核心、三座参将城堡为重要节点、诸多驻军官堡为节点的防御网络，镇守作为九边重地的大同镇的西北方向。② 明代万历时期大同左卫地区所管辖城堡情况见表 2。

表 2　　　　明代万历时期大同左卫道管辖城堡情况表

城堡	今地	修筑年代	公元	设官	经度	纬度
大同左卫城	左云县县城	洪武二十六年	1393	副总兵、兵备道、守备、通判	112.703008	40.013442
大同右卫城	右玉县右卫镇	洪武二十六年	1393	参将	112.351576	40.162558

---

① 《明太祖实录》卷 225，洪武二十六年二月辛巳，台北"中央研究院"历史语言研究所 1962 年校印本，第 3295 页。
② 孙靖国：《桑干河流域历史城市地理研究》，中国社会科学出版社 2015 年版。

续表

城堡	今地	修筑年代	公元	设官	经度	纬度
威远城	右玉县威远镇	正统三年	1438	参将、守备官	112.347686	39.950033
高山城	大同市云冈区高山镇	天顺六年	1462	守备官、所守备	112.985108	40.098990
杀胡堡	右玉县右卫镇杀虎口村	嘉靖二十三年	1544	守备官	112.324124	40.242508
破胡堡	右玉县李达窑乡破虎堡村	嘉靖二十三年	1544	守备	112.565862	40.250050
铁山堡	右玉县杨千河乡铁山堡村	嘉靖三十八年	1559	守备	112.306394	40.067272
牛心堡	右玉县牛心堡乡驻地	嘉靖三十七年	1558	操守官	112.536733	40.049045
残胡堡	右玉县李达窑乡残虎堡村	嘉靖二十三年	1544	操守官	112.442006	40.272887
马堡	右玉县李达窑乡马堡村	嘉靖二十五年	1546	操守官	112.501405	40.238823
红土堡	右玉县右卫镇红土堡村	嘉靖三十七年	1558	操守官	112.406194	40.104267
黄土堡	右玉县牛心堡乡黄土坡村	嘉靖三十七年	1558	操守官	112.463781	40.067219
云阳堡	右玉县牛心堡乡云阳堡村	嘉靖三十七年	1558	操守官	112.612754	40.035123
三屯堡	右玉县三屯乡驻地	隆庆三年	1569	防守官	112.723716	40.101688

续表

城堡	今地	修筑年代	公元	设官	经度	纬度
马营河堡	右玉县右卫镇马营河村	万历元年	1573	防守官	112.341604	40.202335
助马堡	大同市新荣区郭家窑乡助马堡村	嘉靖二十四年	1545	参将	112.912882	40.301877
拒门堡	大同市新荣区郭家窑乡拒门堡村	嘉靖二十四年	1545	守备	113.000519	40.333946
灭房堡	左云县管家堡乡驻地	嘉靖二十二年	1543	守备官	112.892793	40.180270
威房堡	左云县管家堡乡威鲁村	嘉靖二十一年	1542	守备官	112.791137	40.174695
宁房堡	左云县三屯乡宁鲁堡村	嘉靖二十一年	1542	守备官	112.714445	40.157501
破房堡	大同市新荣区破鲁堡乡破鲁堡村	嘉靖二十二年	1543	操守	112.972380	40.220591
保安堡	左云县管家堡乡保安村	嘉靖二十四年	1545	操守官	112.880950	40.239963

续表

城堡	今地	修筑年代	公元	设官	经度	纬度
云冈堡	大同市云冈区云冈石窟上	嘉靖三十七年	1558	操守官	113.131079	40.112859
旧云冈堡	大同市云冈区云冈石窟前				113.130430	40.109315
云西堡	左云县张家场乡云西堡村	嘉靖三十七年	1558	操守官	112.833376	40.067104
云石堡	右玉县杨千河乡云石堡村	万历十年	1582	守备官	112.171906	40.033225
旧云石堡	已废弃	嘉靖三十八年	1559	守备官	112.239574	39.998254
威胡堡	朔州市平鲁区高石庄乡少家堡村	嘉靖二十三年	1544	守备官	112.112304	39.936474
威平堡	右玉县威远镇威坪堡村	嘉靖四十五年	1566	操守官	112.273541	39.879634
祁家河堡	右玉县县城	嘉靖四十一年	1562	操守官	112.466989	39.989064

二　研究方法和所涉古地图

由于此区域军事和战略上的重要性，诸多学者对表现这一区域的古地图进行了研究。郭红比较了《宣大山西三镇图说》《三云筹俎考》中的大同镇图，认为前者质量明显高于后者。① 赵现海对九边图系列进行了梳理与考证②。笔者在考释《整饬大同左卫兵备道造完所属各城堡图说》时，也曾只是笼统地认为这套地图系用"形象化的符号法"来绘制，③ 但并未系统地对地图上地理信息的准确程度进行检验。有鉴于此，本书通过运用信息化手段对古地图上的地物进行数字化处理，计算其两两之间的方位角，并与实际地物之间相应方位角进行比较，分析其符合程度。具体方法为：由于已知实际地物（即明清城堡）的经纬度，可以计算出每两个地物之间的方位角，本书称作"实际方位角"。对古地图上的地物，为实现地图方位角的量化，尤其为实现大量方位角的自动计算和批处理，也需要使用某种信息化手段取得古地图上地物的某种"坐标"。本书采取的方法是将古地图导入 GIS 平台（不做任何拉伸扭曲），取图上地物的几何中心点，得到仅有计算意义的图上地物近似的"坐标"数值，再计算两两地物之间的方位角，本书称作"图上方位角"。利用皮尔逊相关性检验，对所得到的"图上方位角"与"实际方位角"进行统计分析，考察两者的相符程度。

在拼合和计算中，有两个问题需要注意。第一，不同的古地图情况各异，有些绘有包括大同左卫地道区在内的总图，可以直接计算对比；但有些属于分幅图册，威远路往往不能与其他两路拼合，所以需要分幅计算。第二，计算所得的两组数据，出现极少量的

---

① 郭红：《两幅大同镇图比较研究》，《中国历史地理论丛》2000 年第 1 辑。
② 赵现海：《第一幅长城地图〈九边图说〉残卷——兼论〈九边图论〉的图版改绘与版本源流》，《史学史研究》2010 年第 3 期；赵现海：《明代嘉隆年间长城图籍撰绘考》，《内蒙古师范大学学报》（哲学社会科学版）2010 年第 4 期。
③ 孙靖国：《清顺治〈整饬大同左卫兵备道造完所属各城堡图说〉考释》，《中国史研究》2016 年第 4 期。

"图上方位角"与"实际方位角"差别非常大的情况。直观来看这些角度的数值差异巨大，但实际上，因为方位角的计算是以基准点为坐标原点、以其正北向延长线为 y 轴，某点如果刚好在基准点正北区域，北偏东 10° 会被计算为 10，而北偏西 10° 则会被计算为 350，这样古地图中所绘制的"图上方位角"与"实际方位角"的实际角度差仅为 20 度。这种情况在本书所研究的 7 幅地图中占比比较小，但会对数据结果产生一定影响，本书称为"异常数据"（其他数据称为"正常数据"），在下文分析过程中进行说明。

三 作为本节研究对象的古地图

（一）《九边图说》（1569）

明代掌管地图绘制的机构为兵部职方清吏司，职能为"掌天下地图及城隍、镇戍、烽堠之政"①。有职方清吏司经历的官员多有绘制九边地图的行为，如郑晓《九边图志》、许论《九边图论》、魏焕《皇明九边考》。② 隆庆三年（1569）兵部尚书霍冀上《兵部□□仰遵明鉴恭进九边图说以便圣览事》，汇报兵部遵照诏书，在前人著作基础上搜集资料编绘《九边图说》的情况："咨行各镇督抚军门，将所管地方，开具冲缓，仍画图贴说，以便查照。去后随该各镇陆续开报前来，或繁简失宜，或该载未尽。又经咨驳，务求允当。往返多时，始获就绪……及照先任本部尚书许论先为礼部主事时，曾奏上《九边图考》。嗣后，本司主事魏焕亦曾续之。迄今近三十年。边堡之更置、将领之添设、兵马之加增、夷情之变易，时异势殊，自有大不同者。合无自今具题之后，仍移文各省督抚遵照旧例，每年终将建革缘由开报到部，本部随即更正。"③ 文末署名为：兵部尚书霍（冀）、左侍郎曹、郎中孙应元、署员外郎事司

---

① （明）霍善：《诸司职掌》，《续修四库全书》影印国家图书馆藏明刻本，上海古籍出版社 2002 年版，第 748 册，第 717 页。
② 赵现海：《明代嘉隆年间长城图籍撰绘考》，《内蒙古师范大学学报》（哲学社会科学版）2010 年第 4 期。
③ （明）兵部编：《九边图说》，明隆庆三年刊本，第 2—3 页。

务王凭、主事石盘、刘寅、朱润身、桂天祥、赵慎修等。《九边图说》可谓兵部集中力量，根据最新情况编绘的成果。作为主管部门编绘的图籍，体现了当时官方所掌握的最新资料情况。

《九边图说》以军镇为单位，每镇先是有该镇总图一幅，然后为局部图。就大同镇而言，在大同镇总图之后，为按路进行区分的分图，本节所研究区域即为书中的"分守大同北西路参将所辖九城堡"图、"分守大同左卫路参将所辖一十一城堡"图和"分守大同威远路参将所辖五城堡"图（图2），① 每幅图均由两叶拼接而成。其中前两幅图彼此相连，所以可以拼合计算（图1）。而图2无法与另两幅拼合，只能单独计算。

（二）《宣大山西三镇图说》（1603）

《宣大山西三镇图说》系明代宣大总督杨时宁所主持编绘，并上呈朝廷。杨时宁（1537—1609），字子安，河南祥符（治今开封市）人，隆庆二年进士。曾在固原"治兵"，"值宁夏哱拜兵变，时宁督饷决策，以功赐银币，寻晋佥都御史，抚宁夏，饎励将士，謦至辄败之，加总督宣大、兵部尚书，晋太子太傅"②。杨时宁在北方各边镇任职多年，熟悉边镇情形，他主持编撰多部边镇图集，除《宣大山西三镇图说》外，还有《大同分营地方图》一卷、《阅视山西录》一卷、《阅视大同录》一卷、《山西大同镇图说》一卷、《宣镇图》一卷等。③ 万历三十一年（1603）十二月，杨时宁将编撰完成的《宣大山西三镇图说》进呈朝皇帝，"上嘉纳之"④，可见《宣大山西三镇图说》中的地图与地物信息应建立在其所主持的调查与搜集、整理工作基础上，质量也得到皇帝认可，代表了万历年间宣大山西地区官绘地图的水平和官堡的情况。《宣大山西三镇图说》分为宣府镇、大同镇和山西镇各卷，采用图说结合的方

---

① （明）兵部编：《九边图说》，明隆庆三年刊本，第158—161页。
② 《河南通志》卷25，顺治十七年刻本。
③ （明）黄虞稷撰，瞿凤杰、潘景郑整理：《千顷堂书目（附索引）》，上海古籍出版社2001年整理本，第206页。
④ 《明神宗实录》卷391，万历三十一年十二月丁亥，台北"中央研究院"历史语言研究所1962年校印本，第60册，第7374页。

式，书首有三镇总图与图说，每卷首列该镇总图与图说，之后为该镇各路图与图说，再后为该路各城堡图与图说。三镇总图、各镇总图与各路总图都为两叶，而城堡图则为一叶。此区域的北西路、中路和威远路等三路图在书中并非连续，无法拼合，所以分别计算，标为图3、图4和图5。

（三）《三云筹俎考》（1616—1618）

《三云筹俎考》共四卷，明王士琦所撰。王士琦（1551—1618），字圭叔，浙江临海（治今台州市）人。其父王宗沐，曾任山西右布政使、刑部左侍郎等职，万历朝奉敕巡视宣、大、山西诸镇边务；[1] 著有《阅视三镇录》，并附有图说。[2] 王士琦于万历十一年（1583）中进士，三十五年（1607）任山西右布政使兼副使分巡冀北，负责大同一带事务；四十一年（1613）任山西左布政使，仍备兵冀北；四十四年任右副都御史，巡抚大同。[3] 王士琦父子均曾任职大同，熟悉当地边务，故在两代经验与著述的基础上撰成此书。根据郭红的研究，此书中的大同镇图应成于王士琦巡抚大同之后。[4]《三云筹俎考》中的地图系于其卷三《险隘考》中，先是册页式的长幅"大同镇总图"，然后是分路图，视城堡多寡与境域宽狭不等，而叶帙不一。一般说来，守巡等道有总图，然后为所辖各路分图。大同左卫道所辖三路亦有总图与各路分图，本书采用其大同左卫道总图（图6）进行分析。

（四）《整饬大同左卫兵备道造完所属各城堡图说》（1645—1648）

《整饬大同左卫兵备道造完所属各城堡图说》藏于中国科学院图书馆，有32幅地图，其中"三路总图"及各路总图共4幅，各占1叶，其余各城堡右图左说，各占半叶。图中无比例尺，亦无方

---

[1] （清）张廷玉等：《明史》卷223《王宗沐传》，中华书局1974年点校本，第5877—5878页。
[2] 张宏敏：《王宗沐著作考论》，《浙江社会科学》2018年第5期。
[3] 裘樟松、王方平：《王士琦世系生平及其墓葬器物》，《东方博物》2004年第2期。
[4] 郭红：《两幅大同镇图比较研究》，《中国历史地理论丛》2000年第1辑。

向标，大体保持上北下南的方向。这套图集描绘了大同左卫兵备道所辖地区的山脉、河流、城堡、边墙以及城堡之间的交通路线①。如前所揭，此图应绘制于清顺治二年（1645）八月之后、顺治五年（1648）十二月之前，是大同总兵姜瓖降清后清政府对大同左卫道所辖城堡的军政建置进行调整所绘。这套地图有"三路总图"（图7），根据此图分析研究。

四 总体分析

接下来对7幅图中地物计算所得的"图上方位角"与"实际方位角"两组数据进行分析。上面已经指出计算过程中出现的"异常数据"，下面首先将每幅图中的异常数据列表见表3。

表3　　各图异常数据的情况

图幅名	图上方位角（°）	实际方位角（°）	实际角度差（°）	占比（%）（异常数据/全部数据）
图1	8.4858163119	345.3139173972	23.172	0.020
	11.9471739320	355.3817370662	16.565	
	18.0964421667	335.6263119733	**42.470**	
	27.0872178907	324.4009038224	**62.686**	
	41.6553246104	343.3034734016	**58.352**	
	84.6932171768	351.3882750643	**93.305**	
图2	/	/	/	/
图3	0.8948043113	345.3139173972	15.581	0.032
	1.6222073153	355.3817370662	6.240	
	3.8489405953	351.9124858538	11.936	
	16.7456867596	350.5462854187	26.199	
	17.9514026289	349.1605865007	28.791	
图4	3.7909896157	351.3882750643	12.403	0.014
图5	2.2386537175	333.1369472581	29.102	0.050

---

① 孙靖国：《舆图指要——中国科学院图书馆藏中国古地图叙录》，中国地图出版社2012年版，第138—153页。

第一章 边图研究

续表

图幅名	图上方位角（°）	实际方位角（°）	实际角度差（°）	占比（%）（异常数据/全部数据）
图6	2.3483256173	344.8121496515	17.536	0.016
	5.6461774406	351.3882750643	14.258	
	23.4708751023	355.4305197472	28.040	
	347.6579200419	3.4722454510	15.814	
	350.2869280045	9.2040731452	18.917	
	352.0448145041	0.8014045800	8.757	
	354.2749305895	25.2488617869	30.974	
	354.5275205313	6.0046662557	11.477	
	355.0233097380	9.5009626920	14.478	
	357.0538436811	6.3114518795	9.258	
	357.1256380146	4.4162031616	7.291	
	357.4156846333	7.9724629473	10.557	
	358.8272577911	10.7149609755	11.888	
图7	4.5956702228	358.9452176401	5.650	0.018
	5.0926297111	347.6278640021	17.465	
	9.9188946246	358.2007842080	11.718	
	15.6319230709	355.4305197472	20.201	
	343.0315961550	7.9724629473	24.941	
	343.2407603841	6.3114518795	23.071	
	343.8725891373	9.5009626920	25.628	
	339.8336443569	10.7149609755	30.881	
	345.4704816677	9.2040731452	23.734	
	346.1970766985	3.4722454510	17.275	
	347.1156714388	7.1805560647	20.065	
	348.6977104790	10.1756676760	21.478	
	354.4160449533	6.0046662557	11.589	
	356.1888175305	25.2488617869	29.060	
	356.2367753079	21.4699961217	25.233	
	359.6279021743	2.8623458551	3.234	

注：表中"/"表示空值，即此图幅中没有出现"异常数据"。黑体加粗显示了实际角度差在40°以上的数据，这种情况只出现了4次，这些方位关系确实相差较大，并不准确，但在全部数据中占比非常小，并不影响整体认识。

由表2可见确实出现少量相差较大的数据，但此类数据占比非常少，再考虑到"偏东偏西"现象，"图上方位角"与"实际方位角"二者"实际角度差"差别非常大的情况是非常少的。因此，我们在实际讨论中将异常数据剔除，再作相关性分析。尽管如此，严谨起见，表3依然对所有数据进行计算，以图上方位角为 X，实际方位角为 Y 变量，它们的标准差分别为 σ_X，σ_Y，二者的协方差为 $\mathrm{cov}(X,Y)$，则这两个变量之间的皮尔逊相关系数为：

$$\rho_{xy} = \frac{\mathrm{cov}(X,Y)}{\sigma_X \sigma_Y}$$

其中，$\sigma_X = \sqrt{E((X-E(X))^2)}$

$$= \sqrt{\frac{\sum_{i=1}^{n}(X_i - E(X))^2}{n}},$$

$\sigma_Y = \sqrt{E((Y-E(Y))^2)}$

$$= \sqrt{\frac{\sum_{i=1}^{n}(Y_i - E(Y))^2}{n}},$$

$\mathrm{cov}(X,Y) = E((X-E(X))(Y-E(Y)))$

$$= \frac{\sum_{i=1}^{n}(X-E(X))(Y-E(Y))}{n}$$

则，$\rho_{xy} = \dfrac{\mathrm{cov}(X,Y)}{\sigma_X \sigma_Y}$

$$= \frac{\sum_{i=1}^{n}(X-E(X))(Y-E(Y))}{\sqrt{\sum_{i=1}^{n}(X_i-E(X))^2} \sqrt{\sum_{i=1}^{n}(Y_i-E(Y))^2}}$$

表4　图"上方位角"与"实际方位角"的标准差、协方差与相关系数

	图1	图2	图3	图4	图5	图6	图7
图上方位角标准差	92.47763734	100.3819594	95.25903786	97.03375096	94.32982393	97.32241157	96.70357455
实际方位角标准差	96.8173829	99.60516145	99.43283898	100.7160819	95.41062836	96.41212743	96.48222681
二者协方差	8689.141521	9847.073102	9241.770993	9690.800949	8958.015191	9303.147538	9284.911779
皮尔逊相关系数	0.970480483	0.984849003	0.975706442	0.991603455	0.995327526	0.991483247	0.995148598

在考虑到"异常数据"的情况下，对图上方位角与实际方位角数据进行进一步分析，结果见表4。经过对出自4种明代及清初官绘大同左卫道图籍中7幅古地图的分析，统计结果显示，整体7幅地图实际方位角与图上方位角的相关系数都非常高，即二者具有较强的线性关系；尤其在不考虑"偏东偏西差异"情况下，相关系数高达0.97以上（该值越接近1，表明正相关性强），且显著水平P值都为0.000（而该值<0.05，说明两组数据相关性显著，计算所得的相关系数具有统计学意义）。这表明7幅地图表现的大同左卫地道区各城堡之间的相对位置关系，在"方向"方面与实际相符程度非常高。说明兵部职方司系统的地图绘制者对所表现内容，尤其是最重要的城堡之间的方位关系最为重视。尽管这一方法并不符合数学意义上的精确，但一定程度上是可用的，体现出中国古代地图的实用取向。而且发现方向的准确程度与地物数量并不直接相关，图2与图4、图6及图7中的城堡数量相差悬殊，但相关系数非常高，可见地物数量多少并不能决定相对位置关系的相对准确度。

表5 "图上方位角"与"实际方位角"的相关性分析结果

图幅名	数据集	样本个数（n）	相关系数（R方）	皮尔逊相关显著检验P值
图一	正常数据	300	0.970	0.000
	异常数据	6	0.211	0.688
	全部数据	306	0.851	0.000
图二	正常数据	20	0.985	0.000
	异常数据	0	/	
	全部数据	20	/	
图三	正常数据	151	0.976	0.000
	异常数据	5	-0.105	0.867
	全部数据	156	0.784	0.000
图四	正常数据	71	0.992	0.000
	异常数据	1	/	
	全部数据	72	0.901	0.000
图五（续表）	正常数据	19	0.995	0.000
	异常数据	1	/	
	全部数据	20	0.709	0.000
图六	正常数据	799	0.991	0.000
	异常数据	13	-0.998	0.000
	全部数据	812	0.896	0.000
图七	正常数据	854	0.995	0.000
	异常数据	16	-0.998	0.000
	全部数据	870	0.886	0.000

从方法来说，本节仅以明清4种大同左卫地道图为例，对中国古地图上地物间相对位置关系进行初步量化研究，认为信息化技术的引入对古地图科学问题的量化研究具有一定的辅助作用。中国古地图的绘制与表现方式，应该在利用多种手段对大量古地图以及地图上的海量地理信息研究的基础上，进行复原与总结、分析。

第二章 海图研究

郑若曾系列地图对岛屿的表现方法

岛屿是指比大陆面积小，散处于海洋、河流或湖泊等水域中，完全被水域包围的小块陆地。① 中国岛屿众多，按其成因可分为三类：一、基岩岛，即由基岩构成的岛屿，它们受华夏构造体系的控制，多呈现北北东方向，以群岛或列岛形式作有规律的分布。中国的基岩岛，除台湾和海南两大岛之外，还分布在几个地区：1. 辽东半岛沿海；2. 山东半岛沿海；3. 浙闽沿海；4. 华南沿海；5. 台湾附近岛屿。二、冲积岛，即指河流入海，泥沙在门口附近堆积所形成的沙岛。除最大的崇明岛外，中国的冲积岛还集中分布于珠江河口、台湾西海岸以及滦河、黄河和韩江三角洲等处。三、珊瑚礁岛，主要分布在南海。除个别火山岛外，南海诸岛都由珊瑚礁组成。②

正因为中国岛屿众多，密布在水域中，无论是渔业、农业、特产采集，还是行政管理、军事驻守，以及作为商业运输和军事巡守

---

① 又据《中华人民共和国海洋保护法》和《联合国海洋法公约》，海岛系指"海洋中四面环水、高潮时高于海面、自然形成的陆地区域"，见《中国海盗志》编纂委员会编著《中国海岛志（江苏、上海卷）》前言，海洋出版社2013年版，第23页；《中国海岛志》编纂委员会编著《中国海岛志（辽宁卷·第一册［辽宁长山群岛］）》前言，海洋出版社2013年版，第21页。

② 陈吉余、金元欢：《中国的岛屿》，陈史坚：《南海诸岛》，载《中国大百科全书》"中国地理"卷，中国大百科全书出版社1992年版，第622—623、344页。

所使用的停泊避风据点与航行校正坐标，都与中国先民的生产、生活，历代各级政府的施政、国防息息相关，不可分割。① 所以，中国历代文献中留下了大量与岛屿相关的记载，而在与岛屿相关的地图中，更是不会遗漏这一类重要的地物。对其的表现方法，体现出中国先民对岛屿地貌以及所处的海洋、湖泊、河流等水域环境的认识和感受，以及在平面上对地理信息的重组、构建与再现。

由于明清时期地图数量极其繁多，而且不同系统、不同绘制小传统下绘制出的地图彼此之间并无统一的图例和表现规范，所以很难进行对比。而由同一人主持绘制的地图则应有通盘的考虑，便于通过其地图上的岛屿表现形式探讨其对这一结合了陆地与水域的重要地貌形态的认识，所以本节选取对明代后期以及清代地图，尤其是沿海地图有重要影响的郑若曾系列地图进行分析。

---

① 这类记载在各种地图中比比皆是，如北京大学图书馆所藏的一幅表现清代山东胶州的地图中，就是绘出了黄岛、罗山、毛岛、青岛、槟榔岛、鱼鸣石、连岛、竹岔岛等岛屿，并在若干岛屿处标注"内有居民"。在众多的海防地图中，在岛屿处标注驻防战守所需注意的信息，更是常例，如明代万历二十年（1592）宋应昌主持刊刻的《全海图注》中，在福建崳山（今崳山岛）处标注："可寄泊"，"泊南北风船三十只"；在广东硇州（今硇洲岛）处标注："至琼州二潮水，泊南北风船百只"。在中国科学院图书馆所藏的《福建航海图》中，在虎屿处标注："此澳可泊北风船十余只，但不宜南风。北至井尾半潮水，南至陆鳌所半潮水，系铜山寨右哨信地。"岛屿作为航行标识，最典型的可见章巽先生所购得的《古航海图》和耶鲁大学所藏的《航海图》，其中的山形水势航海地图均绘成侧面平视形态，系航行者所亲身所见，图中亦有多处文字标注，如章巽藏《古航海图》图八中注记："船出威海卫鼻头，要收子午岛，用辛酉三更，离小石屿转申，半更收入，妙哉"，即在山东半岛东端的威海卫开船，进入芝罘湾，航路上以子午岛（即芝罘岛）为坐标。见章巽《古航海图考释》，海洋出版社1980年版，第30页。耶鲁大学图书馆所收藏的清代中期山形水势地图《航海图》中图105和图106，描绘出孔屿沟和长生、铁山等岛屿和沿岸山峦，在孔屿沟处注文："此山配在孔屿沟，山头共乌龟一脉相连，俱生入"，"离半更看，此形"；在长生岛处注文："孔屿沟：对上看，此形。"图112描绘出铁山、蛇屿、虎屿、东竹、北皇城、南皇城等岛礁或沿岸山峦，在铁山处注记："抛船铁山羊头澳，天清亮看见皇城"，在南皇城（今南隍城岛）处注记："在皇城兜，打水廿一托，烂泥。用子癸、丁午取铁山。皇城共铁山系癸丁对，三更开。"见郑永常《明清东亚舟师秘本：耶鲁航海图研究》，远流出版公司2018年版，第232—238页。

第二章 海图研究

一 郑若曾系列地图的绘制背景与版本传布

郑若曾（1503—1570），字伯鲁，号开阳，南直隶苏州府昆山（今属江苏）人。他夙承家学，"幼有经世之志，凡天文地理、山经海籍靡不周览"。嘉靖十六年（1537）和十九年（1540），郑若曾两次以贡生参加科举考试，并因对策内容直指时弊而落榜，之后绝意仕途，潜心治学。

倭寇之患，几乎贯穿明朝始终，但最为剧烈的，则是在嘉靖时期，倭寇为患整个东南沿海，攻陷城郭，抢掠村落，人民生命财产损失严重，郑若曾的家乡昆山，正是倭寇侵扰的重灾区。为总结御倭方略，郑若曾编纂《沿海图》12幅，受到普遍重视。随着倭患日益严重，郑若曾毅然应聘进入总督胡宗宪的幕府①，正是在胡宗宪的幕府中，郑若曾"详核地利，指陈得失，自岭南迄辽左，计里辨方，八千五百余里，沿海山沙险陁延袤之形，盗踪分合入寇径路，以及哨守应援，水陆攻战之具，无微不核，无细不综，成书十有三卷，名曰《筹海图编》。……余既刊其《万里海防》行世，复取是编厘订，以付诸梓"②。

郑若曾的著述颇多，据其六世孙郑定远所撰《先六世祖贞孝先生事述》中所述，除《筹海图编》外，与史地相关者还有《江南经略》八卷、《万里海防》二卷、《日本图纂》一卷、《朝鲜图说》一卷、《安南图说》一卷、《琉球图说》一卷、《四隩图考》二卷、《海防大图》十二幅、《黄河图议》、《海运图说》一卷、《三吴水利考》一卷等。③ 明代人林润于隆庆三年（1569）春正月为《朝鲜图说》所作的序中曰："昆山郑子伯鲁博学卓识士也，往

---

① 乾隆《江南通志》卷151《人物》，文渊阁《四库全书》本，台湾商务印书馆1986年影印本。
② （明）胡宗宪：《筹海图编序》，（明）郑若曾撰，李致忠点校：《筹海图编》，中华书局2007年点校本，第991页。
③ （清）郑定远：《先六世祖贞孝先生事述》，（明）郑若曾撰，李致忠点校：《筹海图编》，中华书局2007年点校本，第986页。

岁岛寇出其素蕴，著《筹海图编》等书，默林胡公刊行浙右，其《经略》一编，予复评次授梓。兹又以朝鲜、琉球、安南诸图说示予。"①而据郑若曾《江南经略》自序中言："壬戌初夏，兵宪太原王公道行顾予于金阊逆旅，而诘之曰：'子之作《筹海图编》，志则勤矣，然江防重务也，而略之，何与？'……予曰：唯！唯！公乃颁示诸郡图志，命官设局，凡薪粟之资、书绘之役靡不周悉。……凡二越岁，而略者始详，讹者始信。"②

由胡宗宪等人序言可知，郑若曾的十二幅《沿海图》编绘最早，进入胡宗宪幕府后，于嘉靖四十一年（1562）编成《筹海图编》，当年在王道行的帮助下，于两年后完成了《江南经略》，因其他如《朝鲜图说》等篇未见于《筹海图编》中，故推测其成书应不早于《筹海图编》，而不晚于林润作序的隆庆三年（1569），其中大部分亦收入其五世孙郑起泓及其子郑定远于清康熙年间重新编辑的《郑开阳先生杂著》中，《筹海图编》《江南经略》和《郑开阳杂著》亦收入《四库全书》中。近年出版的《筹海图编》点校本系以康熙三十二年（1693）郑起泓主持刊刻版本为底本，并参考嘉靖本与天启本，③将其中地图与国家图书馆所藏天启本中地图相比较，可发现两版本的地图有比较明显的精粗之分，文字上也有些微的调整，④但从整体表现风格来看基本一致。将《郑开阳杂著》的康熙本与文渊阁《四库全书》本及民国二十一年（1932）陶风楼影印本相对比来看，除少数可以认定系四库本自行加入部分外，其地图风格也基本一致。所以，我们可以认为，在郑若曾著作流传刊刻的过程中，地图风格基本是保持相对稳定的，所以本节所

---

① （明）林润：《朝鲜图说序》，隆庆三年春正月，（明）郑若曾：《朝鲜图说·安南图说·琉球图说》，康熙三十二年（癸酉，1693）重镌。
② （明）郑若曾：《江南经略》自序，氏著，傅正、宋泽宇、李朝云点校：《江南经略》，黄山书社2017年版。
③ 李致忠：《筹海图编》点校说明，（明）郑若曾撰，李致忠点校：《筹海图编》，中华书局2007年点校本，第7页。
④ 如天启本"沿海山沙图"在地图的右上角标注图目，系用各布政司首字＋数字，如"广二""福三""浙六"等（但浙江中二、三两幅却标为"浙江二""浙江三"，可见其校雠不精），而点校本则统一为"广东二""福建三""浙江六"等。

讨论对象，系以中华书局点校本《筹海图编》为主，参以隆庆本《江南经略》、康熙本《朝鲜图说·安南图说·琉球图说》以及陶风楼本《郑开阳杂著》进行比较。①

二 郑若曾系列地图中对岛屿的表现方法

通过比较上述郑若曾著作中地图对岛屿的表现方法，我们可以发现：

第一，在全国总图或体现全部局势的小比例尺地图中，较大岛屿多以平面形态出现，勾勒出垂直视角所审视的轮廓，较小的岛屿则只以并无特点的点或线圈表示，如《筹海图编》中的《舆地全图》《日本国图》和《日本岛夷入寇之图》。

第二，则是郑若曾系列地图中的绝大部分，即分幅的海防图、沿海图、江防图、湖防图等区域地图，在这类的地图中，岛屿的表现则分为两类，一为绘成山峦形态，另一为以垂直视角审视的平面轮廓。

绘成山峦形态，可以说是郑若曾系列地图中表现岛屿的主流方式，沿海的岛屿（包括长江中的一些岛屿）基本上绘成侧面平视或略带鸟瞰视角的山峦形状，大多数山峦比较陡峻，挺立高耸突出于海面。而绘成垂直视角的平面轮廓的，主要有如下几种情况。

第一，较大的岛屿，这种情况较少，只有下列几个岛屿：

1. 海南岛，完全以垂直视角的平面轮廓，而且占据了几乎全部图幅，在其上绘制了众多的山峦、河流符号，以及密布的府、州、县、卫、所等政区治所，营、堡、巡司、驿、寨等军政设施，筒、都、图、村等基层聚落，以及澳、浦、港等沿海地理单位等。②

---

① 需要指出的是，由于中国古代地图并无通行图例，对各类地物的认识和表现方法亦无统一标准，所以即使是郑若曾本人的地图中，也未必所有不同表现方法的岛屿均有严格的区分。由于其资料来源、个人的绘制习惯与认识程度，不同地图对同一地物的表现也未必一定相同，故本节亦仅就其总体表现方式进行分析和归类总结。

② （明）郑若曾撰，李致忠点校：《筹海图编》，中华书局2007年点校本，第3—4页。

2. 福建铜山所所在的今东山岛、中左所所在的今厦门岛、金门所所在的今金门岛，以及浙江舟山岛、南直隶海州郁洲岛（今已与大陆连成一片），① 这几个岛屿都是绘成平面轮廓，在其上亦绘制出若干山峦，整个岛屿只占图幅的一部分，平面与山峦都各占岛屿的相当比例。如厦门岛与鼓浪屿等周边岛屿的绘制方法对比，可见金门岛、烈屿和厦门岛与周边小岛面积的差别。②

二、南直隶沿海和长江、黄河入海口的一些河流搬运堆积而成的岛屿，如《直隶沿海山沙图》中在长江口所绘出的"南沙""竺箔沙""长沙""无名沙""小团沙""烂沙""孙家沙""新安沙""县后沙""管家沙""大阴沙""山前沙""营前沙"等，以及黄河口处的"栏头"等。③

三、沿海的一些水中地物，以广东沿海为最多，计有：青婴池、蛇洋洲、杨梅池、平江池、对达池、泖洲、涠洲、调洲、调鸡门洲、碙洲、小黄程、大黄程、海珠寺、珊瑚洲、合兰洲、大王洲、马鞍洲、急水旗角洲、上下横当洲、龙穴洲、陶娘湾、石头村、石牌门、大村澳等，在抱旗山—沙湾巡检司—茭塘巡检司后亦绘有一片平面轮廓。④ 在福建南部的铜山所所在的东山岛外海中亦绘有平面轮廓的侍郎洲。⑤

按雍正《广东通志》"珠母海"条曰："珠母海，在（合浦县）城东南八十里，巨海也。旧《志》载：'海中有平江、杨梅、青婴三池，大蚌吐珠，故名。'"⑥ 而据《粤闽巡视纪略》记载：

---

① （明）郑若曾撰，李致忠点校：《筹海图编》，中华书局2007年点校本，第26、29、66、99页。
② （明）郑若曾撰，李致忠点校：《筹海图编》，中华书局2007年点校本，第28—29页。
③ （明）郑若曾撰，李致忠点校：《筹海图编》，中华书局2007年点校本，第91—93、101页。
④ （明）郑若曾撰，李致忠点校：《筹海图编》，中华书局2007年点校本，第7—25页。
⑤ （明）郑若曾撰，李致忠点校：《筹海图编》，中华书局2007年点校本，第26页。
⑥ 雍正《广东通志》卷13《山川志四》，文渊阁《四库全书》本，台湾商务印书馆1986年版。

第二章 海图研究

"珠池,旧《志》云一称珠母海,相传有七,曰青莺、曰断望、曰杨梅、曰乌坭、曰白沙、曰平江、曰海渚,俱在冠头岭外大海中,上下相去约一百八十三里。前巡抚陈大科曰:白沙、海渚二池地图不载,止杨梅等五池,又有对乐一池在雷州,共六池。予访之土人,杨梅池在白龙城之正南少西,即青莺池,平江池在珠场寨前,乌坭池在冠头岭外,断望池在永安所。珠出平江者为佳,乌坭为下,亦不知所谓白沙、海渚二池也。旧《志》又载有珠场守池巡司及乌兔、凌禄等十七寨,而不著其所自始,白龙城亦不载于城池条,但言钦、廉土不宜谷,民用采珠为生,自古以然,商贾赍米易珠,官司欲得者,从商市之而已。……明洪武初罢,永乐、洪熙屡饬弛禁罢采。至天顺四年,有镇守珠池内使谭记奏廉州知府李逊纵部民窃珠,下逊诏狱,逊亦讦记擅杀人,夺取民财诸状。……官采率十数年一举行,余年皆封池禁断。盖蚌胎必十余年而后盈,频取之,则细嫩不堪用故也。自天顺后,弘治一采,正德一采,嘉靖初首尾七载,而三遣使,得珠遂少。……于是抚臣林富疏请罢免,许之。嘉靖十年,富复请撤回内臣,略曰:合浦县杨梅、青莺二池,海康县乐民一池,俱产蚌珠,设有内臣二员看守,后乐民之池所产稀少,裁革不守,止守合浦二池。计内臣所用兵役每岁共费千金,约十年一采,已费万金,而得珠不置数千金,亦安用此?请撤之,而兼领于海北道'。疏上,大司马李承勋力持之,又得永嘉张文忠公为之主,内臣遂撤。万历间,复诏采珠。用抚臣陈大科之言而罢。"①

从上面两则史籍所记述内容可知,青婴池、杨梅池、平江池、对达池应系海中的采珠之珠池,青婴池应即《粤闽巡视纪略》中之青莺池。对达池,史无所载,颇疑即《粤闽巡视纪略》中之对乐池,② 就图上位置而言亦距雷州不远。所以,这四处海中的垂直

---

① (清)杜臻:《粤闽巡视纪略》卷1,文渊阁《四库全书》本,台湾商务印书馆1986年版。
② 按:《大清一统志》卷349《雷州府》珠池条下亦曰对乐珠池,可见应系《筹海图编》之错讹。

视角平面轮廓并非岛礁，而是海中的采珠海域。

雍正《广东通志》曰："涠洲山在城西南二百里海中，周围七十里，古名大蓬莱。稍南为蛇洋山，形如走蛇，与涠洲山对峙，古名小蓬莱，其地名蛇洋洲。"① 又，《粤闽巡视纪略》中记载："涠洲在海中，去遂溪西南，海程可二百里。周七十里，内有八村，人多田少，皆以贾海为生。昔有野马渡此，亦名马渡。有石室如鼓形，榴木杖倚着石壁，采珠人尝致祭焉。古名大蓬莱，有温泉、黑泥，可浣衣使白如雪。前为蛇洋洲，周四十里，上有蛇洋山，亦名小蓬莱，远望如蛇走，故名。二洲之上各有山阜，缥缈烟波间，可望不可登。"②

从上面的记述可知，涠洲山在雷州府遂溪县西南二百里海中，周围七十里，考之位置，当系今天广西北海市之涠洲岛，面积为24.74平方千米，海岸线全长36千米，恰与史籍记载之七十里相符。该岛为新生代第四纪时期火山喷发堆积形成，所以有《粤闽巡视纪略》中所记之"温泉、黑泥"。而碙洲当系今湛江市海外之硇洲岛，地势较平坦，且面积较大，有56平方千米。

龙穴洲，从其位置和名称来看，很可能是今广州市南沙区龙穴岛，而大王洲应系今东莞市东江中大王洲岛。至于海珠寺，据《大明一统志》记载："海珠寺在府城南二里江中，随水高下。"③ 明代乌斯道诗《游海珠寺》："吟到中流一凭栏，云烟散尽水天宽。灵鳌化石支金刹，神物凌波弄木难。隔岸市尘千里远，炎风禅榻九秋寒。何须更觅三神岛，消得携琴此处弹。"④ 说明海珠寺系在珠江中的沙洲上。据《粤闽巡视纪略》记载："佛堂门海中孤屿也，

---

① 雍正《广东通志》卷13《山川志四》，文渊阁《四库全书》本，台湾商务印书馆1986年版。
② （清）杜臻：《粤闽巡视纪略》卷1，文渊阁《四库全书》本，台湾商务印书馆1986年版。
③ （明）李贤等：《大明一统志》卷79《广东布政司》，三秦出版社1990年版。
④ （明）乌斯道：《春草斋集》，文渊阁《四库全书》本，台湾商务印书馆1986年版。

第二章 海图研究

周围百余里。潮自东洋大海溢而西行,至独鳌洋,左入佛堂门,右入急水门,二门皆两山峡峙,而右水尤,驶番舶得入左门者,为已去危而即安,故有佛堂之名。自急水角径官富场,又西南二百里,曰合连海,盖合深澳、桑洲、零丁诸处之潮,而会合于此,故名。又西南五十里,即虎头门矣,其地又有龙穴洲,尝有龙出没其间,故名。每春波晴霁,蜃气现为楼台、城郭、人物、车马之形,上有三山,石穴流泉,舶商回国者必就汲于此。又有合兰洲,与龙穴对峙,上多兰草,故名。潮至此,始合零丁洋,即文信国赋诗处。桑洲之旁又有大王洲、马鞍洲。"① 从这段记述来看,合兰洲与龙穴洲相对,位置在珠江口虎门之处,而珊瑚洲与大王洲接近,所以,龙穴洲、大王洲、合兰洲、珊瑚洲、海珠寺等处都是珠江出海口一带江水中的沙洲,地势平坦,所以没有绘成山峦形象。又在大连图书馆所藏《广东沿海图》中,上横档、下横档、龙穴等均绘成平面轮廓,上横档、下横档绘在虎门处,可为一证。②

至于图上的急水旗角洲和上下横当洲,据《古今图书集成·方舆汇编·职方典》中所记:"急水海门,在县城南一百五十里,官富巡检司南。""合兰洲,在县南二百里海中靖康场,与龙穴洲相比,其上多兰,旁有二石,海潮合焉,蜃气凝焉。旧《志》谓之康家市,又有马鞍洲、急水旗角洲、大王洲、上下横当洲,并在大海中。"③ 按急水门应即今香港大屿山与马港交接处之汲水门,图中绘在"急水旗角洲"的左上方(就地理方位而言应系东南),在海中绘出了山峦形状的"大奚山",即今之大屿山,那么,急水旗角洲当系珠江出海口处的沙洲,而上下横当洲应亦如是。在广东珠江中的海珠寺以外,图上在沙湾巡检司—抱旗山—茭塘巡检司三

---

① (清)杜臻:《粤闽巡视纪略》卷2,文渊阁《四库全书》本,台湾商务印书馆1986年版。
② 曹婉如等编:《中国古代地图集(清代卷)》,文物出版社1997年版,图版134。
③ 《古今图书集成·方舆汇编·职方典》第1300卷《广州府部》,中华书局1934年版。

处山峦形状岛屿之后，绘有一篇平面形态的区域，抱旗山"在（广州）府西南四十里，以形似名，为郡之前案，江水环绕，……其南为南山峡，屹立江滨"①。沙湾与茭塘二地均在今广州市番禺区，可见此处应在珠江中，其后的平面轮廓很可能亦系江中沙洲。

从上面的分析可知，广东沿海绘制较多的垂直视角平面轮廓地物，基本上为珠江口上下的沙洲，或者是采珠区，抑或为较大以及较平坦的岛屿。

综合上面的梳理，我们可以清楚地了解到，郑若曾系列地图中，对岛屿的描绘基本按其形态进行区分：较大的岛屿或比较平坦的岛屿（包括沙洲），由于高差视角效果相对不甚明显，故绘成平面轮廓；而较小的岛屿，或高峻的岛屿，则绘成山形，以强调其高差。这样的区分，在郑若曾系列地图中，基本上是统一的，比如《筹海图编》之《松江府图》和《苏州府图》中，崇明等沙洲都绘成平面轮廓，而大金山、小金山、羊山、许山、胜山等岛屿乃至太湖中的洞庭东山、洞庭西山则绘成山峦形态，②究其原因，当系两种类型岛屿形态上的差异，比如大金山岛挺拔出海面，最高点高程达到103.4米。③在以江南地区为对象的《江南经略》中，亦是如此处理。④总体而言，古人对岛屿的认识，多在水面经行眺望，

---

① （清）顾祖禹撰，贺次君、施和金点校：《读史方舆纪要》卷101《广东二》，中华书局2005年点校本，第4597页。

② （明）郑若曾撰，李致忠点校：《筹海图编》，中华书局2007年点校本，第376—379页.

③ 《中国海岛志》编纂委员会编著：《中国海岛志（江苏、上海卷）》，海洋出版社2013年版，第455页。

④ 但在描绘范围更小，按今天的惯例可以理解为比例尺更大的《吴县备寇水陆路图》中，则将太湖中的洞庭东山等岛绘成平面轮廓，其中若干处绘有山峦。而在范围更小的《洞庭东山险要图》《洞庭西山险要图》中，亦将岛屿绘成平面轮廓，其上绘出更多山峦形状（《江南经略》卷2、卷3）。这应该是随着表现范围的变化而进行的调整，正如在沿海山沙图中绘出平面轮廓的一些较大岛屿，在《舆地总图》中并不绘出一样。又如今天小比例尺、中比例尺地图一般不绘出城市平面形态，但在大比例尺地图中，则要绘出一样。但平坦的沙洲，如三片沙、三沙、竹箔沙、县后沙等，即使在专幅地图中，亦绘成平面轮廓，并无山形，可见对地貌形态的区分是不同绘制方法的基础。

只能平行观测其侧面形态,而非在上方俯视,故多对其耸出水面的形态印象最为深刻,尤其是在航行中将其作为航标,如前所引章巽所藏《古航海图》和耶鲁大学所藏《航海图》,亦均将岛屿或海岸上的地物绘作平视侧面形态。大率海中岛屿,多耸立于海中,尤其是如前所述,中国沿海岛屿以基岩岛为主,多系大陆架构造的一部分,换言之,即海底大地上的高山,只是被海水淹没而已,所以一般来说,从古代航海者的视角来看,大多数岛屿均呈现山峦形态,但较大的岛屿,因其幅员较广,所以山形高差并不明显,所以在古代的渔民和水手看来,何者为兀出海面的山,何者为有绵延海岸线的岛,何者为平坦的沙洲,有直接的观感分别,体现在地图上,则有不同的表现方法。

三 郑若曾地图对岛屿表现方式所反映的地理学背景

"岛"字之意,东汉许慎《说文解字》将其列入"山"部,释义为:"海中往往有山,可以依止,曰'岛'。从山,鸟声。读若《诗》曰:'莺与女萝'。都皓切。"而山则释义为:"宣也。宣气散,生万物,有石而高。象形。凡山之属皆从山。""屿"字之意,《说文解字》解释为:"岛也,从山,与声,徐吕切。"[①] 谢灵运诗《登江中孤屿》中云:"乱流驱正绝,孤屿媚中川"[②],描述渡江赴江中孤屿之情态。柳宗元《至小丘西小石潭记》曰:"近岸卷石底以出,为坻,为屿,为嵁,为岩"[③],则是将水潭中的石头比作岛屿。如此而言,"屿"字本身就是指水中小岛,而且更强调其岩石的特征。

所以,在中国古人看来,岛屿虽然处于水域,尤其是大海中,

---

① (东汉)许慎:《说文解字》,中华书局1963年影印本,第190—191页。
② 逯钦立辑校:《先秦汉魏晋南北朝诗》,中华书局1988年版,第1162页。
③ 参见(唐)柳宗元《柳宗元集》,孙曰:"坻、屿,皆小洲也。"中华书局1979年版,第767页。

但与陆地上的地物并无本质上的区别,只不过处于水中而已,所以基本上会根据目测感受把海中基岩或火山喷发形成的岛屿绘制成山形。与此同时,将岛屿绘制成平面轮廓,或是描绘较大规模岛屿,或是描绘河流中及出海口处堆积形成的沙洲,则是突出少数较大或较平坦的岛屿的特殊形态。

需要指出的是,中国古代地图,尤其是覆盖大地域范围的地图,其绘制者可能是署名者本人,但更多可能是画工,如《江南经略》所表现的江南地区,是郑若曾"携二子应龙、一鸾,分方祗役,更互往复,各操小舟,遨游于三江五湖间。所至辨其道里、通塞,录而识之。形势险阻、斥堠要津,令工图之"。虽然系由其父子亲身考察,但仍"令工图之",则地图很可能带有画工绘制惯例的痕迹。而其他地区的绘制,揆诸史籍,未见郑若曾在浙直以外的沿海各地考察的记载,其在入胡宗宪幕府前,亦未闻有何航海经历,所以此类地图应系郑若曾根据所收集资料绘成。从《筹海图编》的各序跋中,对其十二幅沿海图的制作方式,亦并不相同,如胡松谓其"缮造《沿海图本》十有二幅",范惟一谓其"辑《沿海图》十有二幅"。而其他序跋,多论其入胡宗宪幕府后,著《筹海图编》之事。① 因为郑若曾最初的十二幅沿海图今天已经不存,《筹海图编》和《郑开阳杂著》中的沿海图并非其原貌。按胡宗宪主政东南,身边人才济济,获取资料应远比郑若曾在家中容易得多。所以,郑若曾的地图,尤其是进入胡宗宪幕府后所绘制的各图,应是由其所获得的包括地图在内的各种地理信息整合而成,其对地物的表现形式,以理推之,很有可能受到其所依据的原始资料的影响。而从《江南经略》中,可清晰窥到郑若曾对江南地区地貌形态的熟稔和认知,亦可确认江南地区岛屿地貌形态的区分以及

---

① (明)郑若曾撰,李致忠点校:《筹海图编》,中华书局2007年点校本,第990—998页.

不同尺度岛屿形态的表现方法，是郑若曾亲身踏勘的结果，而与其著作中其他地区地图中岛屿的表现方法一致，亦可以推测此种表现方法既反映了郑若曾以及其所依据的资料来源作者对岛屿地貌的感知与认识，又可能带有一定程度上的普遍性。①

---

① 如明代《武备志》中的《郑和航海图》和中国科学院图书馆藏《江防海防图》中就是将山形的基岩岛与平面轮廓的沙洲区分得非常清楚；《福建海防图》和中国国家图书馆所藏《全海图注》中会将若干较大岛屿绘成上有山峦的平面轮廓；而中国科学院图书馆藏《山东登州镇标水师前营北汛海口岛屿图》中，将较为平坦的桑岛绘成台地形状等。见向达整理《郑和航海图》，中华书局1981年版；孙靖国《舆图指要：中国科学院图书馆藏中国古地图叙录》，中国地图出版社2012年版；曹婉如等编《中国古代地图集（明代卷）》，文物出版社1995年版。

明清之际的北洋海域与《登津山宁四镇海图》

中国地处亚欧大陆东部，不仅陆地幅员广大，而且海域辽阔，管辖海域面积达到 3×10^6 平方千米。[①] 具体说来，中国拥有超过1.8万千米的海岸线，拥有超过1.4万千米的岛岸线，6500多个沿海岛屿。所以，中国不仅是一个陆地大国，也是一个海洋大国。从先秦时代以来，中国沿海各地的居民就开始涉足海洋，国家力量也逐渐投入海域的利用、管理和经营等领域。笔者结合明清时期"北洋"海域的开发利用历史，对古地图《登津山宁四镇海图》进行初步研究。

一 "北洋"海域的范围与早期航行活动

"海"与"洋"是中国古代命名不同类型海域的词汇，并随着时代的推移以及对海域认识的细化而逐渐具体化。[②] 相对于"海"，"洋"似是指较具体的海区。[③]

与先秦时期就开始出现的"海"相比，以方位标示"洋"的地理概念是从唐宋时期开始发展起来的，如周去非《岭外代答》中就用"东大洋海""南大洋海"等名词来命名海域："三佛齐之南，南大洋海也。""阇婆之东，东大洋海也。"[④] 南宋真德秀提出了中国沿海海域中的"东洋""南洋""北洋"等畛域："围头去州一百二十

[①] 王颖主编：《中国海洋地理》，科学出版社2013年版，第10页。
[②] 参见李孝聪《中国历史上的海洋空间与沿海地图》，载 Angela Schottenhammer, *Maritime Space and Coastal Maps in the Chinese History*, East Asian Economic and Socio-cultural Studies, *East Asian Maritime History* 2, Harrassowitz Verlag, Wiesbaden, 2006.
[③] 参见郭永芳《中国传统的海上小区——"洋"》，《中国科技史料》1990年第1期。文中认为：中国古代所谓的"洋"，是指比海还要小的小海区。文献中出现小海区的"洋"是在北宋，宣和年间徐兢的《宣和奉使高丽图经》中记载了白水洋、黄水洋、黑水洋和苏州洋等海区。到宋末元初，"洋"与"海"所区分的规范已经确立。
[④] （南宋）周去非著，杨武泉校注：《岭外代答校注》卷2《海外诸番国》，中华书局1999年版，第74页。

余里，正阚大海，南、北洋舟船往来必泊之地，旁有支港可达石井。""自南洋海道入（泉）州界，烈屿首为控扼之所，围头次之。""小兜寨，去城八十里，海道自北洋入本州岛界，首为控扼之所。"①真德秀文中的"北洋"应系自泉州以北的东海、黄海乃至渤海海域。成书于万历年间的《东西洋考》将海域分为东西二部分："文莱即婆罗国，东洋尽处，西洋所起也。"②

清代以后，随着长江三角洲一带海洋经济的发展，开始以长江口，也就是上海港为中心，将中国毗邻海域划分为南、北二洋。如清代中叶时期的齐彦槐在《海运南漕议》中认为："出吴淞口，迤南由浙及闽、粤皆为南洋，迤北由通、海、山东、直隶及关东皆为北洋。南洋多矶岛，水深澜巨，非鸟船不行。北洋多碛，水浅礁硬，非沙船不行。"③

丁一辨析了从宋代到清末的不同历史时期，如何划分南、北洋的三种不同观点，他指出：观点的不同，主要是因为"持论者所在地理位置不同而异"："对江南人而言，上海以北即为北洋，长江口为界；对浙江人而言，定海以北即为北洋，杭州湾为界；而清末官方话语中的北洋，则又限于辽宁、直隶、山东三地海域，胶州湾为北洋之南界。"④

本节所述及的区域，主要采取上述的第二种观点，即以长江口作为南北洋的分界线，但核心区域为辽宁、河北、山东等环渤海地区，这一区域的海洋活动主要包括东亚大陆的沿岸航线、渤海湾内部的跨海及沿岛群航行，以及与朝鲜半岛、日本列岛之间沿大陆边

---

① （南宋）真德秀：《西山先生真文忠公文集》卷8《申枢密院措置沿海事宜状》，商务印书馆1937年版，第136、139、141页。

② （明）张燮：《东西洋考》卷5《东洋列国考，中华书局1981年版，第102页。

③ （清）齐彦槐：《海运南漕议》，贺长龄辑：《皇朝经世文编》卷48《户政二十三·漕运下》，沈云龙主编：《近代中国史料丛刊》，台北：文化出版社1966年版，第74辑，第1699页。

④ 丁一：《耶鲁藏清代航海图北洋部分考释及其航线研究》，《历史地理》第二十五辑，上海人民出版社2011年版，第431页。

缘或跨越黄海、东海之间的航行。这些海洋活动与东洋航路、南洋航路和西洋航路共同组成中国古代海洋航路体系。

北洋航路由来已久，尤其是人类社会早期，沿渤海湾海岸及山东半岛以北的岛群航行，是先民最早的航海活动。早在先秦时期就已经存在环渤海沿岸东行并交通朝鲜半岛的海路。① 近年来，考古工作者在庙岛群岛周围海域不断发现石锚等物，证实了新石器时代从山东半岛到辽东半岛存在着航海迹象。②《战国策》记载："秦攻燕，则赵守常山，楚军武关，齐涉渤海，韩、魏出锐师以佐之。"③从此以后，辽东半岛到山东半岛之间的海上航线已经非常畅通。④元代经济中心与政治中心高度分离，为从江浙地区向大都运送粮食和物资，开辟了全线的海运航线，南方的漕船，"从刘家港入海，至崇明州三沙放洋，向东行，入黑水大洋，取成山转西至刘家岛，又至登州沙门岛，于莱州大洋入界河"⑤。

明朝建立之后，为清除北元残余势力，明朝政府计划从海路进军以配合陆路攻势。洪武元年（1368）二月，明太祖命汤和还明州，造海舟漕运北征粮饷。⑥ 因海多飓风，汤和所造运粮海舟并未北行。⑦ 徐达兵进大都，就有水师从海道进军。高丽人金之秀"自元来，言大明舟师万余泊通州，入京城"⑧。攻取大都后，明军开

---

① 吴春明：《"北洋"海域中朝航路及其沉船史迹》，《国家航海》第一辑，上海古籍出版社2011年版，第139页。

② 刘大可：《古代山东海上航线开辟与对外交流述略》，《国家航海》第六辑，上海古籍出版社2014年版，第76页。

③ 何建章注释：《战国策注释》卷19《赵策二》，"苏秦从燕之赵"章，中华书局1990年版，第657页。

④ 王赛时：《古代山东与辽东的航海往来》，《海交史研究》2005年第1期，第34—61页。

⑤ （明）宋濂等：《元史》卷93《食货志一》，中华书局1976年点校本，第2366页。

⑥ 《明太祖实录》卷30，洪武元年二月癸卯，台北"中央研究院"历史语言研究所1962年校印本，第514—515页。

⑦ 《明太祖实录》卷34，洪武元年八月癸卯，台北"中央研究院"历史语言研究所1962年校印本，第620页。

⑧ 见吴晗辑《朝鲜李朝实录中的中国史料》前编卷上，戊申十七年九月乙卯，中华书局1980年版，第13页。

始经略辽东,洪武三年(1370),"命中书省符下山东行省,召募水工,于莱州洋海仓运粮以饷永平卫"①。此后,山东半岛北部的登州和莱州渡过渤海海峡沟通辽东地区的航路非常繁盛,军队、粮食、被服等都通过这条航路输送到辽东。②"这条经由渤海湾内的短距离运道,与江南往辽东的海道是明初海运粮储的主要路线。"

永乐十三年(1415),明政府停罢海运,大规模的南北海运停止,但登莱海运仍然保留,嘉靖中才一度停罢。"(永乐)十三年五月复罢海运,惟存遮洋一总,运辽、蓟粮。"③"在明代后来的日子里,这条海道是唯一保有的一点'海运遗意'。"④嘉靖之后,辽东与山东之间的海运停止。万历初年,朝廷严令登辽之间实行海禁,劈毁海船,"寸板不许下海"⑤。

二 明末的北洋战时航运

万历末年,努尔哈赤以"七大恨"起兵反明,辽东爆发大规模战争,随着后金占领辽东并向辽西用兵,辽东半岛上的军民纷纷越海逃向山东登州、莱州一带。崇祯时曾任山东监军道的王征记述称:"辽人自金、复、海、盖诸卫避难来登者,不下十数万,寄寓登、莱地方。"⑥为支撑辽东战事,从万历四十六年(1618)到泰昌元年(1620),通过海运向辽东输送粮米等物资,海船从登州、莱州、天津等地出发,运抵辽东的旅顺、金州三猠牛、北信口、连

---

① 《明太祖实录》卷48,洪武三年正月甲午,台北"中央研究院"历史语言研究所1962年校印本,第949页。
② 关于明初辽东海运的情况,参见张士尊《论明初辽东海运》,《社会科学辑刊》1993年第5期。
③ (清)张廷玉等:《明史》卷86《河渠志》,中华书局1974年点校本,第2114页。
④ 樊铧:《政治决策与明代海运》,社会科学文献出版社2009年版,第39页。
⑤ 《明神宗实录》卷8,隆庆六年十二月辛未,台北"中央研究院"历史语言研究所1962年校印本,第294页。
⑥ (明)王征:《王征监军辽海被陷登州前后情形揭帖》,李之勤辑:《王徵遗著》,陕西人民出版社1987年版,第150页。

云岛、盖州等地,①逃到朝鲜的也很多。北洋航运因战事而重新繁忙起来。

除向辽东运送物资之外,东江镇的海运亦兴盛一时。天启二年(1622)十一月,遁入朝鲜境内的明朝边将毛文龙率军入据皮岛,皮岛(又称椵岛、平岛)位于朝鲜半岛与辽东半岛之间,周围有众多岛屿,如獐子岛、云从岛(又名须弥岛、身弥岛),足为犄角之势,又与环绕辽东半岛的沿海各岛屿交通便利,对后金的后方形成了严重的威胁。

广宁大败后,明军退守山海关,京畿危急,很重视毛文龙部的牵制作用,着手通过海运方式接济位于海岛上的东江镇。东江海运主要依赖天津、登莱这两个后勤补给基地。天津、登莱发运的军用物资有所分工:天津主要发运军粮,并由粮船带运布匹、苇席、盔甲、器械、枪炮、火药、皮张等物;登莱主要供给饷银,天启五年(1625)以后也承担部分军粮运额。天津运船至东江各岛收卸后,即回空至登州,装载囤积登州海岸的米粮作二运。这正是登莱鲜运米豆的发运方式。②

在朝廷接济粮饷之外,为解决十余万人的军队和数十万逃难辽民的生计问题,毛文龙想出通过招徕商人以开辟饷源的办法,他上奏朝廷应允,派人到南直隶、山东沿海的淮安、胶州等地招商,由商人运粮到东江,籴粜两平,外给加运费;商人可带2分其他货物,"市卖取利"。对这些输米助边者,照户部规定给予奖励。并请朝廷下令有关抚道衙门,除严谨走私外,凡招商输粟者,一律放行。③"文龙乃收召汉人,设栅于蛇浦,通山东物货粮饷,人户万余;又设栅于椵岛,互相往来,汉商辐辏于椵岛,人户甚盛。"④

---

① 韩行方、王宇:《明朝末期登莱饷辽海运述略》,《辽宁师范大学学报》(社会科学版)1992年第4期。
② 王荣湟、何孝荣:《明末东江海运研究》,《辽宁大学学报》(哲学社会科学版)2015年第6期。
③ 孟昭信、孟忻:《"东江移镇"及相关问题辨析》,《东北史地》2007年第5期。
④ 李肯翊:《燃藜室记述选编》卷21,辽宁大学历史系编,1980年,第56页。

"按，登州僻在海隅，阻山负海，素号荒阻。自辽土沦亡，辽人渡海，散处于各岛及诸州县。岛帅毛文龙收拾辽众，自为一军。东江之师以登州为孔道，战饷八十万皆从登海往，于是熙攘成聚。往年建恢复四卫之策者，欲从登海渡师，始设巡抚。练兵治器，殆无虚日。天下之谈兵说剑者，竞托足焉。辽地既陷，一切护躯布帛之利，由岛上转输，商旅云集，登之繁富，遂甲六郡。"① 明代沉寂百年的北洋海运，到战乱频仍的万历末年，竟然因战事而繁忙起来。

明末的北洋运道，先后有多条路线，具体有：

1、万历四十六年（1618）年底开始启用的从山东半岛到辽东地区的登莱海道，分为从登州入海历铁山岛、中岛、长信岛、北信口、兔儿岛、深井，最后到达盖州交卸的登辽海道，和从莱州入海，历庙岛、皇城岛、旅顺口，到达三犋牛（北信口）交卸的莱辽海道。

2、从万历四十七年（1619）开始启用的津辽海道，从天津海口出发，经历曹妃殿、月沱、姜女坟、桃花岛，到达广宁右屯大凌河岸。

3、淮辽海道，从淮安入海，经成山口至登州，再循登辽海道运赴辽东。

4、登皮（津皮海道），由登州出发，向东北方向航行至皮岛。天津出发的船只到登州中转，亦循登皮海道到皮岛。②

5、觉皮运道，崇祯元年（1628）冬启用，登莱、天津军用物资先行运抵觉华岛，再沿辽东半岛海岸线，经过南信口、北信口、双岛，到达旅顺，再沿登皮海道驶向皮岛。③ 崇祯二年（1629）二

---

① （明）毛霦：《平叛记》卷上，《四库全书存目丛书》，齐鲁书社1996年版，史部，第55册，第678页。
② 周琳：《万历四十六年至天启七年海运济辽》，《长春师范学院学报》（人文社会科学版）2005年第4期。
③ 王荣湟、何孝荣：《明末东江海运研究》，《辽宁大学学报》（哲学社会科学版）2015年第6期。

月,袁崇焕上《策划东江事宜书》,三月二十三日奏设东江饷司于宁远。令东江自觉华岛(今辽宁兴城菊花岛)转饷,禁止登莱商船入海。先前由天津所运之钱粮器物,也改由觉华岛起运。①

三 《登津山宁四镇海图》中的明末北洋海域

此图藏于台北故宫博物院。地图采用传统的象形式符号法绘制了环绕渤海湾的北洋各地,北到辽东边墙外的辽河套,东到与辽东交界的义州等朝鲜西海岸,西到直隶、山东的渤海西海岸,南到山东半岛西南端及夺淮出海的黄河口。

图中山脉都用形象画法表示,河流则用双曲线,描绘较详,尤其是出海的河口港汊。海洋绘出双曲线波纹。海岛绘制甚详,以象形手法表现其地形,如平坦的桑岛等。行政区为表现重点,依级别用不同符号标出,府(包括省城和镇城)为正方形,用双线勾勒,以鸟瞰式的视角绘出四面城门和城楼,内涂红色;县、卫为接近正方形的矩形;城堡则为竖立的矩形。

整体来说,此图绘制比较粗略、混乱,各政区之间相对位置比较混乱,错乱者不在少数。地名标注俗字、错字颇多,如"昌黎县"写作"昌历县","秦皇岛"写作"秦王岛","宝坻"写作"宝底","盐山"写作"沿山","霑化县"写作"沾化县","崂山"写作"劳山","沈阳"写作"审阳","开原"写作"开元",等等,不一而足。有些政区只有专名无通名,如"香河""宝底""庆云""灵山"。在辽东地区更是如此,如"义州""耀州""海州"等,此处不一一枚举。

地图最显著的特点,是用贴黄标出了"山海镇""宁远镇""天津卫镇"和"登镇"这四个军镇所在,此四处,皆为明末因应东北边疆与海疆的危机所设置。

---

① 孟昭信、孟忻:《"东江移镇"及相关问题辨析》,《东北史地》2007年第5期。

第二章 海图研究

山海关设镇，经历了一个很长的过程。早在正德十四年（1519），明朝已开始在山海关设置总兵。此次派遣总兵，所统率者为京营军队。"故而这一形式属于临时差遣，而非固定制度。"① 到嘉靖十三年（1534），巡按直隶御史朱方奏称"山海镇额兵十缺二三"②，开始出现"山海镇"的名称。不过，当时仍属蓟州镇总兵管辖。万历四十五年（1617），明朝"升原任辽东总兵杜松为新设山海关总兵"③，山海镇正式设立。

宁远镇初设是在万历四十六年（1618），"加西协副总兵李光荣总兵职衔，仍管西协副总兵事，移驻宁远。因如柏既移驻辽阳，广宁兵马俱渡河而东，光荣以宁前一旅，独撑河西半壁，首尾难以相顾。至是经略请以光荣加总兵衔，移驻宁远，得以调度锦、义诸营兵马，庶防虏剿夷，兵力不分而动出万全。兵部请如镐议。上从之"④。天启六年（1626），以满桂为镇守宁远总兵官。⑤

天津镇之设立，与万历年间日本丰臣秀吉侵略朝鲜的战事密切相关，万历二十四年（1594），"南京吏科给事中祝世禄奏议天津卫添设总兵一员，以防海路。下所司"⑥。万历二十五年（1595），"上命周于德充提督天津登莱旅顺等处防倭总兵官"⑦。肖立军指出：后金兴起以后，天津成为集兵供饷的桥头堡。万历四十七年（1619）前后，明廷添设镇守天津总兵官，并于天启元年六月铸给

---

① 赵现海：《明代九边长城军镇史》，中国社会科学出版社2013年版，第493页。
② 《明世宗实录》卷164，嘉靖十三年六月丙午，台北"中央研究院"历史语言研究所1962年校印本，第3625页。
③ 《明神宗实录》卷561，万历四十五年九月甲子，台北"中央研究院"历史语言研究所1962年校印本，第10576页。
④ 《明神宗实录》卷572，万历四十六年七月丙辰，台北"中央研究院"历史语言研究所1962年校印本，第10815页。
⑤ 《明熹宗实录》卷69，天启六年三月丙午，台北"中央研究院"历史语言研究所1962年校印本，第3286—3287页。
⑥ 《明神宗实录》卷298，万历二十四年六月甲辰，台北"中央研究院"历史语言研究所1962年校印本，第5581页。
⑦ 《明神宗实录》卷314，万历二十五年九月戊申，台北"中央研究院"历史语言研究所1962年校印本，第5875页。

关防。① 赵现海指出：天启二年（1622），天津已裁总兵官，再设副总兵，崇祯年间复置。②

登州总兵官之设，是在天启元年（1621）。③"以副总兵沈有容升都督佥事，充总兵，驻登州"④，登州镇设立，时人称为"登莱镇"或"登镇"。天启五年（1625），明朝将旅顺的防务划归登州镇管辖⑤，次年，因与东江镇产生冲突，遂两镇南北分立，"旅顺归之东镇毛文龙委官防守，皇城、龟矶等岛听登镇督兵防守，南北分界，制御各异"⑥。

除此四镇之外，图上还标出了"皮岛"，旁边标注为："毛口建镇之地"，附近的大獐子岛、铁山口、云从岛等东江镇属地亦都标出。东江镇之设，是毛文龙镇江大捷之后，天启二年（1622），受命充总兵官。"铸援辽总兵关防，给毛文龙。"⑦ "加副总兵毛文龙署都督佥事、平辽总兵官。"⑧

另，图上标注了"永平府""锦州""前屯卫"，但没有标注"永平镇""锦州镇""前屯镇"，"大凌河镇"亦付之阙如。按天启二年（1622），"命铸镇守永平等处关防给副总兵马世龙"⑨，天

---

① 肖立军、张丽红：《明代的天津总兵官》，《历史教学》2008年第4期，第104页。
② 赵现海：《明代九边长城军镇史》，中国社会科学出版社2013年版，第522—523页。
③ 肖立军：《明代省镇营兵制与地方秩序》，天津古籍出版社2010年版，第417页。
④ 《明熹宗实录》卷10，天启元年五月己未，台北"中央研究院"历史语言研究所1962年校印本，第528页。
⑤ 《明熹宗实录》卷61，天启五年四月癸卯，台北"中央研究院"历史语言研究所1962年校印本，第2668—2670页。
⑥ 《明熹宗实录》卷70，天启六年四月乙卯，台北"中央研究院"历史语言研究所1962年校印本，第3347页。
⑦ 《明熹宗实录》卷23，天启二年六月丁卯，台北"中央研究院"历史语言研究所1962年校印本，第1126页。
⑧ 《明熹宗实录》卷23，天启二年六月戊辰，台北"中央研究院"历史语言研究所1962年校印本，第1127页。
⑨ 《明熹宗实录》卷22，天启二年五月壬戌，台北"中央研究院"历史语言研究所1962年校印本，第1118页。

启五年（1625），"以总兵孙祖寿为镇守永平等处总兵官"①，永平镇正式建立。天启七年（1627），因为辽东军事形势恶化，又设置了锦州、前屯和大凌河三镇。"癸亥，以奴警震邻，增定大帅。命杜文焕驻宁远，尤世禄驻锦州，侯世禄驻前屯，左辅加总兵衔驻大凌，满桂照旧驻关门，节制四镇及燕建四路，仍赐剑以重事权。"②永平镇主要以拱卫京畿为任，此图明显为表现渤海湾战守，不标注亦可理解，但后三镇不应忽略，则此图应绘制于此三镇设置之前，宁远、山海、天津、登州、东江五镇设置之后，也就是天启二年（1622）到七年（1627）之前。图上在广宁也只标注"广宁城"，而未用贴黄标注"广宁镇"，显系广宁已被后金攻占。

图上在辽东都司（辽东镇）所辖地域范围，用连绵山峦和断续的边墙勾勒其西、北、东北边界，在此之外，绘出若干竖立的椭圆形符号，内书"大清国""白口寨""金台寨""新寨"，又绘一竖立梯形符号，内书"大金坟"。则此几处，尤其是"大清国"，应系清太宗于崇德元年（1636）改国号为"清"之后所绘。"寨"，应系明代女真各部所建之城寨，"白口寨""金台寨"绘于开原之北，疑系海西女真所建。"新寨"在新疆六堡之外，疑系努尔哈赤所建。"大金坟"亦在此方位，颇疑为永陵所在。

从整体风格和表现重点来看，此图应为明末明方所绘，其重点在于表现明方所重点驻守的几处要地，从西、南、东南三个方向对后金所占据的辽东地区进行包围，组织防御，并伺机收复。天启元年（1621）六月，明廷任命熊廷弼为辽东经略，他提出了三方布置之策。具体内容为："恢复辽左，须三方布置：广宁用骑步对垒于河上，以形势格之，而缀其全力。海上督舟师，乘虚入南卫，以风声下之而动其人心。奴必反顾，而亟归巢穴，则辽阳可复。于是

---

① 《明熹宗实录》卷60，天启五年六月癸巳，台北"中央研究院"历史语言研究所1962年校印本，第2837页。

② 《明熹宗实录》卷83，天启七年四月癸亥，台北"中央研究院"历史语言研究所1962年校印本，第4057页。

议登莱、天津并设抚镇，山海适中之地，特设经略，节制三方，以一事权。"① 熊廷弼的建议，得到朝廷的支持，随之就在天津、登莱设立巡抚，编练水军，从海上配合广宁的行动。

而在这三方布置的格局中，登莱、天津以及南直隶各地向三岔河、盖州套、旅顺、觉华岛、皮岛等地运送军队和物资的北洋海上经略，成为重要一环。图上也显示出这一战略。地图西到"清江浦""淮安府""黄河口"，实际上是把从赣榆开始的南直隶南北向海岸变形为与山东半岛南海岸同一方向的东西海岸。在山东半岛成山角的外海域中，标出"成山沙口"，这是因为此处多暗礁，是元明清三代海运最危险之处。正是因为这些地方都是明末北洋海运的关键点，所以不惜将实际地理情况变形以屈从图幅，也要画入。

此图书法颇为朴稚，错漏亦不少见，很可能是明代军营所携，为后金（清）所缴获、使用，也可能是清人根据缴获的明人地图摹绘而成。

这幅明末北洋地图，着重表现了以渤海湾为中心的北洋海域及沿岸地区的地理、军事形势，而为清方所缴获、保存，也体现出清方对北洋海域整体形势的重视。在明清之际的东北亚战争中，无论是明方从直隶、山东、朝鲜半岛三面（甚至包括南直隶）海上调遣，还是清方破解辽东沿海的骚扰威胁，都可看出海洋战略对东北亚整体局势的影响。

---

① 《明熹宗实录》卷11，天启元年六月辛未，台北"中央研究院"历史语言研究所1962年校印本，第543页。

《江防海防图》再释

——兼论中国传统舆图所承载地理信息的复杂性

中国绘制地图的历史由来已久，文献记载中最早的绘制地图活动和成果可以追溯到先秦时期，而今天所出土的马王堆地图等早期实物亦证明当时中国地图已经具有相当水准。与此同时，保存至今的传统舆图数量也非常丰富，至今没有一个完整的目录，仍需要学界进行国内外范围的搜集和整理工作。必须指出的是，与现代标准统一、完全科学化的地图测绘行为不同，中国传统舆图的绘制与使用往往依绘制者和使用者的需要而呈现各种不同的面貌。由于中国传统时代没有统一的地图绘制机构，也没有通行于全社会的绘制规范，① 所以，在近代的投影测绘体系推广之前，相当数量的中国传统舆图的绘制都呈现个别化的特点，往往带有为一时一事而绘制的浓厚的实用色彩，很多地图并不一定追求地理信息的准确性与系统性，有相当数量的地图，尤其是一些著名地图的摹绘版本，或者是将前代地图完全照抄，或者是在照抄前代地图的基础上添加上当时的地理信息抑或在此基础上进行修改。由于大量古代地图并不标注绘制者和绘制时间，这就给判定古地图的年代造成很大困扰。从而导致很多舆图所呈现的地理信息与绘制时代并不完全相符，甚至会叠加不同时代错综的地理信息，在对传统舆图年代进行判识时，这一点尤其需要注意。② 古地图地理信息的复杂性和层累形成的可能

---

① 如成一农指出，被现代中国地图学史认为是重要科学规范的"制图六体"和"计里画方"，在中国古代地图绘制中影响力并不大，"制图六体"基本没有被使用，而"计里画方"在清晚期之前的地图中也较为少见。见氏著《"非科学"的中国传统舆图——中国传统舆图绘制研究》，中国社会科学出版社 2016 年版。

② 最典型的如陈伦炯《海国闻见录》中《沿海全图》，其摹绘本数量众多，而且很多沿海地图都以其为底本加以添加修改，有些很可能是清代后期甚至更晚摹绘的地图，但图上所反映的地理信息确为雍正和乾隆时期，所以不能据此将其判识为清前期。详见本书《陈伦炯〈海国闻见录〉及其系列地图的版本和来源》部分。

性，都提醒我们必须要从各个方面和角度对其进行研究，本节所研究的《江防海防图》就是一个典型的例子。

一 地图的形制与表现内容

《江防海防图》收藏于中国科学院文献情报中心，编号为264456，彩绘长卷，纵41.5厘米，横3367.5厘米，纸基锦缎装裱。地图由右向左展开，卷首自江西瑞昌县开始，沿长江向东，经今安徽、江苏沿江各地，至吴淞口后转而向南，自金山卫（今属上海市）至浙闽交界处而止，卷尾为福建流江水寨。图上所绘的主要政区治所城池有瑞昌县、九江府、湖口县、彭泽县、东流县、安庆府、池州府、铜陵县、芜湖县、太平府、南京、仪真县、镇江府、泰兴县、靖江县、江阴县、南通州、常熟县、海门县、崇明县、嘉定县、吴淞所、上海县、南汇所、青村所、金山卫、乍浦所、海宁卫、澉浦所、海宁所、杭州省城、三江所、沥海所、临山卫、三山所、观海卫、龙山所、定海县（总兵府）、后所、中中所（舟山堡）、霩䨥所（图上作霩衢所）、大嵩所、钱仓所、爵溪所、昌国卫、[石浦]前后所、健跳所、桃渚所、前所、海门卫、新河所、松门卫、隘顽所、楚门所、蒲歧所、[盘石]后所、盘石卫、宁村所、瑞安所、沙园所、平阳所、金乡卫、蒲门壮士二所（同城）等。

地图对沿江、沿海地区的山川、各级政区城邑、营寨、巡检司、墩台、烽堠、沙洲、岛屿等地物所表现的内容相当丰富，尤其是对水中的岛礁、沙洲、桥梁等记录甚详。在很多府州县、卫所、营寨和巡检司城垣符号处，还标注距下一处城邑之间的里距，有的很难测量，则用其他方式标注，如在浙江大嵩所处标注："大嵩所，至钱仓所隔海"；石浦前后二所（同城）处标注："前后所，至健跳所隔海"等。该图采用形象性的符号画法，各种类型的地物都有较一致的绘制方法，介于写实与符号之间。本图并未使用固定的方向，而是将长江与海岸作为基准线，方向随长卷的展开而转换。在江防部分，图卷自长江中游向下游展开，按照水流的方向，长江右岸总是在图卷的上方，左岸总是位于图卷的下方。而沿海部分，则海岸总是位于图卷的上方，海洋总是在图卷的下方，反映绘图人是从行船的视角向岸上眺望，这体现了中国古代绘制长卷式舆图的方位传统和表现形式。这样以长江和大海为中心视线，从长江出发向东，入海后再折向南，以内侧陆地恒在上，外侧陆地或水域恒在下的方位处理方式，在中国与世界古代地图中都比较罕见，目前就笔者所见，唯一与其相近者，只有明代的《郑和航海图》，亦是以长江以南、环绕中国及亚洲大陆东南的江岸及海岸为上方。

此图并未标注图名，亦未标注绘制者及绘制年代。其最早披露是在1995年出版的《中国古代地图集·明代卷》中，该图集中披露了其中六幅彩色分图：瑞昌县部分、东流县部分、南京部分、舟山港部分、杭州部分和福建流江水寨部分。曹婉如先生对其内容和主要地理信息进行了研究，并根据内容拟定图名为"江防海防图"。① 2012年，笔者亦披露部分图幅。② 关于地图的绘制时间，图上并无标明，曹婉如先生指出："图上靖江县尚为一沙洲，其编绘时间当在成化八年（1472）至天启元年（1621）之间。因《明史·地理志》关于常州府靖江县的记载是：'成化八年九月，以江阴县马驮沙置。大江旧分二派，绕县南北，天启后，潮沙壅积县北，大江渐为平陆'。图上靖江县所在的沙洲即马驮沙。"③ 笔者在《舆图指要》中亦采此观点。

仔细审读此图，可发现其中有其他可以佐证其年代的新地理信息，以及背后复杂丰富的地图学背景。

---

① 曹婉如等编：《中国古代地图集（明代卷）》，文物出版社1995年版，图版说明6—11。
② 孙靖国：《舆图指要：中国科学院图书馆藏中国古地图叙录》，中国地图出版社2012年版，第318—323页。
③ 曹婉如等编：《中国古代地图集（明代卷）》，文物出版社1995年版，图版说明6—11；（清）张廷玉等：《明史》卷40《地理志一·南京》，中华书局1974年点校本，第922页。

二 《江防海防图》祖本的推测

此图上并未标注地图的绘制者，或主持绘制者。但从其绘制内容与绘制风格来看，其中江防部分，与明代南京都察院操江都御史吴时来主持编纂、王篆增补的《江防考》附图非常相似。《江防考》所附的《江营新图》，亦以右为卷首，以册叶编排的形式，向左展开，形成"一"字型的长卷。《江营新图》卷首起自江西九江府瑞昌县下巢湖，卷尾为金山卫处的长江口和海洋，标注有"东南大海洋"和"海内诸山"，卷末处署名为："游兵把总濮朝宗奉委重校。"① 两幅地图应该存在某种程度上的关联，故作比较如下。

将《江防海防图》与《江防考》所附《江营新图》相比，可以发现，整体而言，《江防海防图》的南直隶部分的绘制风格和地理信息架构与《江营新图》非常类似，尤其是在《江营新图》上，标注有"李阳河巡司至池口巡司六十里"与"池州巡司至大通巡司八十里"；而在《江防海防图》上，则标注为"李阳巡司至池口巡司六十里"与"池州巡司至大通巡司八十里"。两者均将"池口巡司"讹作"池州巡司"，说明彼此之间必定存在较为密切的关系。

同时，两幅地图也存在一定的差异。在风格的细节上，《江营新图》中，长江右岸（南岸）的城池、汛守、烽堠、山岳、寺观等都为正置，而长江左岸（北岸）的地物均为倒置，这是以长江主航道为观察点的视角。但《江防海防图》中长江两岸的地物都为正置。另外，河流、城墙等地物的表现手法略有不同，如《江防海防图》中河流为连续波纹，城墙未绘出雉堞与城楼；而《江营新图》中河流为堆叠波纹，城墙绘出雉堞与城楼。但也都比较

---

① 因《江防海防图》卷首较为残破，近图框处文字亦有漫漶，所以之前一直认为卷首可能有亡佚。现对照《江营新图》，可知并非如此，《江防海防图》卷首两列文字应为"下巢湖"和"此上通湖广等处"，与《江营新图》一致。

第二章 海图研究

类似，如在南京以上部分，城垣多以鸟瞰视角（两图鸟瞰视角不同），除正面城门外，其他各倒城门或向内或向外倒置；而在南京以下部分，城垣多以垂直视角，四面城门皆向内倒置。

两幅地图的地理信息也存在一定的差异，从大体上来看，在大部分的图幅中，《江防海防图》的信息与《江营新图》相比，有一定程度的损失，也就是《江营新图》所描绘、表现的一些地物，《江防海防图》中并未绘出，如南湖嘴巡司、龙潭巡司、高资巡司、范港巡司、三丈巡司、许浦巡司、校场巡司、七丫巡司、顾泾巡司、三林巡司、戚木泾巡司、金山巡司、白沙巡司等，尤以江西部分最为严重。《江营新图》上所列出的道路里距数字，为大写；而《江防海防图》上则为小写。且《江防海防图》文字方面有较多鲁鱼亥豕之处，如将江西湖口县附近的"菱石矶巡司"误为"菱石矶巡司"[①]；"龙开河巡司"讹作"开龙河巡司"；"黄茅湖"写作"黄毛湖"；多处"大孤山""小孤山"全部写作为"大姑山""小姑山"[②]；"贵池县界"误作"贵洲县界"；"黄公庙""黄公墩"写为"王公庙""王公墩"；"无比墩"讹成"山比墩"等，不一而足。另外，《江营新图》上用文字注记的形式标出了各驻防汛地、各巡司之间的道里，以及一些军事布防需要注意的内容，但《江防海防图》则大半未录，但亦有《江防海防图》新增部分，如在南直隶扬州府泰兴县以南江段内注有"此处西洪江盐船出没之所"等，当是提醒阅图者明了此处当注意之军政要务。还有，在《江防海防图》上绘出了多条交通道路，这是《江营新图》上没有的。

---

① 菱石矶巡司，见于嘉靖《九江府志》卷9《职官志》："菱石矶镇巡检司在都盛乡，去县治北十五里，洪武元年版，知县郝密建。"《天一阁藏明代方志选刊》影印本，上海古籍书店1962年版。

② （明）李贤等纂：《大明一统志》，三秦出版社1990年版，第230、825页。卷14："小孤山在宿松县南一百二十里江北岸，孤峰峭拔，与南岸山对峙如门。大江之水至此隘束而出，其下深险可畏，上有神女庙，对彭浪矶，故俗有小姑嫁彭郎之语。"卷52《九江府》："大孤山在府城东南彭蠡泽中。"

三 《江防海防图》上地理信息的复杂性

关于此图所表现的年代,在根据江阴县马驮沙的变化确定年代的基础上,仍可以利用图中的一些细节将其时间范围进一步缩小,如图中"嘉定县"处有注文曰:"至太仓州三十六里",据《明孝宗实录》记载:弘治十年(1497)正月,"巡抚南直隶都御史朱瑄奏:'太仓、镇海二卫军民杂处,宜增设一州,割昆山、嘉定、常熟三县附近人民三百十二里属之,而领崇明一县'。下户部,覆奏从之。命名太仓州,隶苏州府"①。则其表现年代当在该年之后。

另外,在南京以东的部分,也就是长卷的后半部,《江防海防图》有较多的增补与改绘,尤其是江中的沙洲。当是因此地系海防之重,局势随时代而变化,亦是因长江水势变动频繁,沙情水情变动较明显所致。最显著的例子,莫过于崇明沙的表现。《江防海防图》上的崇明沙洲与前面所引《江营新图》中所表现的"崇明县"部分相比,沙情区别颇大,《江营新图》中所标绘的沙洲数量较少,描绘颇为粗略,其上所绘出的平洋沙、长沙、吴家沙、南沙在《江防海防图》中亦有描绘。而《江防海防图》中则描绘得更加详密,但"营前沙"则付之阙如。另外,《江营新图》上,平洋沙与秦家村所在之东沙以及其西的登州沙、山前沙均未合并,而在《江防海防图》中,平洋沙、登州沙已经合为一个沙洲,在其上的左下角标注"旧崇明",可见沙情之变化。

值得注意的是,《江营新图》中的崇明县位于一未标名的沙洲上,揆诸方位,在平洋沙之南;而《江防海防图》则将崇明县城绘于长沙之上。由于崇明一带沙洲涨坍不常,变动极大,所以治所也历经多次迁徙,其大体脉络为:元代至元十四年(1277)设置崇明州,州治在天赐场提督所,位于与东沙相连的姚刘沙上。后因"治之南为潮汐冲啮,弗克居",于至正十二年(1352)将州城向

---

① 《明孝宗实录》卷121,弘治十年正月己巳,台北"中央研究院"历史语言研究所1962年校印本,第2174页。

北迁徙十五里。永乐十八年（1420），因"其南复为海潮坍逼"，所以再迁徙到城北十里许的秦家符。后县治"旋圮于海"，嘉靖八年（1529），迁徙到马家浜西南。嘉靖二十九年（1550），因为"海啮东北隅"，所以迁徙到平洋沙上，三十三年（1554）修筑县城。万历十一年（1583），又因为"城之震隅复坍"，着手迁徙州治。① 又据《雍正崇明县志》，"万历十一年癸未，城东北隅复坍，知县何懋官卜地于新涨长沙，始议城基七里九分，既何懋官升迁，李大经继任，时值饥馑，减为四里七分，竣工于十六年二月"②。"邑治：万历十四年，城迁今长沙，知县李大经复建。"③ 可以明确万历十四年（1586）治所衙署已经迁到长沙上，并着手修筑城垣，十六年（1588）建成。

所以，《江防海防图》此图所表现的年代上限，应为崇明县城迁徙到长沙上的万历十四年。其年代下限，则仍应为天启元年（1621）。而《江营新图》之"崇明县"当为《江防海防图》上所标注之"旧崇明"，亦即嘉靖二十九年迁徙平洋沙之前位于三沙上的旧县城，则此图所表现的时代当为嘉靖二十九年之前。

但是，在《江防海防图》的吴淞江部分，标注有"宝山旱寨"，而在《江营新图》中，则标绘为"吴淞旱寨"。按，此城即明代的吴淞守御中千户所（宝山守御千户所）所在地。吴淞所，据万历《嘉定县志》宝山所城池条记载："在县东南清浦镇，旧名清浦旱寨，洪武十九年指挥朱永建，……嘉靖三十六年更名协守吴淞中千户所，万历五年，……更名宝山千户所。"④ 《江南经略》

---

① 正德《崇明县志》卷1《沿革》、万历《崇明县志》卷1《舆地志》"沿革"，见上海市地方志办公室、上海市崇明县档案局编《上海府县旧志丛书·崇明县卷（上）》，上海古籍出版社2011年版，第18、75页。另参见张修桂《崇明岛形成的历史过程》，《复旦学报》（社会科学版）2005年第3期，第65页。
② 雍正《崇明县志》卷2《沿革》。
③ 雍正《崇明县志》卷3《官署》。
④ 万历《嘉定县志》卷16《兵防下：城池》，《四库全书存目丛书》，齐鲁书社1996年版，史部，第209册，第107页。

卷三上《宝山旱寨兵防考》："宝山在嘉定县东南八十里依仁乡，洪武三十年，太仓卫都指挥使刘源奏建旱寨，名江东寨，着令太仓卫分拨指挥一员、千户二员、百户四员、额军四百名屯守防御。永乐中，平江伯陈瑄督海运，筑宝山于其地，因名宝山寨。正统九年，都指挥翁绍宗建砖城于寨左，遣太仓卫军守御崇明，遂委镇海卫军监管。后城渐圮，兵防亦废。嘉靖三十六年，复调太仓卫中千户所领军一千名屯守，改名协守吴淞中千户所。"①《大清一统志》曰："宝山废所，在今宝山县南。东北距海，西滨吴淞江。明洪武三十年建旱寨于此，正统元年筑城于寨左，嘉靖三十六年更名协守吴淞中千户所，后城渐圮，万历五年改筑新城于旱寨北，周二里有奇，更名宝山千户所。"②

所以，《江防海防图》中的"宝山旱寨"，透露出此图亦保留了嘉靖三十六年（1557）之前的地理信息，而《江营新图》则是体现了嘉靖三十六年之后的地理信息。所以，不能因为两幅地图之间相似之处颇多就认为彼此之间存在直接承袭的关系。很有可能，《江防海防图》的南直隶部分来自《江营新图》的某个稍早的版本，而根据当时的情形进行了增补与修改。

另外，《江防海防图》中南直隶沿江部分与浙江沿海部分画法基本类似，从墨色与笔法来看，可以推测是同一人同一时期完成的作品，应该是出于统一的目的而绘制的。尤其是通过将视角置于航道中心点，由长江向下游以及浙江沿海移动，以便将南直隶南岸与浙江海岸连为一线的画法，更说明是专门为表现两地的形势而绘制的。在明代历史上，江防与海防往往并举，③但要么限于一省级单位之海防，要么跨多个省级单位，像此图这样仅包括南直隶江海防

---

① （明）郑若曾著，傅正、宋泽宇、李朝云点校：《江南经略》，黄山书社2017年版，第244页。
② 《嘉庆重修一统志》卷103《太仓直隶州》，《四部丛刊续编》本。
③ 参见林为楷《明代的江海联防：长江江海交会水域防卫的建构与备御》，明史研究小组1995年版。

与浙江海防者，极为少见。应是出于特殊目的。

明代兼管南直隶与浙江的职官有二，一为浙直总督，二为浙直总兵。浙直总督的设置与沿革，详见靳润成在《中国行政区划通史·明代卷》中的研究。大致说来，始置于嘉靖三十三年（1554），罢于隆庆元年（1567）。① 嘉靖三十四年（1555），始设浙直总兵，命南京中府佥书署都督佥事刘远充总兵，总理浙直海防军务。② 此为第一任浙直总兵，驻地为临山。"总兵都督一员，镇守浙直地方，备御日本，保安军民，原议开府本卫，今更镇定海要区，凡浙直之事，一皆总之。"③ 根据《明会典》的记载："总兵官，嘉靖三十四年设，总理浙直海防，三十五年改镇守浙直，四十二年改为镇守浙江。旧驻定海县，今移驻省城。"④ 由前面的材料，可知浙直总兵设置于嘉靖三十四年（1555），统辖浙江和南直隶的海防，备御倭寇。到嘉靖四十二年（1563），浙江与南直隶分镇，浙江单独设总兵。在这段时间内，浙江与南直隶的江防海防是统一管理的，所以，此图很可能有一原图，是浙直总督或浙直总兵在当时南京都察院等机构与浙江所辖机构所掌管地图的基础上编绘而成。

四 地图上清代的地理信息

整体而言，《江防海防图》上的政区建制信息，几乎全部是明代的，如"南京"，又如在乍浦镇巡检司右侧，有一行注记："北至南直隶金山卫界"，这都是明代的提法。但是，在《江防海防图》的崇明部分，除了用墨线勾勒，内涂土黄色的色块表示各沙

---

① 周振鹤主编，郭红、靳润成著：《中国行政区划通史·明代卷》，复旦大学出版社2007年版，第823—825页。
② 《明世宗实录》卷428，嘉靖三十四年十一月戊申，台北"中央研究院"历史语言研究所1962年校印本，第7403页。
③ （明）朱冠、耿宗道等纂修：《临山卫志》，成文出版社1983年版，第50页。
④ （明）李东阳等撰，申时行等重修：《大明会典》卷127《镇戍二·将领下》，万历十五年（1587）刊刻，广陵书社2007年版，第1822页。

洲之外，还绘制了一条青色的色带，绵延连接平洋沙、平安沙、三沙、虾沙和县城所在的长沙。在地图的上方，也就是图中的右岸（南岸），从镇江府城西的"京口闸"开始，向左（东）一直到南直隶与浙江交界处，在江南密布的港口与长江交汇处，绘出了大量的青色拱形，搭在港汊两岸上，有若干处上面标注有"坝"字；同时在某些港汊出口，也绘出了黄色的桥梁。这些地物，在《江防考》的《江营新图》中并未绘出，可见是绘制者需要重点表现的内容。

在《康熙崇明县志》中，记载了一条堤坝的名称："陈公坝，在东阜、平安两沙之交，即文成坝。邑侯陈公慎筑，长二千八百二十四步。"① 此处的"邑侯陈公慎"，即清代的崇明知县陈慎，在同书中记载了他修筑此坝的信息："陈公慎，字怀盖，顺天文安县贡生，顺治十年五月任。本年岛寇张名振攻城，亲冒矢石，血战死守。次年五月，寇遁，抚集流亡，百计善后。十一年冬，寇复至，令民起义，杀贼焚舟，措饷请援。次年冬，复遁。从此筑坝廿里，联合平洋沙，贼不敢犯。"②

关于此坝，时人吴伟业专门撰文记载：

> 崇明僻在海东，平洋沙又居崇之西，实旧县也。亡命出没其间，升平时且以为忧，自逆氛大作，朝议移郡帅御之。会关中梁公化凤有克复云晋功，被浙东之命，未及行而郡帅罢镇，督府以公著有成绩，欲倚以办寇，便宜俾之摄理。公渡海甫十日，岛寇张名振犯堡镇，围高桥堡。公皆迎击破之，先后斩、俘及溺者三万有奇。寇将遁，公于十一月二十六日从小洪进兵，身率步骑，以火攻烧其栅，沉其五舟，寇大溃走。其渡平

---

① 康熙《崇明县志》卷3《建置志》，《上海府县旧志丛书·崇明县卷（上）》，第209页。
② 康熙《崇明县志》卷10《宦迹志》"知县"，《上海府县旧志丛书·崇明县卷（上）》，第301页。

洋也,召诸将指示曰:"此距城五十里,我多留兵则不能,少留兵则不足。中隔海洪,骑难飞渡,联以长堤,则寇不得泊,而我骑逞于康庄矣"。询谋佥同,揆日戒众。是夜,恍惚若有神导之者;质明,见糠粃着水面,如切绳墨,爰循其迹,版筑斯就。公喜曰:"天所赞也。"明年春,天子命公以都督佥事充江南总兵官,设水师一万以属之。公仰思委任不敢怠,筑土城以固屏障,设斥候以严徼巡,列树以表道途,置亭以休逆旅,凡可以左右是堤者,次第修举。复建龙王庙于其上,邑之老幼来游来观,皆惊顾叹息,以为类鞭山驱石所为,非人力可及。是役也,起于十一年甲午之腊月,竣于十四年丁酉之三月。督府郎廷佐、中丞张中元俱行部,以观厥成,乃分条其经始月日,并诸人之与有劳者,以闻于朝。玺书下所司,褒宠焉。伟业史臣也,家近海东,于是堤实有嘉赖,故徇诸护军及邑人之请,为文以记实云。①

而据吴标所记:"崇治之西北三十里,曰坝头,昔固波涛澎湃,岛寇连啸集之薮也。筹边者发填海之策,筑堰十余里,联属平安、东阜两沙。寇遁之后,即建龙王宫一所,以镇压其上。瞬息之间,几疑海市蜃楼矣。犹忆二十年前经过此地,凫雁缤纷,蒹葭淅沥,正沧海渐变桑田时也。……抑闻形家者言:坝形蜿蜒象龙,楼为龙首,引江海灵秀之气,凝聚而翕受之,实为吾邑文运所关。"②可见吴标文中的"坝",应即吴伟业笔下的"海堤",因二者都联络平安与东阜两沙洲,且上都有龙王庙。又,龙王庙,"一在文成坝西,距城四十里"③。也符合吴标文中"楼为龙首"之说。

按梁化凤,顺治六年(1649),在平定大同等地的反清战争中

---

① 吴伟业:《平洋沙筑海堤记》,雍正《崇明县志》卷20《艺文志》。
② 雍正《崇明县志》卷20《艺文志》。
③ 康熙《崇明县志》卷3《建置志》,《上海府县旧志丛书·崇明县卷(上)》,第212页。

以战功授副将。八年（1651），以军功升为都督佥事，管江南芜采营参将事。十二年，任浙江宁波副将。"明将张名振屯崇明平洋沙，总督马国柱檄化凤署苏松总兵。名振攻高桥，化凤驰赴战，迭击败之，遂复平洋沙。"十三年（1656），为都督佥事，充镇守江南苏州等处总兵官。十四年（1657），加都督同知，"统率抽调各营官兵一万名，改为水师，仍驻防崇明。两协设副将二员，各统水师二千名，驻防吴淞。游击六员，各统水师一千名，分泊崇明各沙，俱属水师总兵梁化凤统辖"。十六年（1659），统率马步官兵三千余名援救江宁，与南明军队作战。十七年，"升江南苏松水师总兵官梁化凤仍以太子太保左都督，充提督江南苏松常镇等处总兵官"。十八年（1661），改为江南通省提督。康熙十年去世，谥敏壮。① 关于他修筑堤坝之事，《清史稿》亦专门记载："十三年，真除苏松总兵。化凤以平洋沙悬隔海中，戍守不及。沿海筑坝十余里使内属，并引水灌田，俾海滨斥卤化为膏腴。"② "时平洋沙阻隔海洪，公（梁化凤）令筑坝填塞，寇乃失险而去。"③

另外，根据《雍正崇明县志》记载："李廷栋，字协宇，沈阳人，深沉有胆，顺治十二年援崇。南寇张名振围高桥洪土城，公提兵冲突，斩一千余级，寇退，议筑坝善后。"④

《康熙崇明县志》中记载了顺治年间张名振率军进攻崇明沙洲的情形：

---

① 《清世祖实录》卷45，顺治六年八月丁酉，中华书局1985年影印本，第361页；卷46，顺治六年十月己亥，第371页；卷53，顺治八年二月甲辰，第424页；卷92，顺治十二年七月辛卯，第726页；卷97，顺治十三年正月己亥，第758页；卷112，顺治十四年十月庚寅，第880页；卷127，顺治十六年八月己丑，第985—986页；卷131，顺治十七年正月甲申，第1016页。《清圣祖实录》卷4，顺治十八年九月壬辰，中华书局1985年影印本，第88页；卷37，康熙十年十一月戊申，第496页。赵尔巽等：《清史稿》卷243《梁化凤传》，中华书局1978年点校本，9594—9596页。

② 赵尔巽等：《清史稿》卷243《梁化凤传》，中华书局1978年点校本，第9595页。

③ 康熙《崇明县志》卷10《宦迹志》，《上海府县旧志丛书·崇明县卷（上）》第297页。

④ 雍正《崇明县志》卷10《宦迹志》"副将"。

第二章 海图研究

十年九月初一日，南寇张名振、顾忠、阮四等各统舟百余，泊排沙洪。十一日，犯施翘河，守将吕公义率众出城御之。……十八日晚潮，贼舟西抵高桥洪。……二十三日，贼据平洋沙，分泊大安、山前各沙。……贼舟泊平安沙小洪，无地非南寇已。……（十一年）五月初三日，贼南遁。十一月二十七日，南寇张名振等复据平洋沙。……（十二年）六月十六日，定海总兵张洪化率船二百五十只投。振之长技在水，时城中有浮桥渡洪之议，众欲解散。……二十日，筑便民河坝，以贼炮击中止。……（七月）十七日，大筑沿海马道，以便冲击。……十一月初七日，整兵过平安沙洪，贼半渡邀击，彼此互伤而还。……二十八日，贼复南遁。……是日，知县陈公慎命兴工大筑文成坝，内外二沙大起民夫，外沙民更力。十二月初六日，坝工成。

按：东皋与平安两沙，中隔小洪，十里许，名振泊船于此，号安乐潭。贡生施文建言筑堤，联为一脉，使贼失险。逾年工成，夹堤栽以桃柳，遂成胜观。知县陈公慎命名"文成"，取"偃武修文"意也。[①]

所以，梁化凤所筑之堤，应即陈慎所筑之文成坝。顺治二年（1645），清军先后占领南京城和杭州城，俘虏南明弘光帝和监国的潞王，控制了江浙等地。之后，鲁王朱以海称监国，在浙江沿海坚持抗清，并多次进入长江。顺治十年（1653）八月，南明将领张名振、监军兵部侍郎张煌言带领五六百艘战船渡海北进，到达崇明一带。南明军队占据平洋沙等沙洲，围困崇明县城长达八个月之久。顺治十一年（1654）正月，张名振等部明军战船到达瓜洲，在金山上岸，登金山寺向东南方向遥祭明孝陵并题诗。三月，在扬

[①] 康熙《崇明县志》卷5《武备志》"寇警"，《上海府县旧志丛书·崇明县卷（上）》，第244—246页。

州府属吕四场登岸。三月二十九日，张名振等率水师六百余艘再入长江，直抵仪真。九月初六日，张名振部水师进抵上海县城下，十二月，张名振等率军乘船四百余艘入长江，直抵南京郊外的燕子矶。是所谓张名振三入长江之役。① 如前所述，张名振所率军队占据了水师的优势，他们不但占据平洋沙，而且利用战船的优势包围各沙洲上的清朝军队。而清朝军队更擅长陆战，尤其是骑射，为了便于陆地上的联络，清军采取"筑便民河坝""筑沿海马道"的策略，"以便冲击"，而明军则尽力阻止。梁化凤亦是在该年署理苏松总兵，率军与张名振部作战，随着张名振军队的撤退，得以于顺治十二年（1655）十一月二十八日开始修筑文成坝，十二月六日修成。至于吴伟业文中"竣于十四年"之说，应是顺治十二年于战时临时修筑，之后又有加固之举。

《江防海防图》上所绘制的梁化凤、陈慎在崇明所修筑的堤坝，反映了清朝初期，张名振、郑成功等部南明军队占据水上优势，清朝为发挥陆战优势而采取的措施。这也反映了当时的普遍情况，顺治十三年（1656）六月，清政府下令：

> 敕谕浙江、福建、广东、江南、山东、天津各督抚镇曰："海逆郑成功等窜伏海隅，至今尚未剿灭，必有奸人暗通线索，贪图厚利，贸易往来，资以粮物。若不立法严禁，海氛何由廓清。自今以后，各该督抚镇着申饬沿海一带文武各官：严禁商民船只私自出海。有将一切粮食货物等项与逆贼贸易者，或地方官察出，或被人告发，即将贸易之人不论官民，俱行奏闻正法，货物入官，本犯家产尽给告发之人。其该管地方文武各官不行盘诘擒缉，皆革职，从重治罪。地方保甲通同容隐不行举首，皆论死。凡沿海地方，大小贼船可容湾泊登岸口子，各该督抚镇俱严饬防守各官相度形势，设法拦阻。或筑土坝，

---

① 顾诚先生对此事梳理甚详，参见氏著《南明史》，光明日报出版社2011年版。

或树木栅，处处严防，不许片帆入口。一贼登岸，如仍前防守怠玩，致有疏虞，其专汛各官即以军法从事，该督抚镇一并议罪。尔等即遵谕力行。"①

据此可以推测，《江防海防图》上所绘的长江入海口一带港汊出口处的蓝色"坝"状地物，很可能反映了清初为了遏制南明军队由各港汊进入内地之举。

那么，《江防海防图》是何人所绘呢？如前所揭，此图的地理信息架构为明代后期，除崇明和长江下游的堤坝外，并无清代信息的痕迹。除"南京"与"南直隶"等带有鲜明明代色彩的地名之外，若干在明代末年就已经裁撤的巡司也标绘于图上，如天启四年（1624）裁撤的南湖嘴巡司、天启二年（1622）裁撤的龙开河巡司等。②再如浙江，顺治五年（1648）三月二十八日，"定浙江经制官兵"，其中沿海部分为："定海总兵官标兵三千名；中军游击一员，兼管中营；左、右两营游击各一员，中军守备各一员，千总各二员，把总各四员，台州水兵三千名，海中、海左、海右三营。中营随镇驻定海，左、右二营分驻台、温要口，游击各一员，中军守备各一员，千总各二员，把总各四员，镇标旗鼓守备一员。宁波副将一员，兵二千名，中军都司一员，兼管左营，右营都司一员，中军守备各一员，千总各二员，把总各四员。绍兴副将一员，兵二千名，中军都司一员，兼管左营，右营都司一员，中军守备各一员，千总各二员，把总各四员。台州副将一员，兵二千名，中军都司一员，兼管左营，右营都司一员，中军守备各一员，千总各二员，把总各四员。温州副将一员，兵二千名，中军都司一员，兼管左营，右营都司一员，中军守备各一

---

① 《清世祖实录》卷102，顺治十三年六月癸巳，中华书局1985年影印本，第789页。
② 《嘉庆重修一统志》卷321《九江府二》，《四部丛刊续编》本。

员，千总各二员，把总各四员。"① 而图上并无任何反映，其标绘在定海城的"总兵府"，更似是明代的浙江总兵府。又如舟山，系鲁王监国抗清基地，南明与清朝之间多次争夺，顺治八年（1651），清政府从浙闽总督陈锦疏："舟山设陆兵一千名为中营，水兵二千名为左右二营，以定海水师左营、钱塘水师左营及提标定镇标兵调补。总统副将一员，每营游击一员、守备一员、千总二员、把总四员，中营游击即兼管副将标下中军事。其钱塘水师左营已留舟山所有，右营应改为钱塘水营。"② 顺治十三年（1656）八月，清军再次占领舟山。③ 并将舟山城拆毁，"惟是弃舟山之时，毁城迁民，焚毁房屋，当日虑为贼资，是以惟恐不尽。职查舟山旧城周围五里，仅存泥基，砖石抛弃海中"④。但在图上，仍是标绘"中中所、舟山堡"，可见此图是为了表现清代初期南明与清朝军队在长江下游和浙江沿海作战的地理形势，尤其是长江入海口一带的情形而绘制，因其重点在于后者，且战时紧急，遂根据现成的明代后期浙直江防海防地图摹绘而成，年代当在顺治十四年（1657）之后，其下限当在康熙初年鲁王监国、张煌言相继去世，对清朝东南沿海的威胁解除之时，很有可能，是在顺治十六年（1659）郑成功、张煌言长江之役前后。此图的笔法较为一般，似是军队或衙署中的普通画师或官吏所绘。

最后，由于《江防海防图》所依据的版本不明，所以在图中最为特殊的崇明沙洲部分，亦有可能是地图最后绘制时根据当时的情况进行了调整，如果是这样，那么所依据的地图可能还要早于

---

① 《清世祖实录》卷37，顺治五年三月癸亥，中华书局1985年影印本，第303页。
② 《清世祖实录》卷61，顺治八年十二月戊辰，中华书局1985年影印本，第483页。
③ 《浙江巡抚陈应泰揭帖残件》，《明清史料》丁编，第二本，上海：商务印书馆1930年版，第161页。
④ 《浙江巡抚佟国器揭帖》，顺治十六年十一月十五日，《明清史料》甲编，第五本，上海：商务印书馆1930年版，第464页。

《江防考》之《江营新图》，更增加了此图地理信息的复杂性。

五 《江防海防图》的史料价值

如上文所梳理，《江防海防图》系清初时人根据明代的江海防地图摹绘并根据需要增删而绘制，而崇明的沙洲是其表现的重点，那么，这幅地图就可以作为崇明沙洲变化的重要史料。关于崇明沙洲变化，据学者研究，明末清初是崇明岛大型沙洲合并完成的最后阶段。[①] 明代的万历和清代的康熙两部《崇明县志》是这一合并时期重要的资料，但从沙洲形态来看，这一时期沙洲坍涨变化情况非常迅速，仅以《万历崇明县志》为例，其卷一"沙段"中所述的沙洲情况，与卷首的"崇明县舆地图"中所描绘的沙洲情况已有所不同，如"沙段"中谓："小团沙、孙家沙、白蚬沙、县前沙、南沙、竹箔沙、仙景沙，已上诸沙，向皆分列，波涛汹涌，今系联络成沃壤矣"[②]，但在"崇明县舆地图"中，仙景沙却还是水中的独立沙洲。沙洲名目亦有较大参差。《读史方舆纪要》中亦引用《万历崇明县志》中的资料，但也有很大差别，可见当时沙洲演变速度之快。《江防海防图》中所绘沙洲情形，与《江防考》之《江营新图》及上述各图志均有不同，应是研究崇明沙洲变化的重要史料。

从地图学史角度来看，《江防海防图》也有独特的价值。目前无法推断其绘制者属于哪一方，若为清朝官员，则是其因战事紧急，主要表现长江口一带形势变化，所以其他部分直接照抄明代地图；若为南明一方，那么沿袭明代制度更为自然。无论如何，此图保留了明代后期地图的特色，并可以发现与《江防考》之《江营新图》等明代江防地图之间的联系，反映了中国古代舆图绘制的

---

① 张修桂：《崇明岛形成的历史过程》，《复旦学报》（社会科学版）2005年第3期，第63页。
② 万历《崇明县志》卷1，第77页。

一个侧面。由于中国古代舆图往往不标注绘制者和绘制年代，所以我们今天对古地图年代进行判识，往往通过其所表现的地物来进行判识，这种做法的一个前提就是地图上的地物应该是成系统而且同一时代，这样的地图也为数不少，如明清时期中央和地方衙署中所绘制的边防地图、海防地图、河工图、海塘图等，尤其是那些需要向上级乃至中央政府汇报情况而绘制的地图。但在个人或临时使用的情况下，由于涉及广大地域的地理信息相当庞杂且专业性高，一般人难以获取成体系的最新信息，所以只能根据已有的地图进行摹绘，无暇、无力也没有必要严格地将其上的地物通通改成当前的情况，只要地图可供使用就可以了。而即使是某些官方绘制的地图，也往往可能因转绘自较早的地图，而带有浓郁的前代风格，如中国国家图书馆藏的《陕西舆图》，以往依据其明显的明代风格而认为绘制于明代，但李孝聪教授发现其上有清代的地理信息，据此推断此图可能绘于康熙二十四年（1685），而后康熙三十六年（1697）康熙帝亲临宁夏巡边，又在图上增加了注记。[1] 所以，在判断地图年代时，一定要考虑到地理信息的复杂性和层累可能，不能只依据图上的部分地理信息而遽下定论。

---

[1] 李孝聪、陈军主编：《中国长城志·图志》，江苏凤凰科学技术出版社2016年版，第72—73页。

《山东至朝鲜运粮图》与明清中朝海上通道

中国拥有超过1.8万千米的海岸线以及诸多良港,数千年来,中国沿海各地的居民通过海洋与许多地区进行经济、文化等方面的交流。明清时期,通过各方向的丝绸之路与各地区进行沟通,① 其中,长江口以北,尤其是山东、直隶和辽东等地,通过海路与朝鲜半岛、日本等地进行交流,是东北亚地区政治经济交流的重要枢纽区域。中国第一历史档案馆(以下简称"一史馆")收藏的一幅清代彩绘地图《山东至朝鲜运粮图》,形象生动地反映了明清时期直隶、山东、辽东等地以及与朝鲜之间的海上航线,具有重要的史料价值。

一 地图的形制与内容

此图为折叠装,图背折封处贴有黄色贴签,墨笔竖书"山东至朝鲜运粮图"。在折封处的中间,用墨笔竖书三行满文,

转写为:

elhe taifin i gūsin nadanci aniya jorgon biyai tofohon de, liyang gio gung asara seme afabume benjihe, ashan i amban todai i gajiha, šandong ni goloci coohiyan de isibume mederi ci bele juwehe nirugan emke ere inu

汉文意思为:此乃康熙三十七年十二月十五日,由侍郎陶岱携来,交给梁九功收藏的一幅从山东向朝鲜运送粮米的地图。在满文的右侧,亦用墨笔竖书汉文"山东至朝鲜海路运粮图",其意系满文标题的概括,亦可为一证。

在反映康熙、雍正时期内务府舆图房(舆图处)绘制、收贮

---

① 李国荣:《明清国家记忆:15—19世纪丝绸之路的八条线路》,《历史档案》2019年第1期;鱼宏亮:《明清丝绸之路与世界贸易网络——重视明清时代的中国与世界》,《历史档案》2019年第1期。

地图史学研究

地图的清单《天下舆图总折》中提到"康熙四十八年十一月初四日，本房传旨交来山东图一张，山东六府图六张，山东至朝鲜海路运粮图一张"，不知是否与此图相关。但未提及是否为当年所进呈或绘制，亦未见有康熙四十八年（1709）从山东向朝鲜通过海路运粮的史料，姑且存疑。在乾隆时期舆图房的清单《萝图荟萃》中，亦有此"山东至朝鲜海运图一张"，① 在 1936 年 5 月出版的《清内务府造办处舆图房图目初编》中亦有山东至朝鲜海运图一幅：彩绘绢本，纵 6 尺横 6.5 尺。② 可见此图应是一直藏于清宫，民国后转为故宫博物院收藏，目前藏于一史馆。

此图系纸本彩绘，方位标于图缘，上南下北，左东右西。北起山东登州府海岸，描绘出登州城和水城的城垣、城门，渐次绘及今属山东庙岛群岛的若干岛屿，如长山岛（今南长山岛和北长山岛）、庙岛、大黑山（今大黑山岛）、小黑山（今小黑山岛）、高山（今高山岛）、口矶（从位置来看，应是今砣矶岛）、沙门岛（按沙门岛即长岛，此处从位置来看似是今车由岛）、大竹山（今大竹山岛）、小竹山（今小竹山岛）、坨矶岛（今砣矶岛）、大钦岛、小钦岛、南黄城（今南隍城岛）与北黄城（今北隍城岛）等，亦绘出珍珠门水道。③

北隍城岛之下为海域，越过老铁山水道，即为辽东半岛，其沿海岸上的铁山（今旅顺老铁山，辽东半岛最南端，老铁山水道汹涌危险，也是渤海、黄海分界之处）、旅顺口、牧羊城、龙王堂（今旅顺有龙王塘湾）、金州、红土崖（在今大连市开发区海岸）、海青岛（在今金州海岸）、大姑山（今大连金州区大孤山半岛，因

---

① 内务府造办处舆图房：《萝图荟萃》三"江海"，乾隆二十六年（1716），见汪前进编选《中国地图学史研究文献集成（民国时期）》，西安地图出版社 2007 年版，第 1878 页。

② 《清内务府造办处舆图房图目初编》，北平故宫博物院文献馆 1936 年版，第 35 页。

③ 图上岛屿与今天岛屿的对应，系参照《中国海岛志·山东卷·第一册 [山东北部沿岸]》，海洋出版社 2013 年版。

凸出海岸，所以绘成岛状)、王宫寨、城儿山、大孤［山］等亦画成山形。地图对辽东半岛东侧海岸附近的岛屿绘制甚详，有小平岛（今平岛）、大长山（今大长山岛）、将军石（今庄河将军石）、三山（今大三山岛）、广鹿岛（今广鹿岛）、海仙岛（今哈仙岛）、瓜皮岛、小长山（今小长山岛）、八岔岛（今蚆蛸岛）、五马岛（应系今乌蟒岛）、王家岛（今大王家岛）、丹公坨（今丹坨子）等。图幅的最左端，系鸭绿江口、鸭绿江中的中江以及鸭绿江口以东的朝鲜义州、皮岛等地。①

此图绘制颇具特色，虽以南为上，而且文字亦正置，但山峦和城垣均为倒置，似是以身在山东的审视者角度鸟瞰。所以此图的视角，或绘制者想象中视角是从山东越过大海审视辽东和朝鲜。山峦绘制颇为突出，岛屿均绘为山形，用不同颜色描绘出山峦的纹理，亦应为凸显山东半岛、辽东半岛及周边岛屿以基岩构造为主的特点。② 海水用细密的鱼鳞状波纹表示。

二 地图所反映的历史信息

从图题可知，此图系康熙三十七年（1698）十二月十五日，由侍郎陶岱呈送，梁九功收贮。应是此次运送赈济粮米到朝鲜后，向中央呈报情况而绘制。其所反映的，应是在当年康熙帝命山东、盛京等地运送粮米赈济朝鲜灾情之事。

朝鲜在肃宗时期，屡次遭遇旱涝灾害，发生了连年的饥荒，如肃宗十六年（1690，康熙二十九年），就发生了"三南大饥，民将填壑"之事③。到了肃宗二十三年（1697），"比年以来，旱涝连

---

① 图上岛屿与今天岛屿的对应，系参照毕远溥、刘林林主编《辽宁省海岛地名志》，海洋出版社2014年版。《中国海岛志（辽宁卷·第一册［辽宁长山群岛］）》，海洋出版社2013年版。

② 《中国海岛志（山东卷·第一册［山东北部沿岸］）》，第19—21页；《中国海岛志（辽宁卷·第一册［辽宁长山群岛］）》，第11—12页。

③ 《肃宗实录》卷22，肃宗十六年十二月己巳，东京：学习院东洋文化研究所1964年版，《李朝实录》第39册，第741页。

仍,饥荒荐酷,今年大无,比前尤甚"①,"是岁,八路大饥,畿、湖尤甚,都城内积尸如山"②。这次大饥荒,是遍及整个朝鲜半岛八道的严重荒歉,朝鲜政府无力应付,陷入严重的危机之中,"公私赤立,廪庾俱空。民无就食之所,国无可移之粟。流殍相继,邦本将蹶"③。朝鲜君臣在走投无路的情况下,只好向清朝请求籴米。据康熙皇帝的《御制海运赈济朝鲜记》所述:"康熙三十六年冬,朝鲜国王李焞奏:'比岁荐饥,廪庾告匮,公私困穷,八路流殍,相续于道。吁恳中江开市贸谷,以苏沟瘠,俾无殄国祀。'朕深为恻然,立允其请。遂于此年二月,命部臣往天津,截留河南漕米,用商船出大沽海口,至山东登州,更用鸡头船拨运引路。又颁发帑金,广给运值,缓征盐课,以鼓励商人将盛京所存海运米平价贸易,共水陆三万石,内加赉者一万石。朝鲜举国臣庶方藜藿不饱,获此太仓玉粒,如坻如京。人赐之食,莫不忭舞忻悦,凋瘵尽起。该王具表陈谢,感激殊恩,备言民命续于既绝,邦祚延于垂亡。盖转运之速,赈货之周,亦古所未有也。"④ 据《清实录》记载,该年正月,康熙帝就已经下旨赈济朝鲜:"谕大学士等:运往朝鲜国米石,着侍郎陶岱共运至三万石,以一万石赏赉朝鲜国,以二万石平粜。"⑤ 而当年二月,朝鲜亦记录:"时清国于交易米二万石外,又白给一万石。别遣吏部侍郎陶岱从海路领来。"⑥ 所谓"白给",即康熙帝所说的"赏赉"。到了七月,吏部右侍郎陶岱等疏言:

---

① 郑昌顺等编撰:《同文汇考》原编卷46《交易二:肃宗二十三年贸米事:丁丑请市米谷咨》。

② 《肃宗实录》卷31,肃宗二十三年十月庚子,东京:学习院东洋文化研究所1964年版,《李朝实录》第40册,第239页。

③ 《同文汇考》原编卷46《交易二:肃宗二十三年贸米事:丁丑请市米谷咨》。

④ 《清圣祖实录》卷189,康熙三十七年七月壬午,中华书局1985年影印本,第1006页。

⑤ 《清圣祖实录》卷187,康熙三十七年正月壬寅,中华书局1985年影印本,第992页。

⑥ 《肃宗实录》卷23上,肃宗二十四年二月庚午,东京:学习院东洋文化研究所1964年版,《李朝实录》第40册,第253页。

第二章 海图研究

"臣等遵旨赈济朝鲜，于四月十九日进中江。臣等随将赏米一万石率各司官监视，给该国王分赈；其商人贸易米二万石交与户部侍郎贝和诺监视贸易。据朝鲜国王李焞奏：'皇上创开海道，运米拯救东国，以苏海瀣之民。饥者以饱，流者以还。目前二麦熟稔，可以接济，八路生灵全活无算。'下所司知之。"①

折封处提到的陶岱，瓜尔佳氏，满洲正蓝旗人。由主事历户部郎中，于康熙三十三年（1694）升任内阁学士兼礼部侍郎，三十五年（1696）升任户部右侍郎，旋转左侍郎，三十六年（1697）转为吏部右侍郎，三十八年（1699）五月署理江南江西总督事，三十九年（1700）任总督仓场侍郎，四十年（1701）因"迟误漕粮"，"声名甚劣"，"降五级，随旗行走"，"寻卒"②。结合陶岱的宦迹和书面提到的清朝赈济朝鲜的史料，可知当时的陶岱正好处于吏部右侍郎任上，奉命从山东沿海道向朝鲜配送救灾粮米，灾情缓解后，绘制地图进呈中央，以呈现此次海道运粮的情况。与图题中所述其官职及差遣相符。

又折封处所提及之 liyang gio gung，很有可能是康熙朝著名的太监梁九功，又作梁九公，系由哈哈住塞（haha juse）出身，自幼随侍康熙帝。因聪敏伶俐，所以得到康熙帝的重用，在其他文献中出现较早是在康熙三十八年，该年二月，康熙帝第三次南巡，梁九功随行，并向大臣赐物传旨。而且从该年开始，他奉旨总管集祥门、永安亭、南府等"三所"事务。后因"胆大乱行，以致无所

---

① 《清圣祖实录》卷189，康熙三十七年七月壬午，中华书局1985年影印本，第1006页。按关于此次赈济朝鲜之事，亦见王桂东《清康熙朝赈济朝鲜事探微》，与［日］松浦章《康熙年间盛京的海上航运和清朝对朝鲜的赈灾活动》，《韩国研究论丛》2012年第1期，社会科学文献出版社2012年版，第309—326页。

② 赵尔巽等：《清史稿》卷276《贝和诺传附陶岱传》，中华书局1977年版，第10073页。《清圣祖实录》卷164，康熙三十三年六月丁酉；卷174，康熙三十五年六月己亥、壬子；卷179，康熙三十六年正月己卯；卷193，康熙三十八年五月庚午，中华书局1985年影印本。第5册，第882、883、922、1044页。卷199，康熙三十九年五月癸卯；卷206，康熙四十年十一月丁酉，中华书局1985年影印本，第6册，第22、98页。

不为",被康熙帝"重罪四十板,圈在新园小饭房处",籍没家产,人口入官。康熙五十一年(1712)十一月,梁九功偕副首领太监魏国柱等滥用"三所"饭房节省银两案发露,雍正元年(1723)二月,于拘禁地自缢。①

梁九功一度受康熙帝重用。康熙四十七年(1708)十一月,康熙帝召集满汉文武大臣于畅春园,命其推举太子人选,"阿灵阿、鄂伦岱、揆叙王鸿绪遂私相计议,与诸大臣暗通消息,书八阿哥三字于纸交内侍梁九功、李玉转奏",此后多次,无论是传康熙帝谕旨,还是诸大臣复命,都是由梁九功和李玉传达。②

既然梁九功自幼入宫为太监,康熙三十八年(1699)受到重用,可知在三十七年(1698),他应在宫内供职,则图中所述及之梁九功,应即此人无疑。

三 地图所反映的清代登辽航线

上述史料明确说明此图为从山东沿海路将粮米运到鸭绿江中的中江的地图,只是陶岱图上并未绘出航线,是一遗憾。但是,图中对山东北部和辽东半岛东部沿海的岛屿以及沿海山峦描绘甚详,亦是证明运粮船队以岛屿和沿岸地物为坐标进行航行的坚实证据。

山东半岛、辽东半岛和朝鲜半岛虽然被渤海和黄海分隔,但由于庙岛群岛等岛屿密布,可以作为航行的路标和停泊的港湾,所以航海活动由来已久,在人类社会早期,先民就沿庙岛群岛航行,近年来,考古工作者在庙岛群岛周围海域不断发现石锚等物,证实了新石器时代从山东半岛到辽东半岛存在着航海迹象。③之后历代皆

---

① 关于梁九功之事迹,杨珍系统进行过梳理与考证,见杨珍《康熙朝宦官新探》,《清史研究》2018年第1期。
② 《清圣祖实录》卷235,康熙四十七年十一月丙戌、戊子、辛卯诸条,中华书局1985年影印本,第6册,第351—354页。
③ 刘大可:《古代山东海上航线开辟与对外交流述略》,《国家航海》第六辑,第76页。

第二章 海图研究

有利用。明代洪武四年（1371），派遣定辽都司都指挥使马云、叶旺自登州渡海北上，经略辽东。① 在经略辽东过程中，发生了"定辽卫都指挥使马云等运粮一万二千四百石出海，值暴风，覆四十余舟，漂米四千七百余石，溺死官军七百一十七人，马四十余匹"②之事，也证明了海运规模之大。永乐十三年（1145）之后，海运停罢。但明代末年，因辽东贡道受阻，天启元年（1621）四月，朝鲜朝天使团只得取道海路，其路线即为从朝鲜宣沙浦发船，沿辽东沿岸和庙岛群岛的鹿岛、石城岛、长山岛、广鹿岛、三山岛、平岛、皇城岛、龟矶岛、庙岛，最后在登州登陆。③ 据此推想，从山东登州到朝鲜，亦应沿庙岛群岛，再沿辽东半岛沿海各岛，最终到达朝鲜海岸，所以此图绘出沿途岛屿，也相当于绘出了运粮的海路。另，在《兵部为议朝鲜贡道改途事宜事行稿》中，亦记载了明末调整朝鲜贡道的始末，其中提到"一自逆奴作梗，辽路断绝，特蒙朝廷许开水路，以通朝聘，而泛海之行不比尝程，所幸者：登莱一路经过去处，岛屿相望，或遇飓风停泊，有所候便，行使得以利涉执壤"④，亦证明了登辽水道的优势。

图上将岛屿绘成山形，一方面固然是体现了山东半岛和辽东半岛一线岛屿系基岩构造的实际地貌景观，另一方面亦是为体现在航行中观察山形水势，以时时校正航向所用。这种情形在海道针经中比比皆是，如《顺风相送》中福建往爪哇针路："浯屿开船，照前使取外罗山外过，用丙午针七更船取羊屿。用丙午针五更船平大佛山。用丙午针十三更船取东西董山。用丙午针十五更，用单午三十

---

① 《明太祖实录》卷67，洪武四年七月辛亥，台北"中央研究院"历史语言研究所1962年校印本，第1册，第1253页。

② 《明太祖实录》卷90，洪武七年六月壬子，台北"中央研究院"历史语言研究所1962年校印本，第1册，第1584页。

③ 杨雨蕾：《明清时期朝鲜朝天、燕行路线及其变迁》，《历史地理》第二十一辑，上海人民出版社2006年版，第267—268页。

④ 《兵部为议朝鲜贡道改途事宜事行稿》，2021年，中国第一历史档案馆藏，档案号：明档-991-012-293。

更取东蛇龙山,远过打水四十托,低不见蛇龙山,只是蜈蜞屿生得平平,近看坤身相连。蚣蜞屿若见门向东南都是坤身相连若见。用单巳针四更船使过东蛇龙山,北边有三个小屿,内有大山。"① 这是中国古代帆船时代航行于各大海洋的"舟子秘本"②。在一些海商、水手实际导航所用的航海图中,亦描绘出此图中这条航路,略举于下以便对比。

1. 章巽先生发现的《古航海图》。此图系其于1956年在上海旧书店发现,共有图69幅,年代为清代前期。其中图三、图四、图五、图六、图七、图八、图九描绘从辽东旅顺口、铁山沿庙岛群岛到登州附近的芝罘岛的航路,亦将岛屿绘作纯粹侧面正视的山形,同时用文字记录了航线和航行信息,如图五中绘出了城皇(今北隍城岛)、大琴(今大钦岛)、小琴(今小钦岛)、皇城(今南隍城岛)、桃枝(今砣矶岛)等岛屿,并用文字注记曰:"南皇城入澳打水至硬地,五托水,过身就是泥,六托水。南势泊碇,不泊近澳底,四五托水,碇地甚好,四围俱干净,只有一横柁,四托水,甚硬,一箭远过身是泥零水,是好澳。澳口一所港口礁,不可贪陇。又西势有一沉礁,一箭远。要过北皇城,倚大山干净,近大五托水,泥地。"并标出方向:"北。"③

2. 在耶鲁大学图书馆所收藏的清代中期山形水势地图《耶鲁航海图》中的图101、图102、图103、图104、图105、图106、图111、图112等,亦记载有从旅顺口铁山出发,沿辽东半岛沿海岛屿到达鸭绿江一带乃至朝鲜半岛,或沿庙岛群岛前往登州的航路。如图105和图106,描绘出孔屿沟(今广鹿岛)和长生岛(今长山列岛)、铁山等岛屿和沿岸山峦,在孔屿沟处注文:"此山配

---

① 向达整理:《两种海道针经·顺风相送》,中华书局2012年版,第58页。
② 清人黄叔璥谓:"舟子各洋皆有秘本",见氏著《台海使槎录》卷1《赤嵌笔谈·水程》,《台湾文献史料丛刊》第二辑,第21册,台北:大通书局1984年版,第15页。
③ 章巽:《古航海图考释》,海洋出版社1980年版,第14页。

在孔屿沟，山头共乌龟一脉相连，俱生入"，"离半更看，此形"；在长生岛处注文："孔屿沟：对上看，此形。"图 112 描绘出铁山、蛇屿、虎屿、东竹、北皇城、南皇城等岛礁或沿岸山峦，在铁山处注记："抛船铁山羊头澳，天清亮看见皇城"，在南皇城（今南隍城岛）处注记："在皇城兜，打水廿一托，烂泥。用子癸、丁午取铁山。皇城共铁山为癸丁对，三更开"①。

再如章巽《古航海图》图五和耶鲁大学所藏《航海图》图 112，② 这两幅地图，其视角均为平视审视岛礁的侧面，所以将岛礁绘作山形，这是因为航行时只能看到岛屿的侧面，这一处理方式与《山东朝鲜运粮图》相似，当然后者系为说明、呈现事件地理格局而绘制，并非实际航海使用，但其绘制过程中，亦应掺入了舟师的视角，这也是中国海图的鲜明特色。

以上资料，都说明了明清时期，取道辽东半岛沿岸跨海往返登州，是山东半岛和辽东半岛，乃至与朝鲜半岛之间非常成熟的航路。康熙二十三年（1684）开放海禁之后，渤海湾地区的海上贸易再度繁荣起来，"自从康熙年间大开海道，始有商贾经过登州海面，直趋天津、奉天，万商辐辏之盛亘古未有"③。而一史馆所收藏的这幅《山东至朝鲜海运图》，既是康熙三十七年（1698）清朝赈济朝鲜饥荒的地图史料，也是清代北洋海域海上交通的鲜活例证，是历史时期海上丝绸之路的重要文献依据。

---

① 郑永常：《明清东亚舟师秘本：耶鲁航海图研究》，远流出版公司 2018 年版，第 232—238 页。
② 章巽：《古航海图考释》，海洋出版社 1980 年版，第 13 页；郑永常：《明清东亚舟师秘本：耶鲁航海图研究》，远流出版公司 2018 年版，第 236 页。
③ （清）谢占壬：《海运提要·古今海运异宜》，《清经世文编》卷 48，中华书局 1992 年影印本，第 1155 页。

陈伦炯《海国闻见录》及其系列地图的版本和来源

陈伦炯（1688？—1751），[①] 字次安，又字资斋，福建同安人，为陈昂长子。陈昂年轻时曾经商"往来外洋"，对东南海域"尽识其风潮土俗，地形险易"[②]。后赞画施琅平定澎湖、台湾，并受施琅之命，"出入东西洋，招访郑氏有无遁匿遗人，凡五载"，官至广东副都统。陈伦炯袭父荫，历任侍卫、澎湖副将、台湾水师副将，于雍正四年（1726）任台湾总兵，五年调高雷廉总兵，十二年任苏松水师总兵，乾隆六年（1741）任狼山镇总兵，七年升任浙江提督。[③] 在其家庭氛围下，陈伦炯"留心外国夷情土俗及洋面针更港道"。"召充宿卫……尝扈从，问及外夷情形，对答了了，与图籍吻合。"在此基础上，为加强海防，他在任上注重沿海形势、海外信息的搜集，甚至亲身考察，并多方咨询："伦炯自为童子时，先公于岛沙隩阻盗贼出没之地，辄谆谆然告之。少长，从先公宦浙，闻日本风景佳胜，且欲周咨明季扰乱闽、浙、江南情实。庚寅夏，亲游其地。及移镇高、雷、廉，壤接交址，日见西洋诸部估客，询其国俗，考其图籍，合诸先帝所图示指画，毫发不爽。乃按中国沿海形势，外洋诸国疆域相错，人风物产，商贾贸迁之所，

[①] 关于陈伦炯的生卒年，据嘉庆三年刊刻的《同安县志》卷21《人物志》，"乾隆壬戌，提督两浙军务，五载解组归，卒，年六十有四"，又陈伦炯卒于乾隆十六年（1751），见（清）李桓辑《国朝耆献类征初编》卷284《陈伦炯传》，周骏富辑《清代传记丛刊·综录类》⑦，明文书局1985年版，第496页。按古人习惯，推测陈伦炯享年六十四应为虚岁，则其生年可能在康熙二十七年（1688）。

[②] 嘉庆《同安县志》卷21《人物志·陈伦炯传》，永瑢等撰：《四库全书总目》卷72，中华书局1960年版，史部28、地理类4，第634—635页。

[③] 《清世宗实录》卷49，雍正四年十月丁卯，中华书局1985年影印本，第7册，第739页；卷64，雍正五年十二月庚寅，第7册，第982页；卷147，雍正十二年九月戊子，第8册，第828页。《清高宗实录》卷137，乾隆六年二月庚申，第10册，第975页；卷176，乾隆七年十月丁酉，第11册，第270页；卷271，乾隆十一年七月戊午，第12册，第536页。

备为图志。盖所以志圣祖仁皇帝暨先公之教于不忘,又使任海疆者知搜捕之陷塞,经商者知备风潮,警寇掠,亦所以广我皇上保民恤商之德意也。"①

陈伦炯一生除在康熙帝身边任侍卫之外,出生、成长与任职均在东南沿海,熟悉沿海事务,其所撰《海国闻见录》内容之广泛,记叙之详细,尤其是所附的几种地图,对后世影响颇大,成为清代沿海及世界地理学和地图的代表性著作。

对于陈伦炯《海国闻见录》及其所衍生的系列地图,学界研究颇多,但因此系列图籍版本众多,传抄复杂,故撰成此文,对若干问题进行梳理。

一 陈伦炯《海国闻见录》的版本流传情况

陈伦炯《海国闻见录》是清代前期传播最广、影响最大的沿海舆地与地图著作,催生出一系列的摹绘地图,学界亦多有介绍,②但多专注于其内容,尤其是海洋交通方面,而其成书背景以及版本,则论述不多,或语焉不详。关于其版本,目前已知刻本有

---

① 《海国闻见录·原序》,陈伦炯著,李长傅校注:《海国闻见录校注》,中州古籍出版社1985年版,第18—19页;嘉庆《同安县志》卷21《人物志·陈伦炯传》永瑢等撰:《四库全书总目》卷72,中华书局1960年版,史部28、地理类4。

② 关于陈伦炯《海国闻见录》及其地图,整理排印本有周宪文主持的《台湾文献丛刊》第26种,与《海滨大事记》《裨海记游》合并于《台湾文献史料丛刊》第七辑刊行,台北:大通书局1997年版;李长傅点校的《〈海国闻见录〉校注》,中州古籍出版社1985年版;黄哲永、吴福助主持的《全台文》第49册,文听阁图书有限公司2009年版。论文有:陈代光《陈伦炯与〈海国闻见录〉》,《地理研究》1985年第4期;邱敏《〈海国闻见录〉与〈海录〉述评》,《史学史研究》1986年第2期;闾小波《〈海国闻见录〉——中国人开眼看世界的珍贵文献》,《学海》1993年第3期;许永璋《〈海国闻见录〉中非洲地名考释》,《黄河科技大学学报》2002年第4期;王秋华《清代乾隆时期〈七省沿海图〉考》,《中国边疆史地研究》2008年第3期;王静《对〈海国闻见录〉中"南澳气"的考释》,《兰台世界》2008年第14期;姚旸《万国形势藏轴卷,海疆坤舆汇图说——记天津博物馆藏〈沿海全图〉》,《收藏家》2011年第10期;奚可桢、卢卫新《南京博物院藏清雍正时期〈沿海全图〉考略》,《紫禁城》2011年第11期;吴伯娅《陈昂父子与〈海国闻见录〉》,《清史论丛》2012年号;吴伯娅《〈身见录〉与〈海国闻见录〉之比较》,《北京行政学院学报》2015年第1期;王耀《清代〈海国闻见录〉海图图系初探》,《社会科学战线》2017年第4期。

乾隆刻本、"昭代丛书·戊集（续编）"刻本、"艺海珠尘·石集"刻本以及《小方壶斋舆地丛钞》刻本（分为各篇编排）；此书亦收入《四库全书》，所以有四库抄本，今日可见影印版文渊阁《四库全书》本。整理本中，李长傅点校本是以昭代丛书本为底本，《全台文》本和《台湾文献丛刊》本都是以艺海珠尘本为底本，区别在于《全台文》本有乾隆刻本的各序，而《台湾文献丛刊》本则无。现将各版本情况梳理如下。

在多个版本的《海国闻见录》中，卷首都有陈伦炯自序，文末自署为"雍正八年岁次庚戌仲冬望日，同安陈伦炯谨志"，则此书成于雍正八年（1730）年底应无疑问，但这并不一定是刊刻时间。在今日可见的乾隆癸丑马俊良重订本中，除陈伦炯自序外，还收入马俊良、那苏图、纳兰常安和彭启丰的序，[①] 其中那苏图序中提到："同安资翁陈老先生以闽南贵胄，少侍禁廷，余时即同厕班联，颇相莫逆。迨余秉钺两江，而先生适为崇明、狼山两要镇。今余移节闽浙，先生又提督甬东，密迩海疆，嘤鸣有素，遂出所为《闻见录》者，属余论定。余乃知是《录》也，为其尊大人涉历海洋，穷极幽远，自日出之国以至穷沙极岛，凡身之所经，目之所睹，无不广询博咨，熟悉端委，后以建绩澎湖，开镇百粤。而先生于过庭之日，洞悉渊源。故今《录》中如各洋道里之阻修，分野之向背，岛屿之远近，番国之怪奇，下至风俗、人民、物产、节候，无不详加综核，各极周详，他如沙礁之险夷也，使浮海者知所避就，崔荅之伏藏也，使哨巡者知所追捕，盖安邦靖匪之策于是乎在？……岜乾隆九年岁次甲子夏月，闽浙制使洪科弟那苏图拜撰。"纳兰常安序中提到："同安资斋陈公以卓荦雄才，世传其美，开阃崇明，移节甬上，为全浙金汤之倚。与余同守海邦，纵言防海之略，辄口讲指画，直授要隘百余所，若烛照数计，洞然无疑；指

[①] 本文所据乾隆刻本为吕相湘主编之《中国史学丛书续编》第35册，学生书局1964—1987年版。

螺掌壑，当下可信，知其经临往复非一日矣。越时，邮寄《海国闻见录》二册示余。披其图绘注说，如览《十洲记》，如读《山海经》，前明《筹海图编》《纪效新书》逊其经画，能不望洋而惊？向若而叹耶？综其本末，盖由赠公宦浙江，及移粤镇，皆酷嗜周咨，凡汉夷舶师，滨海华颠之老，习知海事者，必详询而备志之。公复益以见闻，衷然成集。……乾隆八年岁在癸亥嘉平月，纳兰弟常安拜题。"彭启丰序中则曰："公自幼从赠公宦游，熟闻海洋形势，识记倍万人。自建绩澎湖，开镇百粤，比今提督甬东，皆密迩海疆，任东南锁钥之寄，因出其《海国闻见录》视予，其形势则起辽左，达登莱，下迨江浙闽广。其方隅则由东洋、东南洋、南洋，下迨大小西洋，其所见闻异词如鸣钟，为日苗，随水长光，恠陆离莫知纪极，凡山川之阨塞、岛屿之萦纡、道里之远近，以及人物风土之奇异，如聚米画沙，一一笔之于书，绘之为图。噫！是编也，岂徒备职方之所未载，将使服官海邦者策防御而警寇掠，商贾之往来海上者亦得涉险而无虞，于以佐圣朝清晏之泽于无垠，厥功伟哉！……乾隆九年岁次甲子仲冬月，长洲弟彭启丰拜题。"要之，在乾隆八年（1743）和九年，纳兰常安、那苏图和彭启丰先后应邀为此书作序。

那苏图的生平，《清史稿》本传记述颇为详细：

> 那苏图，戴佳氏，字羲文，满洲镶黄旗人。康熙五十年，袭拖沙喇哈番世职，授蓝翎侍卫。雍正初，四迁兵部侍郎。四年，出为黑龙江将军。八年，调奉天将军。乾隆元年，擢兵部尚书。二年，调刑部，授两江总督。协办吏部尚书顾琮请江、浙沿海设塘堡，复卫所，下督抚详议。……五年，授刑部尚书。旋出署湖广总督。六年，调两江。七年，调闽浙。……九年，疏言："台湾孤悬海外，漳、泉、潮、惠流民聚居，巡台御史熊学鹏议令开荒。臣思旷土久封，遽行召垦，恐匪徒滋事，已令中止。"报闻。旋调两广。十年，条奏："两广盐政，

请以商欠盐价羡余分年带征。商已承替，令承替者偿；官或侵渔，令侵渔者偿。埠商占引地，遒成本，斥逐另募。盐课外加二五加一，并属私派，悉行禁革。"又调直隶。十一年，条奏八旗屯田章程。十二年，上东巡，那苏图从至通州，赉白金万。条奏稽察山海关诸事，并如所奏议行。加太子少傅。十三年，加太子太保，授领侍卫内大臣，仍留总督任。那苏图请赴金川军前佐班第治事，上不许。十四年，命暂署河道总督。卒，赐祭葬，谥恪勤。①

从那苏图的宦迹来看，与陈伦炯多次同僚，乾隆二年（1737），那苏图任两江总督；五年（1740），任刑部尚书、湖广总督；六年（1741），重新担任两江总督；七年（1742）任闽浙总督，九年（1744）调任两广总督。而陈伦炯于雍正十二年（1734）至乾隆七年之间先后担任江南地区的苏松水师提督和狼山镇总兵。则那苏图总督两江期间，陈伦炯均受其节制。

纳兰常安，纳兰氏，字履坦，满洲镶红旗人，乾隆四年（1739）任盛京兵部侍郎，五年转刑部左侍郎，旋为漕运总督，乾隆六年任浙江巡抚，于乾隆十二年（1747）被劾接任。② 陈伦炯于乾隆七年开始任浙江提督，十二年，因失察兵丁为盗，部议降三级调用。则陈伦炯于浙江提督任上与纳兰常安同僚。

彭启丰之事迹，《清史稿》本传亦记载甚详：

> 彭启丰，字翰文，江南长洲人。……雍正五年会试第一，殿试置一甲第三，世宗亲拔第一。授翰林院修撰，南书房行

---

① 赵尔巽等：《清史稿》卷308，中华书局1977年版，第10565—10567页。
② 《清高宗实录》卷101，乾隆四年九月辛未，中华书局1985年影印本，第528页；《清高宗实录》卷117，乾隆五年五月丁卯，中华书局1985年影印本，第714页；《清高宗实录》卷128，乾隆五年十月戊戌，中华书局1985年影印本，第871页；《清高宗实录》卷157，乾隆六年十二月辛亥，中华书局1985年影印本，第1247—1248页；《清高宗实录》卷299，乾隆十二年九月甲寅，中华书局1985年影印本，第916页。

走。三迁右庶子。乾隆六年，充江西乡试副考官，再迁左佥都御史。……七年，迁通政使，督浙江学政。三迁刑部侍郎，……十五年，授吏部侍郎。十八年，调兵部侍郎。二十年，疏乞养母，允之。二十六年，复授吏部侍郎。……旋迁左都御史。二十八年，迁兵部尚书。三十一年，……即降侍郎。三十三年，命原品休致。四十一年，上东巡，迎驾，予尚书衔。四十九年，卒，年八十四。①

如此，则彭启丰为江南苏州府长洲县人，陈伦炯亦曾在其家乡任官，且乾隆七年（1742）两人均在浙江任职，亦有同僚之谊。

三人为陈伦炯之《海国闻见录》作序之时，那苏图任两广总督，纳兰常安任浙江巡抚，彭启丰已由左副都御史提督浙江学政转任内阁学士兼礼部侍郎，又转刑部左侍郎，②均为朝廷大员，陈伦炯时任浙江提督，虽亦为武职高官，但官位均逊于三人，请其作序，当有乡情、同僚之谊，亦有郑重其事之意。所以，《海国闻见录》的初刻本，不应晚于乾隆九年（1744）太多，否则即有怠慢之嫌。此刊本距离此书成稿，亦有十四年时间，很有可能，是因为陈氏军务繁忙，无暇订正。

而据马俊良《重刻〈海国闻见录〉序》中所述："陈资斋先生《海国闻见录》图说为防戍、经商必用之书，前升任香山明府彭竹林以是为出大洋、歼海寇。予见而爱之，摹绘手卷，藏诸行箧。今晴兰林先生复访得原本，校正，贻予重刻，以广其传，俾有事洋面者咸知趋避。予老矣，如渊明之读《山海经》，不过藉以推扩见闻。世有伟人立勋溟渤，安知功名富贵不即在不龟手之药也哉？乾隆癸丑年午月，浙江石门马俊良重订，蛟川林秉璐校

---

① 赵尔巽等撰：《清史稿》卷304，中华书局1977年版，第10503—10504页。
② 《清高宗实录》卷185，乾隆八年二月乙巳，中华书局1985年影印本，第383页；《清高宗实录》卷203，乾隆八年十月己巳，中华书局1985年影印本，第614页。

字。"则初刻本的存在更加明确,也就是在乾隆五十八年（1793）,此书由马俊良根据林秉璐所藏的乾隆初刻本《海国闻见录》重刻,马俊良字嵰山,浙江嘉兴府石门县人,官至内阁中书,曾辑有《龙威秘书》等书。

《海国闻见录》初刻本存在的另一个证据,就是《四库全书》中亦收入此书,在《四库总目》中,馆臣提到此书为浙江提督陈伦炯所著,系浙江巡抚采进本,以及进书信息:"乾隆四十六年十一月恭校上。"[①] 此时陈伦炯去世已久,《海国闻见录》早已刊刻,乾隆九年（1744）左右刊刻时恰逢陈伦炯在浙江提督任上,所以此书在浙江存量较多自是应有之意,故浙江巡抚采进亦是如此。所以文渊阁《四库全书》本所据应是乾隆初刻本。如此,《海国闻见录》版本按时间排序当为：

序号	版本	完成时间	公元	主持人
1	稿本	雍正八年	1730	陈伦炯
2	乾隆初刻本	乾隆九年及稍后	1744	陈伦炯
3	文渊阁四库抄本	乾隆四十六年	1781	纪昀等
4	乾隆癸丑刻本	乾隆五十八年	1793	马俊良 林秉璐
5	艺海珠尘刻本	嘉庆中	1796—1820	吴省兰、丁阶
6	昭代丛书	道光三年	1823	杨复吉
7	小方壶斋舆地丛钞刻本	光绪十七年	1891	王锡祺

各版本之间,除《小方壶斋舆地丛钞》刻本有个别文句的删削外,出入不大,但也有若干处的不同,试比较如下：

---

① 《文渊阁四库全书》史部十一地理类十"外纪之属",文渊阁《四库全书》,第594册,第847页。

篇目	文渊阁四库本	乾隆癸丑本	昭代丛书本	艺海珠尘本	小方壶斋舆地丛钞本
天下沿海形势录	嘉兴乍浦、钱塘之鳖子	嘉兴之乍浦、钱塘之鳖子	嘉兴之乍浦、钱塘之鳖子	嘉兴之乍浦、钱塘之鳖子	嘉兴之乍浦、钱塘之鳖子
天下沿海形势录	落迦门	洛迦门	洛迦门	洛迦门	洛迦门
东洋记	《庄子》所谓尾泄之	《庄子》所谓尾闾泄之	《庄子》所谓尾闾泄之	《庄子》所谓尾闾泄之	《庄子》所谓尾闾泄之
东南洋记	台湾系我先世所有	台湾系我先王所有	台湾系我先王所有	台湾系我先王所有	台湾系我先王所有
东南洋记	大西洋干丝腊是班呀	大西洋干丝腊是班呀	大西洋干丝腊是班呀	大西洋干丝腊是班呀	大西洋干丝腊是班呀
东南洋记	西洋立教，建城池，聚宗族。地原系吕宋土番，今为据辖。汉人娶本地土番妇者，必入其教，礼天主堂	西洋立教，建城池，聚夷族。地原系吕宋土番，今为据辖。汉人娶本地土番妇者，必入其教，礼天主堂	西洋立教，建城池，聚夷族。地原系无来由番，今为据辖。汉人娶无来由番妇者，必入其教，礼天主堂	西洋立教，建城池，聚夷族。地原系无来由番，今为据辖。汉人娶无来由番妇者，必入其教，礼天主堂	西洋立教，建城池，聚夷族。地原系吕宋土番，今为据辖。汉人娶本地土番妇者，必入其教，礼天主堂
东南洋记	阛市寂闭	阛市寝闭	阛市寂闭	阛市寂闭	阛市寝闭

续表

篇目	文渊阁四库本	乾隆癸丑本	昭代丛书本	艺海珠尘本	小方壶斋舆地丛钞本
东南洋记	中国俱有洋艘往通，均系土番族类	中国俱有洋艘往通，均系土番族类	中国俱有洋艘往通，亦系无来由族类	中国俱有洋艘往通，亦系无来由类	中国俱有洋艘往通，均系土番族类
南洋记	牵曳船	牵拽船	牵继船	牵继船	牵拽船
南洋记	刻量时晨	刻量时辰	刻量时辰	刻量时辰	刻量时辰
南洋记	东浦寨	东浦寨	东浦寨	东浦寨	柬埔寨
南洋记	找以海螺巴	找以海螺巴	找以海螺巴	找以海螺巴	找以海螺巴
南洋记	贸易难容多艘	贸易难答多艘	贸易难容多艘	贸易难容多艘	贸易难容多艘
大西洋记	干丝脑	干丝脑	干丝腊	干丝腊	无此句
昆仑	万历间，宫塑脱纱佛像	万历间，官塑脱纱佛像	万历间，官塑脱纱佛像	万历间，宫塑脱纱佛像	万历间，宫塑脱纱佛像
南澳气	尔之舟	你之舟	汝之舟	你之舟	汝之舟

以上是五个版本的《海国闻见录》各篇目内容的对比，① 我们可以看到，乾隆时期的文渊阁《四库全书》本和癸丑本各有舛误之处，可见均来自乾隆初刻本。其他稍晚的三个版本亦与前两个版本各有不同之处，值得注意的是，吕宋部分，文渊阁四库本与乾隆

---

① 又《天下沿海形势录》中有两处提到"吊邦"，四库本、昭代丛书本和艺海珠尘本两处均作"弔邦"，而乾隆癸丑本一作"吊邦"，一作"弔邦"，《小方壶斋舆地丛钞》本则只有一处，作"弔邦"。

癸丑本均作"吕宋土番""本地土番妇"与"土番族类",而艺海珠尘本和昭代丛书本均作"无来由番""无来由番妇"和"无来由族类"。而文渊阁《四库全书》本与乾隆癸丑本基本一致,唯一不同之处是"宗族"与"夷族",很有可能是四库馆臣为避讳而将"夷族"改为"宗族"。而《小方壶斋舆地丛钞》本的特点一是将各篇目拆分到各卷帙,脱漏了几处文句,但对前四个版本中明显错误的"柬埔寨"进行了订正。所以,很有可能,乾隆初刻本在其后有更多的衍生版本。

以前四个版本的地图相比(《小方壶斋舆地丛钞》没有地图),可以看出,文渊阁四库本与乾隆癸丑本非常相似,与艺海珠尘本差距较大,下面分别比较:

《四海总图》中,"高丽"所在之朝鲜半岛与"大清国"之间,文渊阁四库本与癸丑本皆有界线分隔,"气"与"沙头"之处,即今之东沙群岛所在,文渊阁四库本与艺海珠尘本皆画出新月形符号,以描绘东沙岛环礁之形态,而癸丑本则画成折线,按地图上的地物信息,不同时代版本之间可能会递减损失,但凭空恢复早期形态则不大可能,所以明显表明艺海珠尘本与癸丑本无涉。

另外,文渊阁四库本与癸丑本均将台湾放在琉球西南,而艺海珠尘本则错误地将台湾置于琉球东南,而将"气"与"沙头"远离大陆。今天的北冰洋,本应作"冰海",但四库本和癸丑本均讹作"水海",惟艺海珠尘本为正确的"冰海"。今匈牙利,四库本与癸丑本皆作"黄祁",而艺海珠尘本作"黄旗";今不列颠岛,四库本作"英机黎",癸丑本作"英咭唎",艺海珠尘本作"英圭黎"。

综上而论,文渊阁四库本与乾隆癸丑本皆本自乾隆初刻本,而后三个版本应绍自初刻本衍生的版本,在翻刻过程中或有舛误,或有订正,所以呈现文字和地图内容上的差异。

二 《海国闻见录》所衍生地图的情况

根据陈伦炯《海国闻见录》所附地图所摹绘的地图,数量非常繁多，王耀曾著文对其所经眼的16种陈伦炯系列地图进行梳理，并提出："该系列海图在演变过程中分化成了《四海总图》图系、《环海全图》图系和《天下总图》图系。"①

根据笔者所经眼与研究，此系列地图除各版本的《海国闻见录》之外，有43种左右，列表于下：

序号	图名	收藏地
1	中华沿海总图	中科院图书馆
2	中国沿海七省八千五百余海哩地图	中科院图书馆
3	七省沿海全图	中科院图书馆
4	沿海全图	中科院图书馆
5	中国沿海图	中科院图书馆
6	沿海全图	中国国家图书馆
7	七省沿海图	中国国家图书馆
8	沿海图	中国国家图书馆
9	盛朝七省沿海图	中国国家图书馆
10	七省沿海图	中国国家图书馆
11	沿海图	中国国家图书馆
12	七省沿海图	中国国家图书馆
13	浙江至奉天沿海图	中国国家图书馆
14	新绘七省沿海要隘全图	中国国家图书馆
15	沿海全图	中国国家图书馆
16	沿海防卫指掌图	中国国家图书馆
17	广东沿海图	中国国家图书馆
18	海疆洋界形势全图	美国国会图书馆
19	七省沿海全图	美国国会图书馆
20	海疆洋界形势图	美国国会图书馆

---

① 王耀：《清代〈海国闻见录〉海图图系初探》，《社会科学战线》2017年第4期。

第二章 海图研究

续表

序号	图名	收藏地
21	七省沿海全图	美国国会图书馆
22	七省沿海全洋图	中国第一历史档案馆
23	沿海疆域图	中国第一历史档案馆
24	各省沿海口隘全图	台北故宫博物院
25	海防全图	哈佛大学燕京图书馆
26	海疆形势全图	中国文化遗产研究院
27	沿海疆域图	中国文化遗产研究院
28	沿海全图	天津博物馆
29	沿海全图	南京博物馆
30	中国沿海全图	辽宁省图书馆
31	七省沿海图	辽宁大学历史博物馆
32	七省沿海图	国家博物馆
33	沿海全图	广东新会博物馆
34	沿海全图	中国社会科学院古代史研究所
35	中华沿海形势全图	北京大学图书馆
36	七省沿海全图	英国国家图书馆
37	沿海全图	英国国家图书馆
38	沿海全图	英国国家图书馆
39	台湾前山图	英国国家图书馆
40	台湾前山图	英国国家图书馆
41	台湾图	英国国家图书馆
42	福建广东台湾沿海全图	中国国家图书馆
43	广东沿海图	中科院图书馆

如前所述，笔者所统计的43种陈伦炯系列地图，所曾寓目者在半数以上，总体而言，正如王耀所言，存在多个图系，但其所言中科院图书馆所藏之《中国沿海七省八千五百余海哩地图》之《天下总图》图系，目前笔者也只看到此一例，恐亦系在传抄过程

中摹绘所致，其中亦有《广舆图》"舆地总图"之痕迹，未必可以称之为一个图系。

另外两个图系，确实可以大致如此区分，① 其中就卷首的东半球地图而言，"四海总图"图系当为摹绘《海国闻见录》之《四海总图》所致；而"环海全图"图系当为某个时期，在摹绘"四海总图"时，对其进行了改绘和增补所致。就其性质而言，其绘制方式颇似清代康熙甲寅（十三年，1674）由比利时耶稣会士南怀仁（Ferdinand Verbiest）刊刻的《坤舆全图》。当然未必直接参照此图，但此类半球"原图"在明末直至清代并非一例，如明代程百二编纂的《方舆胜略》中便有两半球图，② 所以很有可能是在转绘中参照了其他的东半球地图。③

三 陈伦炯《海国闻见录》的资料来源及反映的问题

关于陈伦炯《海国闻见录》的资料来源，也是一个重要的问题，因为我们知道，其重要特点是将东半球地图与中国沿海地图结合起来，这在之前的明代与清代前期地图中是不多见的。所以探讨其来源，相当有必要。

从陈伦炯的自序，可知他的资料来源包括地理图籍、实地考察和咨询调查，以及其父陈昂的见闻。值得注意的是，在书中，他提到了"伦炯蒙先帝殊恩，得充侍卫，亲加教育，示以沿海外国全图"④，"合诸先帝所图示指画"，可见他看到了内府的舆图。翻阅第一历史档案馆所藏原清宫内务府造办处舆图房活计档《天下舆

---

① 另外，周北堂、邵廷烈改绘刊刻的《七省沿海图》，也可认为是一个图系。参见孙靖国《舆图指要——中国科学院图书馆藏中国古地图叙录》，中国地图出版社 2012 年版，第 393—395 页。

② 曹婉如等编：《中国古代地图集（明代卷）》，文物出版社 1995 年版，第 17—18 页。

③ 《坤舆全图》采自曹婉如等编《中国古代地图集（清代卷）》，文物出版社 1997 年版。

④ 《海国闻见录·原序》，陈伦炯著，李长傅校注：《海国闻见录校注》，中州古籍出版社 1985 年版，第 18 页。

图总折》中,其中提到"康熙五十三年七月三十日,中堂松住交来海图一卷",不知此"海图"是否沿海总图,其他如:"康熙三十八年二月初二日,奉旨交来量地球图稿一张。""康熙五十六年四月初二日,西洋人德里格进西洋地理图五卷。""康熙五十八年四月十一日,懋勤殿太监苏佩升西洋坤舆大图一张。""康熙六十年正月初七日,太监陈福交来西洋印图七张。""康熙六十一年十二月二十五日,养心殿交来婆娑界图一分、西洋地舆图一本、木板刷印图三张。"可见在康熙一朝,内廷迭有西方舆图上呈皇帝。按雍正帝曾斥责陈伦炯"受圣祖仁皇帝多年教养之恩"①,可知曾在康熙帝身边,受其指导,当非虚言。

另外,陈伦炯曾在闽粤一带任职,东南沿海地方政府处理与东来的西方殖民者之间的事务,亦是自然之理,索取西方人所绘制的海图,自非难事,中国第一历史档案馆所收藏的闽浙总督觉罗满保与福建提督施世骠所进呈之海图,当系参照了西人作品。他也曾根据自己所了解的域外知识向朝廷提出建议:"江南苏松镇总兵陈伦炯奏:'西密里也一国在噶尔旦之西,与大西洋等国毗连,请免其额外加一之税。'"②

所以,在新的地理知识和新的知识来源情况下,陈伦炯创设了新的地图模式,对后世影响极大。需要指出的是,陈伦炯之《海国闻见录》在清代影响较大,从其刊印之后,直到清末,一直有人参考其中的资料,比如乾隆五十八年(1793)本《海国闻见录》中所提及"彭竹林以是为出大洋、歼海寇",又如乾隆时丁曰健之《治台必告录》、嘉庆时陈琮之《烟草谱》、梁玉绳之《瞥记》、光绪时盛庆绂撰《越南图说》、光绪二十四年(1898)唐才常撰《觉颠冥斋内言》、光绪十六年(1890)王庆云之《石渠余纪》等,以

---

① 《清世宗实录》卷88,雍正七年十一月丁酉,中华书局1985年影印本,第188页。
② 《清高宗实录》卷21,乾隆元年六月壬辰,中华书局1985年影印本,第516—517页。

及专门论及舆地之《朔方备乘》《海国图志》《瀛环志略》等自不待言。这在一方面体现了陈伦炯《海国闻见录》及其地图中所承载的中国沿海与世界地理知识的价值；但在另一方面，也反映了现代世界地理知识体系和范式还尚未在中国社会完全确立，以至于直到清代末期的知识分子想要了解世界地理形势，还要求诸一百多年前的陈伦炯著作。

同时，以理度之，由于《海国闻见录》及其地图传播之广泛，历代摹绘其地图，亦是应有之举，所以今天现存之陈伦炯系列地图，未必一定有内在的承袭关系，很有可能存在历代不同时期摹绘的情况。

关于地图的文献价值，李孝聪教授已经指出：陈伦炯系列地图的诸多摹本，未必一定比刻本更珍贵，尤其是其中一些脱漏文句，比如"如海安下廉州，船宜南风，不宜北风"，而有些绘本则作"船宜南风宜北风"等。[①] 从笔者寓目来看，有些地图绘制者水准似不甚高，往往会把北冰洋处的"冰海"抄为"水海"，按"氷"即"冰"的异体字，与"水"字只差一点，尤其是《海国闻见录》刻本中就不是很清楚，摹绘者很容易弄错，这一点也很值得注意。正是由于陈伦炯系列地图在后世绘本极多，很多绘本往往只是出于观赏把玩的目的，而非真正使用，所以不会改动其中的地理内容，所以不能简单地根据图上的地物来分析其年代，坊间亦多有摹绘以牟利者，所以在判识此类地图的年代时，尚需谨慎。

---

① 李孝聪：《欧洲收藏部分中文古地图叙录》，国际文化出版公司1996年版，第50页。

第二章 海图研究

黄叔璥《海洋图》与清代大兴黄氏家族婚宦研究

台北故宫博物院收藏有一幅清代沿海地图，编号为：平图020868。地图为纸本彩绘，55.5×1648.5厘米。图上未发现图题，收藏单位将其定名为"沿海岸长图"。[1] 地图描绘了中国大部分海岸线与濒临海洋，其中重点表示了台湾、澎湖等沿海岛屿，在清代沿海地图中相当独特，反映了清代前期黄叔璥等士大夫对沿海地理形势的认识，具有重要的史料价值。值得一提的是，此图卷首、卷尾均题写大段文字题跋，内容比较丰富，透露出关于黄叔璥及其家族的众多信息。故此，本文在对此图进行考证的基础上，对此图的内容、风格、绘制年代、作者以及大兴黄氏家族兴衰与婚姻等问题进行勾陈，以期对相关研究有所裨益。

一 地图的内容与绘制特点

此图绘制范围南起暹罗交界，自右向左呈"一"字式展开，北至辽宁葫芦岛，囊括了中国大部分海岸线。受长卷载体的限制，并不体现实际方位，而是以陆地始终为下方，近海和岛屿在上方的视角，所以方向随地域的变化而转变。岛屿、港汊和沿岸的山峦是此图描绘的重点，岛屿亦多描绘成山形，其特征被夸张式地凸显出来。图上的景物方向并不一致，陆地沿海地区，尤其是山峦，多被绘为倒置；岛屿则有两种方位表现方法，一种为正置，如图中的台湾岛和金门岛；一种则为侧置，如图中的澎湖岛等。海岛所绘成的山形和方向，往往可以连成一线，这是从航路中心点审视的结果。在海上航行的过程中，为确定航线，多需要通过沿途沿岸的山峦和

---

[1] 林天人等编：《河岳海疆：院藏古舆图特展》，台北故宫博物院2012年版，第174—177、187页。

岛屿等景物进行参照与校正，所以岛屿和山峦多绘制其侧面的形制，以符合在海上目测的形象。图中的澎湖岛被画成与南北航线垂直的方向，亦暗示其位于从大陆通往台湾的东西航线上。这一点与章巽所藏《古航海图》及耶鲁大学所藏《清代东南洋航海图》非常类似。① 同时，也为了导航眺望的方便，所以对实际地理景物进行变形处理，如在所附的局部图中，将台湾北部的鸡笼山夸大描绘，画得几乎有台湾岛的一半大。同时，安平、鹿耳门亦被夸张表现。很难肯定此图是可以直接用于实际导航，但其表现方法应该是受到了航海视角的影响。

图上除标注地名外，还有一些文字注记，标记当地的情况，以及一些航海的资料与注意事项等，如在"鸡笼山"（今基隆屿）附近标注"后山放洋，北风至牛血坑十更"；亦标出了"闽广交界"等地理信息；"泉州港口""厦门港口"等港汊；"镇海崎尾""料罗（湾）""围头山""崇武（城）"等陆地地标；"金门""大窄""龙虎""东锭"等岛屿。其中"龙虎"应系今福建东山县近海的"龙屿""虎屿"二岛，"东锭"应系今东碇岛。

中国古代以长卷"一"字式展示沿海整体形势的地图，目前可以见到者，最早的是明代的《海道指南图》《郑和航海图》、郑若曾所绘《沿海山沙图》及其衍生的《乾坤一统海防全图》等图、宋应昌所绘《全海图注》。清代前期影响最大的，则是陈伦炯所著《海国闻见录》中所附《沿海全图》及其衍生的众多沿海地图。②

---

① 参见朱鉴秋《中国古航海图的基本类型》，《国家航海》第九辑；章巽《古航海图考释》，海洋出版社1980年版；钱江、陈佳荣《牛津藏〈明代东西洋航海图〉姐妹作——耶鲁藏〈清代东南洋航海图〉推介》，《海交史研究》2013年第2期。
② 《海道指南经》为《海道经》之附图，收入《金声玉振集》，明嘉靖二十九年刻本，中国书店1959年影印版。章巽《论〈海道经〉》一文推测《海道经》成书于停罢海运的永乐十三年（1415）之前（氏著《章巽文集》，海洋出版社1986年版，第97页）。《郑和航海图》收录于（明）茅元仪《武备志》卷240，天启元年刻本。《沿海山沙图》出自（明）郑若曾撰，李致忠点校《筹海图编》，中华书局2007年版。《全海图注》收藏于国家图书馆，参见曹婉如等编《中国古代地图集（明代卷）》，文物出版社1994年版。《沿海全图》出自陈伦炯《海国闻见录》，雍正八年（1730）刻本。

第二章 海图研究

其中，《海道指南图》《沿海山沙图》《全海图注》方位为海在上，陆地在下；而《郑和航海图》和《沿海全图》则为陆地在上，海在下。一般认为海在上的方位多从军事防御角度着眼，如郑若曾所言："有图画家，原有二种。有海上而地下者，有地上而海下者，其是非莫辨。若曾以义断之，中国在内近也，四裔在外远也。古今图法皆以远景为上，近景为下；外境为上，内境为下。内夏外夷，万古不易之大分也。"① 而此图从内容上来看，纯为展示沿海地理形势，并非海防地图，但其方位则与海防图相同，仔细观察其绘制风格，图上的城池，如"金门镇"，绘成立面的城垣形状，与万历年间绘制的《福建海防图》非常相似，可以推测地图绘制过程中很可能参考了明代海防地图或受其影响的后世作品。② 此图总体绘制风格上来看，应不是摹绘上文所提到的几种重要地图，故其史料价值非常重要。

在此图的卷首和卷尾，都各有一段文字注记，兹录于下（原文分行处用"/"标注）：

卷首文字为：

> 曩读王粲《游海赋》，旷然有尘外之思，顾/其所谓"长洲别岛，旗布星峙"之观，不/过登高遐览，遥忆崖略云尔，固未能既［概］/其翔实也。兹得笃斋五丈家藏《海洋图》/观之，见夫台湾介于百岛之间，东连琉球、/日本、吕宋，西接荷兰、安南、西洋大昆/仑，南通苏禄、暹罗诸国，其形势之瑰/琦、水程之远近，靡不历历在目，了如指/掌，皇乎！盛哉！乃亘古埏纮之廓所未/有也。盖自/列圣相承，重熙累洽，声教四讫，浃于/无垠。举凡卉服雕题之众、茹毛饮血/之俦、占星问月之陬、截竹扶桑之域，/莫不来享、来王，故皆可图

---

① （明）郑若曾：《郑开阳杂著》卷8《图式辨》。
② 《福建海防图》参见孙靖国《舆图指要：中国科学院图书馆藏中国古地图叙录》，中国地图出版社2012年版。

而按也。五丈奉命巡察，既图台湾，载绘此卷，良以海外有截，带砺攸关，寔视百蛮为保障。其用意宏远矣，报国深心具见于此，岂徒侈"长州别岛，旗布星峙"之鉅观已哉？《诗》云："虽无老成人，尚有典型"，余于是图，窃幸典型之未坠也。矧其家能忘老成遗矩，而勿什袭珍藏，传为世守也耶？乾隆廿有一年岁在丙子六月下浣静海励宗万题。

卷尾文字为：

  笃斋五丈巡台时，画《海洋》《台湾》二图。过吴门，命工装成巨卷归来，藏之家塾有年矣。乾隆丙子三月，公弃人世，五月，公犹子筠盟给谏以三金得自贾人手，示余观，相对慨叹。筠盟嘱余跋，余各跋竟，归之。筠盟谓余曰："季父遗泽，不忍听其弃之，亦不欲私奔之也。欲以《台湾图》归其从弟守谦，世守勿失；以《海洋图》藏之宗祠。"余曰："善！"筠盟复请余识其缘起，并二图失而复得，合而复分之故。余曰："诺！"爰捻笔挥汗而书于楮尾。时丙子六月十九日也，衣园居士宗万识于信天庐花下。

二　地图的绘制者与绘制背景

  图上没有标注绘制者信息，而在励宗万的题识文字中，提到地图的作者是"笃斋五丈"，林天人认为此人为清初赴台经商的泉州人黄笃斋。[①] 但从文中提到此人曾"巡台""奉命巡察，既图台湾"，显然并非普通商人所能为。卢雪燕则将此图与台北故宫博物院所藏的《台湾图附澎湖群岛图》进行比对，根据此二图的收藏记录、装帧形制、绘制技法、摆放顺序与历来编号的因素，推测此

[①] 林天人等编：《河岳海疆：院藏古舆图特展》，台北故宫博物院2012年版，第187页。

二图有密切的联系。又与励宗万存世其他墨迹对比，确认此两则跋文确为励氏真迹，进而指出此为"最直接，也最关键的证据"，因励宗万之妻为黄叔琳之女，则此图跋文中提到的"笃斋五丈"为黄叔琳之弟，康熙六十一年（1722）首任巡察台湾御史黄叔璥。在对比此二图笔迹等因素的基础上，卢雪燕指出此图与台北故宫博物院所藏之《台湾图附澎湖群岛图》即为跋文中所提到的《海洋图》和《台湾图》。①

按图上两段文字落款，静海为励宗万籍贯，衣园为其号，信天庐为其室名，与清代著名词臣励宗万情况相符。另外，陈兆仑为励宗万所撰写的墓志铭中，记载有"元配黄一品夫人，黄夫人为昆圃先生讳叔琳女"，其为黄叔琳之婿。②则可知此图系巡台御史黄叔璥主持绘制，应以卢雪燕考证为是。

在此基础上，可以推测，卷尾文字中提到的其"犹子筠盟"，当系黄叔璥之侄，其长兄黄叔琳之子黄登贤。黄登贤字筠盟，又字云门，于雍正二年（1724）中举，乾隆元年（1736）中进士，曾任都察院左都御史、漕运总督、兵部尚书等职。《海洋图》励宗万题跋中提到登贤为"给谏"，从黄登贤的经历来看，他于乾隆十一年（1746）任广西道监察御史，十八年（1753）转吏科给事中，十九年（1754）任刑科掌印给事中，二十三年（1758）时，尚任户科给事中。③一直担任监察官员之职，而励宗万题跋的落款时间恰为乾隆二十一年（1756），亦可为一证。

从励宗万的题跋可知：黄叔璥在巡察台湾时，绘制了两幅地

---

① 卢雪燕、刘欣欣、许智玮、黄景佟：《〈台澎图〉、〈沿海岸长图〉为黄叔璥所绘考：附故宫现藏北平图书馆新购舆图比较一览表》，《故宫学术季刊》2014年第31卷第3期，第155—198页。

② （清）陈兆仑：《詹事府詹事加侍郎衔刑部右侍郎黄公叔琳墓志铭》，（清）钱仪吉编：《碑传集》卷69，清光绪十九年刻本。

③ （清）卢文弨：《都察院左副都御史山东学政黄公登贤墓志铭》，（清）钱仪吉编：《碑传集》卷72；顾镇：《清初黄昆圃先生叔琳年谱》，台湾商务印书馆1978年版，第83—91页；《清高宗实录》卷572，乾隆二十三年十月辛酉，中华书局1986年影印本，第268页。

图:《海洋图》和《台湾图》,他所题跋的,也就是台北故宫博物院所藏的这幅地图,即其中的《海洋图》。这幅地图曾流落于商人之手,乾隆丙子(二十一年,1756)三月,黄叔璥去世。五月,黄登贤从商人手中买回,延请励宗万题写跋文,励宗万题跋之后,黄登贤计划将其叔父所绘的这两幅地图分开收藏,《台湾图》由登贤堂弟守谦保存,《海洋图》则藏于宗祠。信天庐为励宗万书斋之号,可见黄登贤是携此图赴宗万之府邸邀其题跋的。另据黄叔璥所著《南征记程》,守谦即黄叔璥之子。①

按黄叔璥在台湾时,多次提到使用地图来审视台湾的山川,如"台地负山面海,诸山似皆西向,《皇舆图》皆作南北向。初不解;后有闽人云:'台山发轫于福州鼓山,自闽安镇官塘山、白犬山过脉至鸡笼山,故皆南北峙立。往来日本、琉球海舶率以此山为指南,此乃郡治祖山也。淡水北山、朝山与烽火门相对'"②。从这段表述,我们也能看出,黄叔璥已经认识到鸡笼山在中国与日本、琉球之间航程上的重要性。所以在《海洋图》上,将鸡笼山夸张描绘,以凸显其重要性。而据《南征记程》,黄叔璥赴台,亦是取道厦门出海,五月十三日登舟,泊浯屿。十四日,经东椗。十五日,回泊大担礨。二十日,从小担放洋。二十四日,午过金门,晚泊烈屿。二十五日,收泊大担。二十九日晚,泊金鸡澳,东北望澎湖。六月初一日,由将军澳经西吉出洋。初二日午,进鹿耳门。③ 这也是清代大陆与台湾之间的重要航线,所以在《海洋图》上,对沿途岛屿多加描绘,亦将鹿耳门、安平镇夸张显示。

黄叔璥是清代收复台湾后首任巡台御史,此图及题跋文字中所

---

① (清)黄叔璥:《南征记程》,《四库全书存目丛书》,齐鲁书社1996年版,史部,第128册,第553页。
② (清)黄叔璥:《台海使槎录》卷1《赤嵌笔谈》,《台湾文献史料丛刊》第二辑,第21册,大通书局1984年版,第7页。
③ (清)黄叔璥:《南征记程》,《四库全书存目丛书》,齐鲁书社1996年版,史部,第128册,第564—565页。

包含的历史信息，是研究清代前期中国沿海形势、航海事业，以及海图绘制的第一手资料，具有不可替代的史料价值。同时，《海洋图》对于考订黄叔璥及大兴黄氏家族若干问题提供了重要的历史线索，特厘清于下。

三 黄叔璥的生卒年

黄叔璥并非高官显宦，所以生平资料并不十分清晰。据《北学编》记载："先生名叔璥，字玉圃……晚号笃斋，以自勖云。初，康熙己丑成进士，由太常博士迁户部云南司主事，调吏部文选司，迁稽勋员外，再调文选，以荐擢湖广道御史。……时久停御史巡边海之制，上以台湾乱初定，特遣先生往视之。至，则翦余孽，释胁从，反侧遂安。雍正元年，任满，特留一年，命以所行事告后任。先生为列海疆十要。既还京，怨家以蜚语中之，遂落职。乾隆初，起河南开归道调驿盐粮道。……在豫四年，以母忧归，服除，补江南常镇扬道，遇疾，暂解任，疾已，复原官。又三年，致仕。家居七年，卒，年七十有七。"① 黄叔璥著述颇多，主要分为三个方面：一、《国朝御史题名录》《南征记程》《台海使槎录》《南台旧闻》，系记述其宦涯所历；二、《中州金石考》，系其任职河南期间，在金石碑铭方面所做的研究；三、《广字义》《近思录集朱》，系其编辑、研究理学的著作。② 另有《既惓录》和《慎终约稿》，但今均已亡佚。③

---

① （清）魏一鳌：《北学编》卷4，《续修四库全书》，上海古籍出版社2002年版，史部，第515册，第113—114页。
② （清）永瑢等撰：《四库全书总目提要》卷64《史部·传记类存目六》，第576页；卷70《史部·地理类三》，第628页；卷80《史部·职官类存目》，第692页；卷87《史部·目录类存目》，第749页；卷98《子部·儒家类存目四》，中华书局1965年影印本，第830页。
③ 参见刘仲华《清代首任巡台御史黄叔璥生平及其学术成就简述》，《唐都学刊》2005年第6期。

黄叔璥的生卒年，史无明载，所以后世研究者多依其生平事迹进行推测，故其卒年有乾隆二十二年（1757）、二十三年（1758）、二十一年（1756）至二十三年间等多种说法，① 其生年更是模糊不清。从《海洋图》跋文来看，黄叔璥当去世于乾隆二十一年三月无疑。黄叔璥之生平，当可循此卒年厘清。据《北学编》所记，叔璥享年七十七，按当时习俗应系虚岁，则其生年当在康熙十九年（1680）。其生平重要时间节点为：康熙乙丑（四十八年，1709）中进士，时年虚岁三十。康熙五十三年（1714）任吏部稽勋司员外郎。② 康熙六十一年（1722），为首任巡台御史，时年虚岁四十三。雍正二年（1724），任满返京，途中在浙江，因被控"纵仆骚扰地方"，与其长兄浙江巡抚黄叔琳一共被劾，官职被免，时年虚岁四十五。③ 乾隆元年（1736）二月，任河南开归道，时年虚岁四十七。④ 其丁母忧归家之年，根据其长兄黄叔琳相关资料来看，当系乾隆四年（1739），时年虚岁五十。服除为乾隆七年（1742），时年虚岁五十三。⑤ 乾隆十五年（1750）致仕，时年虚岁七十一。家居七年，于二十一年（1756）去世。

---

① 刘仲华：《清代首任巡台御史黄叔璥生平及其学术成就简述》，《唐都学刊》2005 年第 6 期，第 144 页；吉路：《清代第一任"巡台御史"——大兴黄叔璥（上）》，《北京档案》2011 年第 9 期，第 67 页；吉路：《清代第一任"巡台御史"——大兴黄叔璥（下）》，《北京档案》2011 年第 10 期，第 61 页；黄武智：《黄叔璥生卒年及其著作〈台海使槎录〉序文作者考证》，《高雄师大学报（人文与艺术类）》第 19 期，2005 年，第 69—78 页。

② 秦国经主编：《中国第一历史档案馆藏清代官员履历档案全编》第 1 册，华东师范大学出版社 1997 年版，第 366 页。

③ 《清世宗实录》卷 23，雍正二年八月，中华书局 1985 年影印本，第 365—366 页。

④ 秦国经主编：《中国第一历史档案馆藏清代官员履历档案全编》第 1 册，华东师范大学出版社 1997 年版，第 366 页。

⑤ （清）国史馆编：《汉名臣传》卷 26《黄叔琳传》，周骏富辑：《清代传记丛刊·名人类②：汉名臣传》（四），明文书局 1985 年版，第 172 页。

第二章 海图研究

四 大兴黄氏科举世家的兴衰原因

黄叔璥兄弟五人俱中举为官，其兄叔琳及侄登贤都位列高官，所以其家族在清代前期颇具名声。但究其家族之兴，却并非靠叔琳一辈突然兴起，而是有长期的科举传统，而且受明清易代影响颇大，特分析如下。

黄叔琳兄弟的父亲，据方苞记述为："黄公江南徽州歙县程氏子也，父讳伯起，以妻柳氏女弟归大兴黄中丞。国初，黄巡抚宁夏，往依焉，署郿县令。柳氏殁，黄以妹继室。罢官，与中丞同归京师。复有事于陕，归至潼关，舟人利其赀，夜半戕而沉诸河，时公九岁。黄氏寻卒，中丞之弟殿中宿卫讳尔悟无子，因抚焉，教育不异所生。公少为名诸生，不遇，就教职。"① 按方文中黄中丞即黄尔悟之兄黄尔性，清代典籍中所记黄叔琳家族，皆谓其为顺天大兴人士，方苞亦曰黄尔性为大兴人。但根据王士禛为黄尔悟所作墓志铭，"其先青州乐安人，始祖以军功官盖州卫百户，隶籍焉。数传至廷美，有二子，伯良荫，万历己酉举人，知蔚州；仲善荫，公考也……公之少也，值明季丧乱，流寓登州之宁海，又徙济南，始授书。中丞初仕为汉中府通判，公侍父就养。国初，中丞以抚定宁夏功，世祖章皇帝特简陕西巡抚，已而选内外大臣子弟补环卫，公与焉，寻出为沅州同知，年才十九，至，即摄州事……丁父艰，服阕，补同治无为州"②。由王文可知，黄氏祖籍青州乐安，明代时随军迁到辽东盖州卫，世袭武官。至少从黄尔性兄弟父亲一辈，就开始走上科举之路。天启元年后金占领辽东后，举家逃到山东宁海州和济南。

黄氏在明清之际的乱世中能够重新兴盛，是由于黄尔性入仕清

---

① （清）方苞：《赠通奉大夫刑部侍郎黄公墓表》，氏著，刘季高校点：《方苞集》卷12《墓表》，上海古籍出版社1983年版，第359—360页。
② （清）王士禛：《带经堂集》卷86，康熙五十年刻本。

朝,他于顺治元年(1644)任靖边道,二年(1645)署理宁夏巡抚,四年(1647)巡抚陕西,一举成为一方大员。① 根据《光绪永平府志》和《盛京通志》的记载,黄尔性曾为设在永平府的辽学贡生。② 永平府辽学一共有贡生104人,其中位至督抚者就有赵廷臣、白秉真、林天擎、黄尔性4人,此四人均在顺治朝担任督抚之职,其中林天擎于顺治二年以贡生知蒲州,③ 黄尔性在顺治元年就担任了靖边道。按永平府辽学开办于顺治元年,④ 则黄尔性应是清廷入关后即投靠了清廷,旋即授官,参与追击大顺军、平定陕西等战事。可见在清人关之初,面对广大的明朝国土和众多的人口,急需文武官员,尤其是汉人官员,而自天命时期以来,辽东汉人就已逐渐成为后金朝廷中的重要成员,满洲亲贵将其看作可以依靠的力量。黄尔性本系辽人,虽逃到山东,但明代山东与辽东关系特殊,二地跨海交流相当密迩,其亲族中或有在清廷任职者,故其成为清廷急需的可靠人才,予以重用,成就其家族兴起的基础。

根据《孔氏大宗支谱》记载,第六十七代衍圣公孔毓圻的第三任夫人黄氏系"大兴人,陕西巡抚黄尔性孙女,福建长汀知县华实第八女"⑤,考之《福建通志》,确有长汀县知县为黄华实,盖州人,监生。⑥ 则黄尔性有子名黄华实。黄尔性任高官后,亦提拔子弟与姻亲,其弟黄尔悟由宿卫而任沅州与无为州同知,姻亲程伯

---

① 康熙《延绥镇志》卷3《官师志·靖边道》,乾隆二十一年增补本;《甘肃通志》卷28《皇清文职官前:巡抚宁夏都御史》,文渊阁《四库全书》本;《清世祖实录》卷30,顺治四年正月乙卯,中华书局1985年影印本,第246页。
② 光绪《永平府志》卷13《选举表·文科下》,光绪五年刻本;乾隆《盛京通志》卷49《选举三》,文渊阁《四库全书》本。
③ 《大清一统志》卷102《蒲州府二》,文渊阁《四库全书》本。
④ 《清世祖实录》卷7,顺治元年八月乙丑,中华书局1985年影印本,第3册,第77页。
⑤ (清)孔先璜纂录,孔庆余校补:《孔氏大宗支谱》,同治十二年(1873)刻本。
⑥ 《福建通志》卷27《职官八》,文渊阁《四库全书》,台湾商务印书馆1986年版,史部,第528册,第404页。

起亦被其拔为郿县县令，其子黄华实监生出身，任福建长汀知县。其侄黄华蕃亦任大城县教谕。① 可见虽然黄尔性曾任巡抚，但其子弟未能中举，故无法在仕途上更进一步。直到黄叔琳兄弟五子登科，才成就大兴黄氏之名。

黄华蕃共有五子三女，儿子按长幼次序为黄叔琳、黄叔琬、黄叔琪、黄叔璥和黄叔瑄，女儿名字史无明载。据杨椿为黄华蕃夫人吴氏所撰墓志铭可知，黄华蕃有妻吴氏与妾袁氏，其中黄叔瑄与一位嫁给魏氏的女儿系袁夫人所生，其余皆为正妻吴夫人所出。在《国朝先正事略》、黄华蕃与吴氏墓志铭中均记黄叔璥排行第四。② 而励宗万在与黄登贤往还的两篇题跋中均称其为五丈，言之凿凿，所以黄叔璥排行第五，在其亲友中当为常识。又《南征记程》中黄叔璥自述离京时，与内兄刘体仁、大兄、二兄、六弟等相聚。③ 所以很可能其间有夭折之男，《南征记程》中之"六弟"应系第五子黄叔瑄。

黄华蕃五子中，除叔璥外，叔琳于乾隆三十年（1765）中进士，官至侍郎、巡抚；叔琬于四十八年（1783）中进士，官至太仆寺少卿；叔琪于四十四年（1779）中举，官至宁国知府；叔瑄于五十二年（1787）中举，任行唐县教谕。④ 黄氏是康熙、雍正时期顺天地区著名的科举家族。叔琳兄弟的子侄辈除黄登贤之外，叔琳次子登谷亦于乾隆元年（1736）中进士，官至平阳知府。⑤ 黄叔

---

① 《詹事府詹事加侍郎衔刑部右侍郎黄公叔琳墓志铭》，《碑传集》卷72，第16页。
② （清）方苞：《赠通奉大夫刑部侍郎黄公墓表》，氏著，刘季高校点：《方苞集》卷12《墓表》，上海古籍出版社1983年版，第361页；（清）杨椿：《黄母吴太夫人墓志铭》，氏著：《孟邻堂文集》卷12，清嘉庆二十四年刻本。
③ （清）黄叔璥：《南征记程》，《四库全书存目丛书》，齐鲁书社1996年版，史部，第128册，第554页。
④ （清）顾镇编：《清初黄昆圃先生叔琳年谱》，王云五主编：《新编中国名人年谱集成》第三辑，台湾商务印书馆1978年版，第10—29页；《赠通奉大夫刑部侍郎黄公墓表》，《方苞集》，第362页。
⑤ （清）顾镇编：《清初黄昆圃先生叔琳年谱》，王云五主编：《新编中国名人年谱集成》第三辑，台湾商务印书馆1978年版，第62—91页。

琪有六子，其中长子元帱中举，五子鹤龄中进士。① 另根据《南征记程》，黄叔璥有侄黄讷，根据乾隆元年（1736）山东巡抚岳浚所奏题本，黄讷时任商河县知县，亦非黄叔琳之子。②

根据上面的梳理，可以发现，从明代万历时期开始，黄氏就已将科举作为家族主要上升渠道所系，迭代有科举入仕者，并在学术方面多有造诣，黄尔悟即"素熟三《传》，著有《左传汇纪》《公谷合纂》等书"，并以此教授叔琳兄弟，黄叔琳、叔璥均多有著述，为时所重，体现出科举儒学世家的价值取向。

五 大兴黄氏的婚姻圈

从《海洋图》上励宗万的两段跋文，可以看出，黄励两家既为婚姻，黄登贤与励宗万两人年龄相近，又大部分时间都在京为官，过从颇密，亦在情理之中。所以，励宗万去世后，其长子励守谦"将奉公柩与黄夫人合窆，而驰书其舅黄云门登贤，乞余（陈兆仑）为志，并为之铭"③。从《海洋图》题跋文字，也可看出励宗万与黄登贤，乃至大兴黄氏一门关系之密切。两家关系密切，而且同为《四库全书》的重要献书人。④ 大兴黄氏所撰之著作，在《四库全书总目提要》中，所录黄叔璥撰写著作有：《南征纪程》《台海使槎录》《南台旧闻》《中州金石考》《广字义》等，⑤ 黄叔

---

① （清）方苞：《知宁国府调补部员黄君墓志铭》，《方苞集》卷10《墓志铭》，上海古籍出版社1983年版，第268页。

② 山东巡抚岳浚：《题为商河县知县黄讷系新任按察使黄叔琳胞侄请旨准其回避事》，乾隆元年四月二十三日，中国第一历史档案馆藏，档案号：02-01-03-03331-020。

③ （清）陈兆仑：《光禄大夫光禄卿前刑部左侍郎静海励公墓志铭》，氏著：《紫竹山房诗文集》卷17。

④ 《四库全书总目》中记载：乾隆三十九年五月十四日，奉上谕，朝绅中进书一百以上之"黄登贤、纪昀、励守谦、汪如藻等，亦俱藏书旧家，并着人赏给内府初印之《佩文韵府》各一部，亦俾珍为世宝，以示嘉奖"。永瑢等撰：《四库全书总目提要》卷首，中华书局1965年影印本，第2页。

⑤ （清）永瑢等撰：《四库全书总目提要》卷64，《史部：传记类存目六》，第576页；卷70，《史部：地理类三》，第628页；卷80，《史部：职官类存目》，第692页。卷87，《史部：目录类存目》，第749页；卷98，《子部：儒家类存目四》，中华书局1965年影印本，第830页。

第二章 海图研究

琳撰写著作有：《砚北易钞》《诗统说》《周礼节训》《夏小正注》《宋元春秋解提要》《史通训故补》《砚北杂录》《砚北丛录》《文心雕龙辑注》等。① 其中黄叔璥所撰《南征纪程》《台海使槎录》与黄叔琳所撰《砚北易钞》《周礼节训》《夏小正注》《史通训故补》《砚北杂录》《砚北丛录》俱取自"编修励守谦家藏本"。黄叔琳、黄登贤父子均为藏书名家，黄登贤自无不收藏父叔著作之理。究其原因，当系黄登贤为避嫌疑，也希望父叔的著作能够顺利列入《四库全书》，遂由其外甥励守谦进呈，亦可见两家互相支持之态势。

从大兴黄氏与静海励氏之间的关系，亦可见黄氏婚姻的一些趋向。正是因为大兴黄氏家族以科举、儒学为根基，所以虽然黄尔性在清初参与经略宁夏、陕西等地，但从其家族婚姻来看，似还是多以儒学世家为对象。黄尔性之妻为柳氏，家世不详。其妹嫁于程伯起。黄尔悟之妻为李应选之女，李应选为明天启乙丑（五年，1625）进士，湖广江夏人，曾任靖边道。②黄叔琳元配妻子之父为冯云啸，代州人，康熙丙辰（十五年，1676）进士，官翰林院编修。第二任妻子之父为周廷适，原籍山西，徙居天津，任武昌知府。第三任妻子之父为周廷适弟廷豫，候选主事。③

叔琳子侄辈亦是如此，如黄叔琳的女儿，其一嫁给励宗万，另

---

① （清）永瑢等撰：《四库全书总目提要》卷9，《经部：易类存目三》，第75页；卷18，《经部：诗类存目二》，第145页；卷23，《经部：礼类存目一》，第186页；卷24，《经部：礼类存目二》，第199页；卷31，《经部：春秋类存目二》，第256页；卷89，《史部：史评类存目一》，第757页；卷133，《子部：杂家类存目一》，第1132页；卷143，《子部：小说家类存目一》，第1226页；卷195，《集部：诗文评类一》，中华书局1965年影印本，第1779页。

② （清）顾镇编：《清初黄昆圃先生叔琳年谱》，王云五主编：《新编中国名人年谱集成》第三辑，台湾商务印书馆1978年版，第13页；《湖广通志》卷51《人物志》。

③ （清）顾镇编：《清初黄昆圃先生叔琳年谱》，王云五主编：《新编中国名人年谱集成》第三辑，台湾商务印书馆1978年版，第9—11页；永瑢等撰：《四库全书总目提要》卷183。

一嫁给"同县丁巳进士原任吏部文选司主事温君葆经"①。据《内阁故事》，温葆经为温而逊之子，曾任知府之职。② 温而逊为直隶宣化人，出身"大兴例贡"，历任贵州毕节知县、江南滁州知州、四川达州知州、江南太仓州知州、苏州知府、湖南岳常醴道、山西按察使、布政使、河南布政使等职。③ 值得注意的是，黄氏与曲阜孔府有两代姻亲，黄华实八女嫁予衍圣公孔毓圻，而黄登贤之妻则是"曲阜孔夫人，袭封衍圣公谥恭悫女"④，即孔毓圻之女。

黄叔璥亦如此，其姻亲何国宗为学术世家，⑤ 何国宗亦大兴人士，出身天文世家，其家族自康熙六年（1667）至道光十八年（1838）的172年间有七代二十余人先后在钦天监任职。其父何君锡自康熙十年（1671）至五十三年（1714）间任钦天监时宪科五官正。何国宗于康熙五十一年（1712）赐进士，入翰林院，与其弟何国柱遂康熙帝入避暑山庄学习算法，并在宫廷向西方传教士学习数理天文知识。何国宗还参与了《律历渊源》《皇舆全览图》《乾隆内府舆图》的编绘工作。雍正三年（1725），何国宗被提拔为内阁学士，历任工部侍郎、河东河道总督、礼部侍郎等官。乾隆二十七年（1762）致仕，三十一年（1766）去世。⑥ 其兄何国柱、

---

① 《詹事府詹事加侍郎衔刑部右侍郎黄公叔琳墓志铭》，《碑传集》卷72，第18页。

② （清）叶凤毛：《内阁小志附内阁故事·同事后辈》，《续修四库全书》，史部，第751册，上海古籍出版社2000年版，第285页。

③ 乾隆《江南通志》卷91《学校志》，文渊阁《四库全书》本；同治《苏州府志》卷55《职官四》，清光绪九年刻本；光绪《重修天津府志》卷14《考五：职官五》，清光绪二十五年刻本；乾隆《贵州通志》卷18《秩官》，乾隆六年刻，嘉庆雍正二十五年补修；雍正《四川通志》卷31《皇清职官》，雍正十一年刻本；光绪《湖南通志》卷121《职官志十二》，清光绪十一年刻本。乾隆《江南通志》卷108《职官志》；《清世宗实录》卷103，雍正九年二月庚子，中华书局1985年影印本，第360页；《清世宗实录》卷121，雍正十年七月庚子，中华书局1985年影印本，第597页；《清高宗实录》卷30，乾隆元年十一月丙申，中华书局1985年影印本，第618页。

④ 《都察院左副都御史山东学政黄公登贤墓志铭》，《碑传集》卷72，第11页。

⑤ 《清高宗实录》卷343，乾隆十四年六月癸巳，中华书局1986年影印本，第745页。

⑥ 赵尔巽等：《清史稿》卷283《何国宗传》，中华书局1998年点校本，第10184—10186页。

其弟何国栋都是历数专家，在朝供职。①

另外，可以看出其婚姻对象以同乡为多，如何国宗、温而逊、励廷仪都系直隶人士，前两位还都是大兴同县（温而逊应系宣化人，在大兴为贡生，但亦可援同乡之例），武廷适亦徙居天津，这也是大兴黄氏婚姻圈的一个重要倾向。

结　语

励宗万跋黄叔璥《海洋图》，不仅保存了台湾等沿海地区丰富的历史信息，而且透露出大兴黄氏诸多史迹。大兴黄氏本出自辽东武职世家，但自万历年间就开始有子弟中举，至乾隆时期百余年代有科举入仕者，成为顺天地区著名的科举家族，其家世以业儒为本，亦与科举文化世家通婚以互通声气，反映了清代前期华北地区士人家族的价值取向。

---

① 刘仲华：《清代大兴何氏历算学》，载袁懋栓主编《北京风俗史研究》，北京燕山出版社2007年版，第237—254页。

古地图中所见清代内外洋划分与巡洋会哨

明清时期，沿海各地将海域划分为若干区域进行管理，并推行水师分区域巡洋的制度。如前所揭，在中国古代词汇中，"洋"最初是指较具体的海区，从唐宋时期开始发展起以方位标示"洋"的地理概念，在清代，沿海各省将海域划分为内外洋进行管辖。关于这一制度，近年以来，引发了学界的注意，并对此进行了专门的研究。①

关于清代的内外洋划分与巡洋会哨的研究，目前学界多利用传世文献描述以及文献中的刻本地图，对沿海各省内洋与外洋的界线以及巡洋会哨的地理范围进行复原。从另一角度来看，在国内外各机构收藏有若干幅清代沿海各地衙署所绘制与使用的与内外洋划分及巡洋会哨相关的官绘本地图，因为是当时的第一手资料，可以提供更直接、形象的信息，值得学界重视，下面就笔者所经眼的4幅具有代表性的地图，兹列于下，进行梳理，以期裨益于相关研究。

---

① 关于明代巡洋会哨制度的研究，有牛传彪《明代巡洋会哨制度及其在海疆防务中的地位》，《中国边疆史地研究》2015年第4期；韩虎泰《明代巡海向巡洋会哨制度的转变——兼论南海巡洋区划对内外洋划分和巡洋区划与连界会哨》，《海南大学学报》（人文社会科学版）2015年第6期等。清代内外洋划分与巡洋会哨制度，王宏斌进行了系统的研究：《清代前期海防：思想与制度》，社会科学文献出版社2002年版；《清代内外洋划分及其管辖问题研究——兼与西方领海观念比较》，《近代史研究》2015年第3期；《清代前期广东内外洋划分准则》，《广东社会科学》2016年第1期；《清代前期江苏的内外洋与水师巡洋制度研究》，《安徽史学》2017年第1期；《清代前期台湾内外洋划分与水师辖区——中国对钓鱼岛的管辖权补正》，《军事历史研究》2017年第3期；《清代直隶内外洋划分与天津水师的四度兴废》，《河北学刊》2017年第6期；《论两次鸦片战争期间海患与水师巡洋制度之恢复》，《近代史研究》2018年第2期；《清中期山东的内外洋与水师巡洋制度研究》，《晋阳学刊》2018年第3期；《奉天府的内外洋与盛京水师巡洋制度》，《晋阳学刊》2020年第2期。对这一问题进行研究的还有：刘正刚、王潞《清前期海防拓展与疆域观变化》，《厦大史学》第四辑，厦门大学出版社2013年版；何沛东：《清人对内外洋的地理认知》，《国家航海》第十五辑，上海古籍出版社2016年版；何沛东：《基于方志资料的清代内外洋划分方法的考证》，《历史地理》第三十五辑，复旦大学出版社2017年版；汪小义：《关于清代内外洋划分的几点认识》，《中国历史地理论丛》2019年第3辑。

第二章 海图研究

一 浙江省全海图说

此图藏于中国国家图书馆，编号为：4253，彩色绘本，42.2×519厘米。① 地图为长卷式，卷首为《浙江省全海图说》，并有大段图说：

> 谨按浙海自东南一带纡回广阔，盘旋通达，逼临大海者，定海、黄岩、温州皆设总兵一员，各率所辖员弁、舟师出哨游巡，以资保障。内定海孤悬海外，西与宁波相为犄角，东至莲花大洋，北达乍浦，与江南崇明接壤，南与黄岩、温州互相联络，与福建烽火营交界，更有温属玉环，乃悬海之区，设水师参将一员，率领弁兵驻守巡守。乍浦逼临海滨，界连江南，为海汛之要口，设水师参将一员，满汉驻防，至提标右营设立，水师船只每年四季奉委将备千、把轮驾战船分巡定、黄、温所属海汛，稽察各营哨巡官兵勤惰，其海道悬山各分界限汛守，台寨防范纂严，海不扬波，共庆升平，谨缮水师沿海全图，分别营、县、山、屿、岛、㟁、水程更熟，开载于后。

其后开列了从乍浦开始到北关共计三十六更的水程，非常细致，每更约计水程六十里不等，所以大约共计水程一千一百余里。

文字说明之后，地图从浙江与福建交界处的陆地上的虎头鼻，以及海上的鼠尾—南关山—北关山—鸡口屿—东台一线开始，向左历经南岸寨城、瑞安县城、海安所城、温州府城、盘石城、玉环城、太平县城、黄岩城、盘乌寨、海门卫、前所汛、宁海、宁海左营、健跳汛、宁海县城、昌石营、石浦老城、昌国卫、象山县城、钱仓所、定海县、镇海县城、宁海所、萧山县、海宁州、海盐县、

---

① 北京图书馆善本特藏部舆图组编：《舆图要录：北京图书馆藏6827种中外文古旧地图目录》，北京图书馆出版社1997年版，第338页。

乍浦所，一直到与江南省交界的荡山。也就是说，此图以东亚大陆沿岸陆地为下方，以海上为上方，整体上是上东下西，着重描绘沿岸地物与内外洋的岛屿。

此图的绘制时间，《舆图要录》谓当在嘉庆年间，按图上已经出现"海宁州"，则当在乾隆三十八年（1773）八月，升海宁县为海宁州之后。① 图上的"宁"字，均作"寗"，为道光朝所规定的为道光帝所避讳用字，直到咸丰四年（1854）一律改为"甯"字，按此图应为官绘本，则应绘制于嘉庆二十五年（1820）七月嘉庆帝去世之后，咸丰四年之前。又此图中石浦城仍标识为"石浦老城"而非石浦厅，可见应在道光三年（1823）之前。定海县亦未标识为"定海直隶厅"，可见亦应在道光二十三年（1843）之前，可为一证。

此图应为衙署所用，较为精美，地物描绘甚详，尤其重在城池与山峦、岛屿，其中岛屿亦绘成山峦形制，岛屿旁多标注其方位和走向，如"坐北向南""坐东向西""坐西向东""坐西南向东北"等，可见其功能就是表现巡洋航行中所需要注意作为航标的地理标志。图上最有特色的，就是用红色实线划分出若干区域，并在其旁侧标出文字，如：

卷首东台处：

> 南台系属外洋福建烽火门所属水汛、浙江瑞安营水汛交界，系福鼎县治。
> 东台系属外洋瑞安营所属，洋面与福建烽火门水汛交界，系平阳县治。

温州府城外的半洋礁处：

---

① 《清高宗实录》卷940，乾隆三十八年八月辛丑，中华书局1985年影印本，第709页。

第二章 海图研究

红线南系温标左营海汛，瑞安县管辖。
红线北系温标中营海汛，永嘉县管辖。

在横址岛向东北的红线处：

红线西南系温标中营海汛，乐清县管辖。
红线东北系玉环右营海汛，玉环同知管辖。

在八丬洋处：

红线以南黄标中营海汛。
红线以北黄标左营海汛。

在鸡笼山处：

红线南系黄标左营内洋海汛，临海县管辖。
红线北系健跳海汛，宁海县管辖。

在石浦老城处：

红线南宁海健跳海汛。
红线北昌石营海汛。

在白岩山外：

红线南昌石营海汛。
红线北定中营海汛。

在尖仓处：

115

红线南定标右营海汛。

红线北镇海营海汛。

在蛟门处：

红线南定标右营海汛

红线北镇海营海汛

以上资料是浙江沿海分巡会哨分区的生动形象的描绘，而且我们可以看到，一般来说，防区的划分是带状，局部地区是网状，但在定海县，即今舟山群岛周边，则是放射状地分出6条红线，可见舟山群岛是当时浙江海防的中心，承担着捍卫外洋，向北守卫杭州湾乃至浙江省城，向西翼庇甬江，保障宁波府。

二 宁波府镇海县所辖洋面图

此图藏于中国国家图书馆古籍馆，编号为：4314，彩色绘本，单幅，62×68厘米。[①] 折叠存放，图背折封处贴有红签，上书图题："署浙江宁波府镇海县绘呈卑县所辖洋面图说。"地图描绘了清代浙江宁波府镇海县所辖地域，方位为上北下南，四个方位标于图缘，北到海中七姐妹山、校杯山和陆地上的观海卫，南到蛟门岭界碑—孔墅岭界碑—布阵岭界碑—石塌头界碑一线，西到宁波府城，东到大海中的金塘山。

地图用象形的符号法表示山峦、河流、桥梁、村庄、塘汛、墩台、湖泊、城池、岛屿等地物，用蓝色涂抹山峦、岛屿和城垣，岛屿绘成山峦形状，海水没有画出波纹。城垣用上方略带角度的鸟瞰式视角审视画出，城门向内倾倒，绘出雉堞和护城河。在图上的海

[①] 北京图书馆善本特藏部舆图组编：《舆图要录：北京图书馆藏6827种中外文古旧地图目录》，北京图书馆出版社1997年版，第342页。

面上，贴有红签，上面书写："红线内系卑县管辖内洋"，可知此图的重点在于军事防御形势，所以对墩台、炮台等军事地物描述甚详。尤其是沿海一带，标绘出了招宝山城（炮台）、西北隅炮台和汪家路台、施家路台等众多沿海墩台，以及陆地上的甬江两侧的梅墟港北首炮台、南首炮台和青水浦汛等塘汛。

关于此图的年代，图上"宁波"写作"甯波"，应系为避清宣宗之讳，据《清会典事例》记载："咸丰四年有谕曰：'嗣后凡遇宣宗成皇帝庙讳，缺笔写作寍者，悉改作甯。'"① 所以此图应绘于咸丰四年（1854）之后。从其形制与绘制风格带有明显的清代传统风格，又其上并未绘出光绪三年（1877）新建成的威远等炮台来看，② 此图应绘于清代中期。

镇海县，明代为定海县，曾为明代后期浙江总兵驻扎地。③ 康熙二十六年（1687），改定海县为镇海县。于舟山岛地方置定海县。④ 虽然此地的海防重心转移到定海（舟山），但镇海地处甬江出海口和杭州湾外海，扼守宁波府城和省会杭州府城，岛屿众多，军事地位依然重要。由于军政管理是本图的重点，所以用红色实线勾勒出了在陆地和海洋上的界限，并标出了诸多界碑，用文字标注出负责该处的军事单位，如：松浦界碑（东系镇海营龙山汛所辖，西系绍协右营观海卫汛所辖）。东埠头界碑（东系镇海营龙山汛所辖，西系绍协右营观海卫汛所辖）。界河嘴界碑（东系镇海营笠山汛所辖，西系宁波城守甬江汛所辖）。石塌头界碑（山冈北镇海营笠山汛所辖，山冈南提标左营汛所辖）等。

镇海县所辖的洋面是此图的重点，除用红色实线勾勒出内洋范围之外，还在若干地方，主要是岛屿处标注分汛情形，自西北向南

---

① 光绪《大清会典事例》卷244。
② 洪锡范等修，王荣商等纂：民国《镇海县志》卷8《兵制》，成文出版社1983年版，第644页。
③ （明）朱冠、耿宗道等纂修：《临山卫志》，成文出版社1983年版，第51页。
④ 乾隆《浙江通志》卷4。

依次为：

校杯山处：

> 东南首镇海营洋汛，西北首乍浦营洋汛。

七姊妹（山）处：

> 东南首镇海营洋汛，西北首乍浦营洋汛。

西霍（山）处：

> 东南首镇海营洋汛，西北首乍浦营洋汛。

东霍（山）处：

> 东北首定标右营洋汛，西南首镇海营洋汛。

沥表嘴处：

> 东北首定标右营洋汛，西南首镇海营洋汛。

大平山处：

> 东北首定标右营洋汛，西南首镇海营洋汛。

金塘山处：

> 西首山脚。

第二章 海图研究

金塘山东南洋面处：

东北定标右营洋汛，西南首镇海营洋汛。

蛟门洋汛界碑：

自打鼓山台起，蛟门、捣杵山、大平山、沥表嘴、东霍一带洋面，西南首系本营洋汛，东北首系定标右营洋汛，西霍、七姊妹一带洋面南首本营洋汛，西北首系乍浦洋汛官兵游巡至此。

中柱山处：

蛟门。

按，镇海县地处杭州湾外缘，东北方向有舟山群岛，再向外为江苏洋面，一般来说，内洋由州县管辖，而外洋一般归水师负责，[1] 所以镇海县与定海县近在咫尺，周边应都系内洋，所以分界自然非常重要，此图给出了非常生动形象的资料，可以看出是以校杯山、七姊妹山、西霍山、东霍山一线与乍浦分洋，沿金塘山一线与定海分洋，其所辖基本为近海洋面，防御重点在于杭州湾沿岸一线，以策应舟山，拱卫杭州；并控扼甬江，保障宁波府城。此图提供了清代近海沿海县域的海洋管辖情形。

另外，在《光绪镇海县志》卷首的《寰海岛屿图》中，亦沿筊杯、七姊妹、西霍、东霍、金塘、三山一线绘出了一条带状曲

---

[1] 王宏斌：《清代前期海防思想与制度》，社会科学文献出版社2002年版，第72—73页。

线，将周边波纹表示的海水分隔开，亦是表示镇海所管辖的内洋界线，与此图所绘走向一致。①

三　山东登州镇标水师前营北汛海口岛屿图

此图藏于中国科学院文献情报中心，编号为：史580 143，纸本彩绘，经折装，共六折，每折纵35.3厘米，横17.8厘米；封面红色绫裱，黄色题签，其上竖书图题。②

此图无论从形制还是绘制风格来看，都带有浓郁的清代传统官绘舆图的色彩，地图以山东省登州府（治今烟台市蓬莱区）为中心，着重描绘了西起虎头崖（今属莱州市），东至威海口成山角（今属荣成市），北至北隍城岛（今属长岛县）这一地区的海岸、河流、城堡，以及附属岛屿。图以海为上方，以陆地为下方。

图上有贴红四处，文字为：

> 自天桥口起往东至八角口三更船，八角口至芝罘岛一更船，芝罘岛至养马岛一更船，养马岛至刘公岛四更船，刘公岛至成山头三更船，自天桥口起往东至成山头止，共十二更船。每更计路六十里，共计水路七百二十里，迤东系本营东汛洋面。

> 自天桥口起往东北至大竹山岛八十里，往东北至小竹山岛九十里，往东北至纱帽岛一百里，往正北至长山岛四十里，往西北至小黑山岛七十里，往西北至大黑山岛八十里。

> 自天桥口起往北至庙岛一更船，庙岛至砣矶岛一更船，砣矶岛至钦岛一更船，钦岛至隍城岛一更船，再往北一更半船止。自天桥口起至隍城岛往北，一更半船止，共五更半船，每更计路六十里，共计水路三百三十里，迤北系关东旅顺洋面。

---

① （清）俞樾纂：光绪《镇海县志》，成文出版社1983年版，第49页。
② 孙靖国：《舆图指要——中国科学院图书馆藏中国古地图叙录》，中国地图出版社2012年版，第382—384页。

第二章 海图研究

自天桥口起往西至黄河营一更船，黄河营至屺岛一更船，屺岛由三山岛至小石岛二更船，小石岛至虎头崖三更船，虎头崖至丁河口四更船，丁河口至大沽河一更船，自天桥口起往西至大沽河止，共十二更船，每更计路六十里，共计水路七百二十里，迤西系天津交界。

按登州扼守渤海湾的登辽水道，自天桥口向北，沿庙岛群岛至北隍城岛，隔洋面即为盛京的旅顺铁山，地理位置非常重要，因此，顺治元年（1644），清廷就在登州设置水师营，十八年，设置登州镇，改城守营水师为前营水师。康熙四十三年（1704），分为前、后二营，分别管辖洋面；五十三年（1714），裁后营，以前营统南、北二汛。雍正十二年（1734），在成山头增设东汛水师。三汛水师划分洋面，进行巡洋会哨，其巡洋范围，乾隆五十三年（1788）规定，"北隍城岛、南隍城岛、钦岛、砣矶岛、黑山岛、庙岛、长山岛、小竹岛、大竹岛，至直隶交界武定营等处止，并成山头、八家口、之罘岛、崆峒岛、养马岛，至江南交界等处止，皆系山东所属，令登州总兵官委拨官兵巡哨。至铁山与隍城岛中间相隔一百八十余里，其中并无泊船之所，自铁山起九十里之内，盛京官兵巡哨；自隍城岛起九十里之内，山东官兵巡哨，如遇失事各照地界题参"。乾隆十七年（1752），"议准山东省登州镇水师每年五、六、七、八月间，官兵出洋，南、北、东三汛各在该管地界，彼此往来巡防。其沿海陆路营汛亦令不时瞭望，不许怠惰推诿"①。具体的"地界"与"会哨地"为："南汛驻扎胶州头营子……南至江南交界莺游山起，东至荣成县马头嘴止，与东汛会旗。""东汛驻扎养鱼池……至马头嘴与南汛会旗，北至成山头与北汛会旗。""北汛驻扎登州府水城……南至成山头与东汛会旗，西至直隶交

---

① 乾隆《大清会典则例》卷115《兵部》。

界，北至隍城岛北九十里止，与盛京水师分界。"①

嘉庆六年（1801），奏准山东省登州水师"每年于三月内出洋巡哨，于九月内回哨"。登州镇水师改为前营、后营和文登水师营，其中"后营所辖洋面，自天桥口起往东至之罘岛西，与文登水师营交界止，计洋面二百四十里。往西至直隶省大沽河交界止，计洋面七百二十里。往北至北隍城岛迤北洋面，与奉天旅顺洋面交界止，计洋面三百三十里。共计一千二百九十里，各按所辖洋面实力巡缉。自天桥口起，由长山岛迤东至之罘岛西，至文登水师营交界止，洋面二百四十里，为东路，内有长山岛、大、小竹山岛、纱帽岛、湾子口、刘家旺、八角各外洋，以左哨头司把总为专巡。惟西路洋面七百二十里，较四路绵长，裁拨一百二十里，均匀西北路管辖。嗣后西路自天桥口由龙口西起，至直隶省大沽河交界止，洋面六百里为西路，内有小依岛、屺岛、叁山岛、小石岛、芙蓉岛各外洋，以右哨头司把总为专巡。自天桥口由龙口往西北，至高山岛西北外洋止，洋面二百四十里，为西北路，内有桑岛、黄河营、大、小黑山岛、猴鸡岛、高山岛各外洋，以右哨二司把总为专巡。自天桥口由砣矶岛往东北，至北隍城岛迤北洋面，与奉天旅顺洋面交界止，洋面二百四十里，为东北路，内有南、北隍城岛、大、小钦岛、砣矶岛各外洋，以中哨千总为专巡。四路洋面以中军守备东路、东北两路为分巡，游击为四路总巡，总兵为四路统巡。此前水师后营守备专顾北路，今改为东路、东北两路分巡之责，并改饬西北路把总，就近与天津兵船会哨。其北路仍饬千总在隍城岛迤北洋面与奉天旅顺营兵船会哨。东路仍饬东路把总在芝罘岛迤西交界，与文登水师营兵船会哨。互相结报"②。

在这幅《山东登州镇标水师前营北汛海口岛屿图》中，无论是水师前营北汛的建置格局，还是其所巡洋面的范围，都未体现出

---

① （清）岳浚、法敏修，杜诏、顾瀛纂：乾隆《山东通志》卷16《兵防志》。
② 光绪《大清会典事例》卷632《兵部》。

第二章 海图研究

嘉庆六年的调整，所以此图应绘于该年之前，设置水师前营东汛的雍正十二年（1734）之后，表现了公元 1734—1801 年之间山东北部海域的管辖情况。图上描绘出的成山头、刘公岛、鸡鸣岛、浮山岛、栲栳岛、崆峒岛、养马岛、芝罘岛、大竹山岛、小竹山岛、纱帽岛、长山岛、南隍城岛、北隍城岛、大钦岛、小钦岛、砣矶岛、高山岛、猴鸡岛、大黑山岛、小黑山岛、珍珠门、褡裢岛、庙岛、桑岛、小依岛、圮岛、三山岛、小石岛、芙蓉岛、虎头崖等，都是清代前中期山东登州镇标水师前营北汛防御的重要地点。

四　福建全省洋图

此图收藏于北京大学图书馆，彩绘纸本，卷轴装，尺寸为40×163 厘米。

地图右起广东澄海县和南澳岛，在图缘处标注："闽粤交界"；卷尾左至浙江蒲门所、沙埕等地，标注有"闽浙交界"。福建大陆在图下方，中间为近海各岛屿，最上方为台湾岛，标出了"鸡笼城""乌石港"等地名。所以此图为传统的以陆为下，以海为上的方位，基本上可以认为是上东下西。

地图的左上方有注记："道光二十年二月，奉钦使祁、黄委拟鉴定，进呈《福建全省洋图》，署崇安星村县丞程基谨绘呈。"则此图绘制于道光二十年（1840）二月，由福建建宁府崇安县驻星村的县丞程基绘制。所以此图反映了鸦片战争爆发之前的福建海防状况。

此图对各种军事营汛绘制甚详，尤其是用红色线条绘出了各行政和军事单位辖区的海上界限，也就是洋面的分巡界线，具体而言，内外洋的分界从南向北，沿"南彭""虎豹狮象四屿""南椗岛""北椗"一线的内侧，又依"磁澳""灞流屿"为分界，又沿"芙蓉岛""大崳山""七星"内侧，以外为"深水外洋"。

此图的另一个特点是画出了从福州五虎岛到台湾乌石港和八里坌之间的航线，泉州府到台湾鹿仔港的航线，以及从厦门出发，经澎湖列岛到台湾府鹿耳门的航线。航线均用红色实线表示，与分洋界线相同。

以上列举了 4 幅反映清代海域分区管辖的地图，自北向南，表现了山东、浙江和福建的部分海域，可以直观看到清代前中期沿海各地州县与水师对邻近洋面的管辖情况，各负责单位所管辖洋面的界线走向与分界会哨地标。除了更加直接形象地表现洋面划分格局之外，古地图还保留了一些文字文献中没有述及的信息，如镇海县内洋汛地，据乾隆《浙江通志》记载，计有镇海港、蛟门山、虎蹲山、捣杵山、金塘山、太平山、沥表嘴山、后海、东霍、七姊妹山，而在中国国家图书馆所收藏的《宁波府镇海县所辖洋面图》中，除此之外，还有校杯山和西霍山，具体的汛地地标亦与其不同，究竟是文献有所遗漏，还是地名改易，抑或是年代不同有所调整，都值得进一步加以研究。

除了上文所列举的四幅地图之外，在其他收藏单位，亦藏有相当数量的标绘有洋面划分及分巡会哨情况的清代地图，如在英国国家图书馆所收藏的《[宁波府六邑内外洋舆图]》《宁波府呈送六邑海岛洋图》《宁波府奉化县洋图》《[奉化县陆洋汛址图]》《[奉化县洋汛界址图]》《[象山县地舆图]》《台州府海洋全图》《浙江温标中营海汛舆图》《平阳营沿海界址图》等，① 在中国科学院文献情报中心中所收藏的《铜山海口港汊地舆图》中，亦在不同海区处标有"此系内海"与"此系外海"等文字，说明其所管辖洋面的划分。笔者相信，此类地图的不断披露与研究，将进一步推动我们对清代沿海历史发展和地理情况的认识。

---

① 参见李孝聪《欧洲收藏部分中文古地图叙录》，国际文化出版公司 1996 年版。

《直隶沿海各州县入海水道及沙碛远近陆路险易图说》与清后期直隶河海情形

一 舆图的形制与内容

中国科学院国家科学图书馆藏有一幅地图，编号为：史580 073，清光绪十一年（1885）二月上澣彩绘。地图绘在一张纵107.7厘米，横141.1厘米的纸张上，折叠保存，折封处用绿色缎面装裱，中贴竖立的红色贴签，上书图题："直隶沿海各州县入海水道及沙碛远近陆路险易图说"；该图上北下南，方位标于图缘。图上画有方格，"见方十里"，属于使用计里画方方法绘制的舆图。

该图绘制范围北起山海关—玉田县—三河县一线，南至与山东海丰县（治今无棣）交界处和河间府献县、交河县界，西及京师南苑（图中作"南园"）—永清县—文安县一线，东到大海，实际上相当于永平府和遵化直隶州的南部、顺天府的东南部、河间府的东北部和天津府大部，描绘了这一地域范围内的山川、港汊、礁沙、城镇、村落、关隘、桥梁、哨卡、行宫、塘汛等地物，用蓝色方框表现府、州、县城，框内填以地名，南苑则绘成夸张的大小，并绘出东边三座与北边靠东一座城门，在其侧标注城门名称。图中标示出了临榆、抚宁、昌黎、卢龙、乐亭、滦州、丰润、玉田、宝坻、香河、三河、通州、武清、天津、东安、永清、文安、静海、青县、沧州、盐山等州县与天津府，其中滦州城轮廓绘为八边形，丰润县城画出西关，以示突出。普通村镇和聚落绘成蓝色圆圈，一些较重要的军事据点处在蓝色圆圈旁边绘以红色旗帜符号，并标注驻守军队建置如："毕家园，涧河把总驻此"，"黑沿子千总"。河流用内填以浅绿色的双曲线表示，用红色虚线标示道路。

此图的重点在于表现直隶省海防情势，故对河流、沙碛、河口形势绘制甚详，河道绘制非常细密，天津一带沿海地区河流下游的曲流亦清晰绘出。在河流入海口处多墨书河口宽深、沙碛宽狭，能否通舟船等情况，如在山海关处标注"礁石，二里外可停轮船"；在洋河口处标注"洋河口宽三十余丈，深八九尺，口外四五里可停轮船"；在莲峰山处标注"莲峰山俗名奶奶山，即戴家河口，宽二十余丈，深五六尺"；在蒲河营处标注"蒲河口宽二十余丈，深七、八尺，口外十余里可停轮船"；在唐家河处标注："拦江沙三道接连至祁口不断"；在涧河口处标注："涧河口即陡河口，宽数丈，深四五尺"；在北塘海口外的堆沙处标注："北塘海口宽七十丈，揽港沙距炮台三十余里，涨潮，水深一丈五六尺，落潮四五尺"，等等。在一些河流，如捷地减河、石碑河等处标注："无水。"

驻军信息亦是此图表现的重点，图中在一些重要的驻军地点处贴以红籤，上书驻军将领与部队建制等内容，如："南岸大沽协罗荣光统大沽练军六营，开花炮一营、水雷营一营"；"大名总兵徐道奎统练军三营，葛沽守备张曙德带练军中营一营"；"湖南提督周盛传统盛军马队五营二哨、步营十一营二哨，记名提督周盛波统盛新军步营十军"；"记名总兵李得成统乐字三营"；"署广西提督唐仁廉统练军四营、仁字二营、水雷营一营"；"记名总兵徐邦道统楚军马队二营、拱卫步队二营"；"正定总兵叶志超统正定练军马队二营、步队二营二哨、水雷营一营。广东水师提督曹克忠统津胜六营"；"直隶州戴宗骞统绥军六营"；"记名总兵黄金志统练军六营、护卫一营，尽先都司王得胜带亲兵前营一营，尽先副将郑崇义带水师一营"，等等。

地图右缘中部有大段图说，兹录于下（图说中双行小注此处用括号括出）：

> 图括直隶海岸，北起山海关，南讫山东海丰之狼坨子，迤逦长七百里，经临榆、抚宁、昌黎、乐亭、滦州、丰润、寗河、天津、沧州、盐山十州县地方，轮舟入内河之口二：曰北塘，曰大沽；民船入内河之口五：曰洋河口、蒲河口、甜水沟

(即今滦水入海之道），并北塘、大沽为五；又有民船可泊而不可入者六口：曰狼窝口、老米沟、臭水沟、清河口、大庄河口、祁口（内狼窝、老米、臭水三口皆滦水旧道，今成断港），其余石河、汤河、戴家河、涧河则皆小港，不通舟楫，此入海诸水大略也。沿海七百里傍岸多沙碛，潮涨则没，潮退则见，宽者有六七十里。惟山海关至洋河口百里间沙少水深，轮舟可近岸停泊，距岸只二三里，其洋河口迤南至清河口百五十里间，轮舟距岸约十里内外，清河口至北塘二百五十里间，轮舟距岸有三四十里者，有六十里者，大沽迤南至狼坨子二百里，近岸一片浅滩，轮舟距岸亦二三十里不等，此沿海沙碛远近大略也。至近海陆行大道，北起昌黎碣石，南抵山东海丰六百里，原隰平衍，中间只有南运河、天津海河、蓟运河、滦河四水不能徒涉。夏秋大雨时，行滨海数十里，一望沮洳，不可谓非阨塞之险。若碣石山迤北，层峦迭巘，是为山海关入京师之贡道。而所经永平一路，山径迫狭，溪涧潆洄，其极险处，车不方轨，即古卢龙塞地，昔人所藉以限中外者，此陆路险易大略也。方今防海綦严，增兵筑垒，考察地势，以畿辅东南为重，故此图专详东南二方。凡各水入海之宽深，傍岸沙碛之宽狭，州县之分界，道里之通塞，俱一一摹绘靡遗，惟村落太多，限于篇幅，不能备载，仅志三四分之一，取于辨方向，识远近也。水陆两途多系舟车所历，参考旧图，略加厘定，粗成此本，或可为行军之一助云。光绪十一年二月上瀚，直隶津海关道周馥识。

二 舆图绘制者及其生平

图说文末署名为"光绪十一年二月上瀚，直隶津海关道周馥识"。周馥，字玉山，号兰溪，道光十七年（1837）十一月二十三日生于安徽池州府建德县（治今东至县东北）。咸丰十一年（1861）十一月，因写得一笔好字，获得李鸿章欣赏，进入其幕府办理文牍。次年，李鸿章就任江苏巡抚，移驻上海，编练淮军，与太平军作战。太平天国失败后,同治四年(1865)李鸿章署两江总督,后受命为钦差大臣,主持平定捻军战事,周馥一直跟随李氏,为其赞画,并受命办理整修南京城墙等善后工作,因功奏保为知县补用、直隶州知州,留于江苏补用。同治六年(1867),李鸿章创办金陵机器制造局,周氏从事襄办工作,其才干得以施展,受到当时地方大员如李鸿章、马新贻、丁汝昌等人的重视,李鸿章称许他"才识阔远,沉毅有为,能胜艰巨","筹办军务、洋务、海防,力顾大局,劳怨不辞"①。同治十年(1871),李鸿章由湖广总督调任直隶总督,奏保周馥以道员衔留直补用,先后任直隶按察使,并署理天津兵备道、天津海关道、永定河道等职,受命修建天津新城,并治理直隶、山东等地河道,其于同治十二年(1873)撰成的《代李文忠公拟筹议黄运两河折》,主张黄河下游河道应保持现状,影响颇广,"令中外翕然无异词"。从光绪元年(1875)开始,周馥襄助李鸿章创立海军、建设军港、修筑铁路、制造机器、架设电报线路、创办军事院校等洋务新政,并促成中国与朝鲜通商事务。光绪十年(1884),中法战争爆发后,周馥奉命赴各海口编民船,设立团练,以加强海防。"鸿章之督畿辅也,先后垂三十年,创立海军,自东三省、山东诸要塞皆属焉。用西法制造械器,轮电路矿,万端并举,尤加意海陆军学校。北洋新政,称盛一时,馥赞画为多。"中日甲午战争爆发后,周馥担任前敌营务处,"跋涉安东、辽阳、摩天岭之间,调护诸将,收集散亡,粮以不匮"。光绪二十四年(1898),山东黄河决口,随李鸿章治理山东黄河水患。二十五年(1899),任四川布政使,次年转任直隶布政使,协助李鸿章与八国联军议和。二十七年(1901),李鸿章去世后,周馥署理直隶总督兼北洋大臣,处理善后事宜。次年升任山东巡抚。当时,虽然《辛丑条约》已经签订,但列强依然占据天津和津榆铁路,并设立"暂行管理津郡城厢内外地方事务都统衙门",进行殖民统治。临行前,周馥受朝廷诏旨与各国交涉,最终获得圆满解决。在山东

---

① (清)李鸿章:《周馥总理北洋营务片》,氏著:《李文忠公奏稿》卷59。

巡抚任上，周馥制定堵合黄河决口方案，并考察沿海商务、东益铁路公司、矿产等事务，创办各级新式学堂，设立工艺局、农桑会，自辟济南、周村、潍县为通商口岸，编练新军和巡警。三十年（1904），周馥署理两江总督。三十二年（1906），调任两广总督。次年，辞职回乡，民国十年（1921）病逝，清废帝溥仪予谥号"悫慎"。①

三 舆图绘制的相关历史背景

在周馥的地方政绩中，与此图相关的，主要有两项：一为治理直隶河道，二为辅助李鸿章筹建直隶军备、建设海防。下面分别讨论。

（一）周馥对直隶河道的治理

同治十年（1871），李鸿章任直隶总督兼北洋大臣，周馥在其幕府，开始参与并主持直隶治水工程。该年夏秋之际，直隶境内因阴雨数月不止，导致河水暴涨，冲溃堤坝，仅永定河就漫决三十余处，造成数百年罕见的重大水灾。李鸿章派遣周馥襄助治水，周馥对永定河流域进行了实地考察，提出拓宽河道，使永定河改道向东的治理主张，因工程浩大，未受采纳。又建议先选择永定河险要地段，修筑石堤，亦因政府财政紧张而未获实施。十三年（1874），他受命整治由天津入海的金钟河、北运河筐儿港和通州潮白河。由于周馥在治河方面的业绩，光绪三年（1877），他受命署永定河道，主持治理永定河河务。永定河是直隶境内重要河流，因上游流经黄土高原，含沙量高，又称"浑河""小黄河"，进入华北平原后因泥沙淤积，导致河道变徙无常，对京师也产生了严重的威胁。"初，天津频患水，馥迭治津沽入海金钟河、北运筐港减河及通州

---

① 周馥：《周悫慎公全集·年谱》，民国十一年（1922）秋浦周氏校刊；赵尔巽等：《清史稿》卷449《周馥传》，中华书局1977年点校本，第12535—12536页；汪志国：《周馥与晚清社会》，合肥工业大学出版社2004年版。

潮白河，设文武汛官资防守。并言天津为九河故道，不泄则水患莫瘳，请就上游辟减河而开屯田，南运下游分水势。部议格不行。后提督周盛传开兴济减河，屯田小站，实本馥议"①，天津小站也由此成了闻名遐迩的稻米之乡。光绪十六年（1890），周馥在永定河北岸添建石堤；二十年（1894），又修建了卢沟桥减水石坝，成功地降低了永定河水患的危害。在直隶任职期间，周馥对滹沱河、大清河等河流亦都进行过整治，对于保护百姓生命财产做出了相当贡献②。

此图绘制于光绪十一年（1885），距离周馥最初受命整治直隶河道已有十四年（1888），经过对永定河、金钟河、北运河、潮白河、滹沱河等河流的调查与治理，他对直隶境内的河流已经相当了解，故此图中对"凡各水入海之宽深，傍岸沙碛之宽狭，州县之分界，道里之通塞，俱一一摹绘靡遗"。

2. 周馥在整饬直隶国防中的政绩

在《直隶沿海各州县入海水道及沙碛远近陆路险易图说》中，对直隶各地的军事驻防和海口、海岸以及海中沙洲形势都进行了详细的注记，可见直隶国防亦为此图的表现重点之一。

在第二次鸦片战争和太平天国战争中，清朝实权人物目睹了西方近代军事技术和装备的巨大威力，对西方"船坚炮利"的印象非常深刻，抱着"师夷长技以制夷"的目的，在全国开展了洋务运动。李鸿章长期担任直隶总督和北洋大臣，主持建设北方国防新政，作为其亲信幕僚，周馥"自同治、光绪间即在天津佐李文忠公筹办海防洋务，中西各要政无不兼综"③，在整饬直隶国防建设的工作中做出了重要的贡献。

---

① 赵尔巽等：《清史稿》卷449《周馥传》，中华书局1977年点校本，第12535页。

② 赵尔巽等：《清史稿》卷449《周馥传》，中华书局1977年点校本，第12535—12536页。

③ 周馥：《周悫慎公全集·治水述要》序，民国十一年（1922）秋浦周氏校刊。

光绪八年（1881），周馥兼任北洋行营翼长职务，"前任视翼长若兼衔，无所事事"，周馥"以从淮军久，与诸将士浃恰，凡营务、海防皆时为商助，使上意下宣，下情上达"①，所以哪怕是在光绪十四年（1888）任直隶按察使之后，李鸿章仍命其兼理北洋水陆营务。

周馥非常重视建设近代海防，他指出："国家治安之道，尤以海防为重。当今沿海数千里，洋舶骈集，为千古以来创局，已不能闭关自治。"②在周馥参与北洋海军建设的工作中，贡献最大的是督办旅顺海军基地，他的才干和贡献得到了李鸿章的高度评价："工程极为艰巨，需费繁多，必须几经历练，结实可靠之人方能承办。中国无此良匠，各国洋将欲揽工作者甚多，非开价过昂，即不肯保固。嗣经水陆营务处臬司周馥等多方物色，适有善办船坞之洋师法人德威尼，经其本国制造工会选派来津，与之讨论多次，所开做法条理周详，价值亦较核实。"③"北洋创办海军，于奉省金州之旅顺口建造船坞，雇募洋员承办，为水师兵舰修理之所。工程极其重要，必须明练大员往来监督，庶可定期蕆办"，周馥"办军务、洋务、海防，力顾大局，劳怨不辞，并熟悉沿海情形，堪资倚任"④。

在《直隶沿海各州县入海水道及沙碛远近陆路险易图说》中，周馥指出："方今防海綦严，增兵筑垒，考察地势，以畿辅东南为重，故此图专详东南二方。"这正是此图省略了直隶西北半部的原因。而正是因为周馥职责所在，所以图中对"凡各水入海之宽深，傍岸沙碛之宽狭，州县之分界，道里之通塞，俱一一摹绘靡遗"，也点出了此图的绘制目的"或可为行军之一助云"。而图说中"水陆两途多系舟车所历"，体现了周馥亲力亲为、重视实地调查的工作作风。

---

① 周馥：《周愨慎公全集·年谱》，民国十一年（1922）秋浦周氏校刊。
② 周馥：《周愨慎公全集·奏稿》卷5，民国十一年（1922）秋浦周氏校刊。
③ （清）李鸿章：《李文忠公全书·奏稿》卷50。
④ （清）李鸿章：《李文忠公全书·奏稿》卷59。

另外，在图中许多军事据点处标注了"练军"的建制，按清代的经制之师本为八旗与绿营，镇守全国各地军事重镇，是受朝廷直接控制的军事力量。但随着时间的推移，八旗与绿营逐渐腐化，战斗力衰弱，太平天国战争爆发后，地方团练武装湘军、楚军、淮军等成为清政府倚靠的力量。但这几支军队都存在"兵为将有"的问题，为保证朝廷对军队的控制，收到强干弱枝的效果，太平天国战争结束后，除大力裁撤各地勇营外，清政府开始在绿营中挑选士兵，仿照湘军、淮军营制编练练军。"练军始自咸丰间，以勇营日多，屡令统兵大臣以勇补兵额，而以余勇备缓急，尚无别练之师。至同治元年，始令各疆吏以练勇人数口粮，悉数报部稽核。是年于天津创练洋枪队。二年，以直隶额兵酌改练军。四年，兵部、户部诸臣会议选练直隶六军，始定练军之名。各省练军乃踵行之。练军虽在额设制兵内选择，而营哨饷章，悉准湘、淮军制，与防军同。其绿营制兵，分布列郡汛地，练军则屯聚于通都重镇，简器械，勤训练，以散为整，重在屯防要地，其用亦与防军同，故练军亦防军也。"①

直隶练军创建于同治二年（1863），由时任直隶总督刘长佑提出用勇营制度改造直隶绿营，编练勇营七军，拱卫京师。七年（1868），曾国藩继任直隶总督，其间继续大力建设练军，他将勇营的部分建军原则、营制和粮饷制度用在练军上，亦提倡采用部分新式火器。李鸿章任直隶总督后，沿用了曾国藩的规制与原则，不断扩充直隶练军的规模，将练军的武器更新为新式洋枪，并从淮军中抽出通晓洋枪技艺的弁兵派往练军中充当教习，每营五名。光绪十年（1884）前后，李鸿章将直隶海防练军的武器一律更换为德国克鹿卜新式后膛枪炮，这在当时的中国已是最先进的武器装备。经过前后三位封疆大吏的建设，直隶练军发展起来，各省亦纷纷效

---

① 赵尔巽等：《清史稿》卷 132《兵志三：防军、陆军》，中华书局 1998 年版，第 3930 页。

仿建设练军。这种从世代承袭的绿营中抽调士兵，由中央控制，并用新式武器装备的军队，是中国军事近代化历程中的重要一环，为加强国防做出了一定的贡献。①

在《直隶沿海各州县入海水道及沙碛远近陆路险易图说》中，多处标注了练军的信息，可见到了此图绘制的光绪十一年（1885），直隶练军已颇成规模。而在图上，练军与绿营呈现不同的地域格局，后者驻守传统的各镇，而练军则防守一些重要的据点，与《清史稿》等史籍记载相同。而此图中练军所驻守各地亦明确标出，其史料价值可见一斑。

---

① 冀满红：《清季直隶练军述论》，《河北学刊》1990年第3期。

地图史学研究

从几幅海图看中国地图的近代转型

道光二十年（1840），鸦片战争爆发，清军无法抵抗英军的"坚船利炮"，处处失利，而英军则在中国东南沿海各地侵扰，清朝被迫签订《南京条约》，割让香港，开放五处通商口岸。咸丰六年（1856）爆发的第二次鸦片战争，英法联军侵略中国的东南沿海，并占领京津。光绪九年（1883）的中法战争，虽然在陆战上清朝取得了局部胜利，但在海战上一败涂地，南洋舰队和福州马尾船厂皆受到沉重打击。为挽救东南的海疆危机，清朝重修福建各地炮台，并在台湾建省，以加强东南沿海防卫。光绪二十年（1894）爆发的甲午战争，清朝惨败给日军，北洋舰队覆灭，台湾被强占，之后西方列强掀起瓜分中国的狂潮，中国沿海良港纷纷被强占。光绪二十七年（1901）签订的《辛丑条约》又规定清朝要拆除大沽炮台和北京至山海关沿途的炮台，海防陷入危机。

在一步步陷入深重的民族危机，尤其是来自东南沿海的边疆危机，清朝的有识之士开始推行洋务运动、新政等自强运动，建设军港，发展近代海军，学习西方的科学技术。虽然一再失败，但历代仁人志士的奋斗历程历历在目，不可磨灭。其中，海防图籍大量涌现，是这一时代的典型象征性事件之一。

清代后期，随着同文馆、安庆军械所、江南制造总局等洋务运动机构对西方科学技术的引入，西方的地图测绘技术再次用于中国人绘制地图上，而且逐渐深入人心，如国家图书馆所藏的《南洋分图》《北洋分图》《七省沿海要隘全图》《中国海口图说》等等。① 清朝末年，中外危机加剧，尤其是中日甲午战争和八国联军

---

① 北京图书馆善本特藏部舆图组编：《舆图要录：北京图书馆藏 6827 种中外文古地图目录》，北京图书馆出版社 1997 年版，第 85—86 页。

侵华战争给朝野上下造成剧烈的冲击，改革原有的体制，向西方学习，成为大批有识之士的共识。1901年，清政府成立督办政务处，此后，新政以前所未有的广度和深度展开。光绪二十九年（1903）十月十六日，因"因各直省军制、操法、器械未能一律"，为"随时考查督练，以期整齐而重戎政"，下诏在京师设立练兵处。① 三十年（1904）八月，"练兵处奏筹拟陆军学堂办法暨营制饷章，请饬各省次第编练"②，根据"营制饷章"规定，近代测绘技术成为新军训练的科目。③ 在此背景下，一批熟稔近代测绘技术与绘制方法的人才涌现，绘制了大量近代测绘地图，国家图书馆就藏有聂士成、冯国璋等人所绘《东北边境地区舆地图》。④ 同时，传统的绘制技法仍为时人所习用，很多士人仍喜欢用传统山水象形方式所绘制的地图。⑤ 即使是用投影、经纬度等方法测绘的地图，有些仍用传统技法描绘，带有浓厚的过渡时期的色彩。

下面对几幅有代表性的海图表现内容与方法进行分析，以勾勒这一转型时期地图的发展特点。

一 《海口图说》

此图藏于中国国家图书馆，《舆图要录》著录为《中国海口图说》，编号为：0910。地图为彩色绘本，分为上、中、下三册，39×27厘米。封面贴签，上书图题：《海口图说》。上册为《中国

---

① 《清德宗实录》卷522，光绪二十九年十月丙寅，中华书局1985年影印本，第902页。
② 《清德宗实录》卷534，光绪三十年八月己酉，中华书局1985年影印本，第534页。
③ 参见周鑫《宣统元年石印本〈广东舆地全图〉之〈广东全省经纬度图〉考——晚清南海地图研究之一》，《海洋史研究》第五辑，社会科学文献出版社2013年版，第236页。
④ 北京图书馆善本特藏部舆图组编：《舆图要录：北京图书馆藏6827种中外文古地图目录》，北京图书馆出版社1997年版，第192页。
⑤ 参见周长山《中法陆路勘界与〈广西中越全界之图〉》，《历史地理》第三十一辑，上海人民出版社2015年版。

海口形势论》，系文字说明，包括中国海口形势总论、关东海口形势论、直津海口形势论、山东海口形势论（以上为北洋）、江苏海口形势论、浙江海口形势论、广东海口形势论、闽峤海口形势论、台澎海口形势论、台海（台湾及其附近岛屿）土番形势论、台湾方言（以上为南洋）、海口炮台说等各篇，对中国海口总体形势和从东北到广东都进行了描述和讨论。中、下两册都是地图，包括总图、关东海口图、直津海口图、山东海口图、江苏海口图、浙江海口图、广东海口图、闽峤海口图、台澎海口图和台海土番图等，共计54叶。

关于地图的绘制时间，《舆图要录》中谓系台湾设省至甲午战前，即1885—1895年间。① 而郑锡煌则提到此图编制于光绪十七年（1891），② 笔者未见到图中有此记述，亦可能有其他信息，前辈学者曾经利用，而笔者未曾见到。

在开篇的《中国海口形式总论》中，卫杰说到："天下海道分南北洋，滨海者八省：曰直隶，曰关东，曰山东，曰江苏，曰浙江，曰福建，曰广东，曰台湾"，可见此时台湾已建省。

从图上《台澎海口形势论》中的文字来看，提到了台湾的沿革："康熙壬戌入版图，改承天为台湾府"，亦提到了台湾的重要城市："入口为淡水港，台北府城在焉，势如贵阳省城状，山明水秀，地沃民饶，米粟鱼盐，亚于苏杭……至鹿耳门，为台南府安平旗后天险可守"。这段文字里，提到了"台北府"，此府于光绪元年十二月二十日（1876年1月16日）设置，③ 光绪十一年（1885）改福建巡抚为台湾巡抚，台湾建省，④ 遂于光绪十三年

---

① 北京图书馆善本特藏部舆图组编：《舆图要录：北京图书馆藏6827种中外文古地图目录》，北京图书馆出版社1997年版，第85—86页。
② 曹婉如等编：《中国古代地图集（清代卷）》，文物出版社1997年版，第13页。
③ 《清德宗实录》卷24，光绪元年十二月癸未，中华书局1985年影印本，第359页。
④ 《清德宗实录》卷215，光绪十一年九月庚子，中华书局1985年影印本，第1023页。

(1887)改台湾府为台南府,另置台湾府为省会。① 光绪二十年(1894),迁省会于台北府。② 在这段文字中,已经提到了"台南府",则应是光绪十三年(1887)之后,但将"台北府城"与"贵阳省城"并举,应尚未将省城迁到台北,则是在光绪二十年之前。另在此图说最后的《鱼鳞式炮台说》中,提到了"刘省帅",当系台湾首任巡抚刘铭传,其于光绪十七年(1891)辞去此职,③所以此图应绘制于该年之前,台湾建省以后的1885—1891年之间。这段文字中,也提到了"新疆行省",而新疆建省是在光绪十年(1884),④ 亦为一证。在《山东海口论》中,提到"黄流北徙三十余年",按黄河本在南宋初年夺淮入海,咸丰五年(1855)后在河南铜瓦厢决口改道北流,于山东入海。也可为一证。

关于《海口图说》的作者,卫杰字鹏秋,四川剑州(治今四川省剑阁县)人,入仕后主要在直隶的河道等工程机构任职,后负责直隶地区的桑蚕事业,最终病逝于永定河道按察使任上。他勤勉干练,著作颇多,有《水利图说》和《桑蚕萃编》等。这套《海口图说》就是他在直隶任职期间所主持编制的。⑤

此图应是卫杰受命到沿海各处调查,收集各种资料、数据而编撰绘制的,因为他在图说的每篇中都标注了撰写的所在地:《关东海口形势论》:卫杰谨述于吉林;《直津海口形势论》:卫杰谨述于大沽;《山东海口形势论》:卫杰谨述于烟台;《江苏海口形势论》:

---

① (清)朱寿朋编,张静庐等校点:《光绪朝东华录》,光绪十三年九月庚午,中华书局1958年版,第128页。
② 《清德宗实录》卷335,光绪二十年二月丁丑,中华书局1985年影印本,第310页。
③ 《清德宗实录》卷295,光绪十七年三月辛卯,中华书局1985年影印本,第296页。
④ (清)朱寿朋编,张静庐等校点:《光绪朝东华录》,光绪十年十月壬申,中华书局1958年版,第186页。
⑤ 关于卫杰的生平,参见伏兵《清人卫杰与〈蚕桑萃编〉》,《四川丝绸》2000年第1期;任志波、马秀娟《〈蚕桑萃编〉——我国近代北方蚕桑知识大全》,《安徽农业科学》2012年第3期。

卫杰谨述于申江；《广东海口形势论》：卫杰谨述于虎门；《闽峤海口形势论》：卫杰谨述于长门；《台湾海口形势论》：卫杰谨述于澎湖；《台海土番形势论》：卫杰谨述于基隆。

在此图卷首的《中国海口形势总论》中，卫杰将中国沿海分为南北洋，并指出："滨海者八省，曰直隶，曰关东，曰山东，曰江苏，曰浙江，曰福建，曰广东，曰台湾。"对这八省的形势和海防重点进行了提纲挈领的点评，但又并非罗列，而是将沿海局势作为整体进行连贯的评述。

最后，卫杰建议："若再于各口建梅花桩，置铁炮台，尤万年不敝之策。"在各海口修建炮台，设置梅花桩等阻拦设施，反映了比较传统的据岸防海思路，体现出洋务运动时期新旧思维的过渡性特征。

在具体的各篇中，卫杰则是更有针对性地进行评述，在每篇开始，都先评述该地区的整体战略地位和重要海口，如关东地区"关东为长白发祥之地，其海口有三：曰鸭绿江口，曰旅顺口，曰山海关口。枕群岛，孕育两洋，通蒙古之驿路，固高丽之藩属，岛屿起伏，潮线长落，海道由此收束，正天生险堑，拱卫神京也"。浙江海口地区"越东西北崇岭，东南沧溟，上枕江淮，脉通呼吸，下襟闽粤，相依齿唇。沿海奇雄，控扼舟山，险堑天生，以为瓯越屏藩，实形势之区也"。闽峤地区"闽海形势，西北临山，东南滨海，以惠潮为唇齿，以台澎为爪牙，幅员雄阔，洵海疆壮区也"。不一而足。然后逐一具体论述各海口情况，列出各项数据，如岛屿、沿海山峦的高程，港汊的水深，有无淡水等信息，但可以看出这些数据或用西方度量单位，或用西文译名来命名岛屿，应是根据西方殖民者测量的资料翻译而来。一些地名还没有标准化，如称大连湾为"褡裢湾"等。

《海口图说》体现了洋务运动后期对中国沿海地区地理情况的

第二章 海图研究

研究以及海防建设的成果,是洋务浪潮的佐证。①

《海口图说》的地图,亦体现了新旧地图学过渡的特征,比如图上有画方,但没有注明每方所对应的里数。亦未标出方位,目录中各分图在图册中并无图题将其分隔,绘制方法仍然以传统技法为主,比如用不同颜色和浓淡的水粉涂抹来区分高出水面的沙洲和低于水面的暗滩等,但并没有一套规范成熟的图例和表现方法,仍带有传统舆图的特征。地图中详细地描述了海岸、沙洲、浅滩、泊风、山岳、河流、潮汐、风向、岛礁、军事防御等内容,有些内容是用符号和图形等地图语言,有些是用文字注录来增补。其中一些内容的表现方式可以看出近代西方测量方法传入的痕迹,比如对涨潮时间、潮位、水深的标注与单位等。

根据卫杰在其中的记述,《海口图说》是其亲身踏勘、测量而写就,如记述澎湖列岛:"自台南至澎湖,水程只距四更,澎岛周围三百余里,内有三十六岛,回环错杂,妈宫内海波平如湖,阔容千艘,北为大北山,南为八罩屿,西为天堑外池,东为阴阳东吉,地狭民稀,谷木不生,半是沙滩,泊道一线,非深谙不能入港,其间大仓岛侧珊瑚石行,淡碧胎月,浅红浴霞,贝屿琼州,山辉石媚,珊瑚产于其下,大如臂,西人数垂涎之。神鱼环伺,如龙盘状,俗呼为龙宫,量亦镇海之物。之台则用巽己针,见山为准,偏子午流入大洋,昼夜不返,隐隐红灯,遥露为天后,至舟乃平复,具见川岳效灵,圣泽深远。……其内渡厦门,横洋岸七百里,初出水黄白,渐入大洋为浅蓝,再渡黑水沟,色如墨,广百里,而势洼下,异蛇绕舟,泉甬涛腥,险冠诸海,渐渡江水沟,色微赤,而舟渐平,翠如靛,更深碧。"其描写极为生动传神,若非亲身体验,不可能如此真切。

总体而言,《海口图说》渗透着新旧知识、新旧形势交织的时

---

① 参见曹婉如等编《中国古代地图集(清代卷)》,文物出版社1997年版;北京图书馆善本特藏部舆图组编《舆图要录:北京图书馆藏6827种中外文古地图目录》,北京图书馆出版社1997年版,第85—86页。

代特征，在地图上，用传统技法开始表现新的形势和内容；在图说中，他论及河政、边患、匪患、荒政等诸多问题，并提出建设铁路、放垦土地等诸多解决方案，很多问题均切中时弊，反映了清代后期洋务官员对诸多问题的认识水平。

二　拟布澎湖水陆各要隘水旱雷图

此图藏于中国国家图书馆，彩绘纸本，单幅，编号为：4758，46×54厘米。① 地图中绘有方向标，方位为上西下东。图中绘出了澎湖列岛及周边水域，岛屿的轮廓比较接近真实，用赭石色涂抹岛屿内部，岛屿中绘出诸多山峦符号，用以表示岛屿的地形。图中标出了"厅城"和诸多地名，在西部的海域中，用虚线标出航路，在其旁用文字标注："轮船所由之路。"地图的重点是表现在澎湖列岛上和水中的各要隘之处铺设水雷和旱雷的规划，在"厅城"附近用贴红标出"水雷场"，并在海中标出了"浮雷"和"沉雷"的形势，并绘出其线路。在其他两处，亦标出旱雷所铺设的处所。地图的左上方，贴有红签，并有大段文字注记，讲述了澎湖列岛地理形势对于防御重点选择的制约，以及铺设水雷的困难，并对在何处铺设水旱雷，以及如何操作等技术设施进行了说明。

关于地图的绘制时间，图上提到了"甲申之役"时，法人曾在澎湖岛南部的纱帽山一带登陆，并直抵澎湖的腹心之地。所以此图应在光绪十年（甲申，1884）的中法战争之后绘制，具体而言，应是在光绪十一年（1885）法军撤出澎湖之后，② 1895 年《马关条约》将台湾、澎湖割让给日本之前。

此图的绘制方法，虽然还带有很明显的中国传统舆图的痕迹，比如用山峦符号表示地形，但岛屿轮廓非常接近真实，很有可能是

---

① 北京图书馆善本特藏部舆图组编：《舆图要录：北京图书馆藏6827种中外文古地图目录》，北京图书馆出版社1997年版，第374页。

② 《清德宗实录》卷210，光绪十一年六月辛卯，中华书局1985年影印本，第971页。

使用近代技术进行测绘的结果。

三 直隶沿海图

此图收藏于中国国家图书馆，编号为1558，彩色绘本，单幅，42.7×365.8厘米。①

此图为一图一说结合式，右图左说，对于直隶沿海的滦州刘家河、乐亭县清河、乐亭县臭水沟、乐亭县老米沟、昌黎县浪窝口、昌黎县蒲河口、抚宁县洋河口、临榆县秦王岛、临榆县石河、临榆县姜女庙等海口的地理位置、炮台情况、水势情形、水深、河口宽度、不同重量的粮船能否进入、潮水高度、沙洲情形、村庄、居民情形详细叙述。一般来说，图中的文字分为三个部分，一为地图中的注记，主要记述炮台的地理位置，相距邻近海口、村庄、兵营、炮台、州县的里数和行政归属。贴红则讲述炮台建设的沿革、规模、炮位、炮数，以及建议。在图说中，则是介绍水势情形、水深、河口宽度、不同重量的粮船能否进入、潮水高度、沙洲情形、村庄、居民情形等信息。试举数例如下：

①乐亭县清河海口：

贴红：清河海口原设炮台一座，宽长各四丈一尺，高宽九尺五寸，两翼土垒，东西共长五十丈，顶宽二尺八寸，高六尺，并设神威大炮一尊，约重六百觔，两翼土垒分设大小铁炮三十四尊，炮台一座，并两翼土垒，均应修理。

图中注记：清河口炮台西北距马头营汛三十里，西南距刘家河炮台五十里，东北距臭水沟炮台五十里，距西关里臭水沟汛三十里，东北距乐亭县六十里，乐亭县属。

清河口：此处皆浅水。

---

① 北京图书馆善本特藏部舆图组编：《舆图要录：北京图书馆藏6827种中外文古地图目录》，北京图书馆出版社1997年版，第138页。

图说：兹会查得乐亭县地方清河海口口宽六七丈，平时水深三四尺，潮长水深六七尺至丈余不等。旧设有炮台一座，距海沿三里许，并设把总一员、兵五十名。该处装载百石粮船，乘潮可以出入。清河口外有拦江沙三道，第一道距河约有十里内外，东名大网岗，西名月坨，坨之西与刘家河海口之东鱼岗斜对，高出水面，无论潮长若干，不能浸过月坨。平时水深三四尺，潮长水深七八尺至丈余不等，夏秋水旺时，遇有大风，水可长至一丈三四尺。第二道距河口二十余里，或断或续不一，水势与头道拦江沙同第三道距河口四十余里，沙内水势较之头、二道愈深，外即大洋。月坨迤北三四里有沙坨一道，名石白坨，长十里许，宽七八里，系从海滩逶迤入海，潮长坨长，坨角四面有水，深浅不一，可行小船，俗曰小海坨，上有庙一座。清河口迤东至臭水沟沿海约有四十余里，有祥云岛一处，上有庙宇，并无居民，距海十里内外，潮水不到。

②昌黎县浪窝口海口：

贴红：浪窝海口原设炮台一座，高一丈五尺，长二尺，宽一丈八尺，两翼土垒共长三十六丈，高六尺，宽八尺，并设铜皮铁裹大炮一尊，重三千余觔，瓶儿炮一尊，重八百余觔，两翼土垒分设大小铁炮二十六尊，炮台一座，并两翼土垒均应修理。

图中注记：浪窝口炮台西北距庄坨十五里，西南距老米沟炮台三十里，东北距蒲河口汛八十里，距蒲河口炮台八十三里，距昌黎县八十里，昌黎县地面。

炮台向东南距河口二里许。

浪窝口今已淤塞。

图说：兹会查得昌黎县地方浪窝口海口由滦河入海口处，口宽十余丈，平时水深二三尺，长潮四五尺至七八尺不等。该处旧设有炮台一座，距海沿二里许，设有千总一员、经制外委一员、额外外委一员、兵一百名，装载数十石粮船可以乘潮出

第二章 海图研究

入。口外有又拦江沙三道,第一道距河口十里许,平时水深二尺上下,长潮及夏秋水旺时暨遇大风沙上,水可长至六七尺至八九尺不等,第二道距河口二十余里,第三道距河口四十余里,其水势与头道同,外系大洋。浪窝口迤东至蒲河口约有六十余里,沿海沙岗重迭,岗内有王家庄、小潭庄、侯里庄、团林庄等十余村,居民较多,沿海十里内外潮水不到。

③抚宁县洋河海口:

贴红:洋河海口原设炮台一座,高一丈二尺,长一丈五尺,宽一丈八尺,两翼土垒共长三十六丈,高五尺,并设大炮三尊,重二三千觔不等。两翼土垒分设大小铁炮十八尊、炮台一座,两翼土垒均应修理。

图中注记:洋河口炮台东距老河口二里余,西南距蒲河口炮台二十五里,东北距牛头岩蒲河营十二里,西北距抚宁县四十,西北距东河南洋河口汛六里,抚宁县地面。

图说:兹会查得抚宁县地方洋河口海口,洋河入海之处,口宽二十余丈,平时水深一二尺,潮长水深三四五六尺不等。该处就有炮台一座,距海沿四里许,设有千总一员、经制外委一员、兵八十名。本地二三十石粮船可以乘潮出入。口外有拦江沙三道,第一道距河口一里余,平时沙露水面尺余,小潮沙上,水深一二尺,大潮水深三四尺;第二道距河口二里余,水势与头道同;第三道距河口三里余,平时沙上水深尺余,大潮水深七八尺,沙外即系大洋,夏秋水旺时,平时潮长及遇大风,较之冬令水势加长至丈余。河口迤东至临榆县交界计五里余,沿海内有孟家庄、南戴家河二村,距海五里以内,潮水不到。

从图说中内容可知,此图绘制在前,贴红在后,可能有一段时间的差距。此图明显是为直隶永平府海岸布防所绘制,东起山海关的姜女庙,西到滦州的刘家河口,而此图并无图题,似可根据内容

143

改为"直隶永平府河口炮台图说"。按此图上"宁"字已避讳写作"甯",则应是咸丰四年(1854)之后。又所述之信息,很多可以与周馥的《直隶沿海各州县入海水道及沙碛远近陆路险易图说》比对,很可能亦是光绪时期为加强京东防御而绘制。此图的绘制方式完全为传统方式,但所反映的内容和关心的事务已经有了洋务运动的痕迹。

四 大沽沿海至山海关图

此图收藏于中国国家图书馆,编号为:1553。纸本彩绘,单幅,18.7×176.5厘米。①

此图绘制为经折装,封背处贴红签,上书图题:"大沽沿海至山海关图",下面双行标注:"光绪七年闰七月,叶署卿军门赠"。

此图名为"大沽沿海至山海关图",但图右却是山海关,图左方是大沽海口,按照中国传统舆图的阅读习惯,此图似乎应称作"山海关沿海至大沽图"。地图用中国传统的舆图画法绘制出从天津大沽口沿渤海海岸到达山海关沿途的城镇、塘汛、炮台、河流、村庄、桥梁、道路、沙碛等地物。其中以大陆为上方,以海为下方,整个海岸被变形成为"一"字形,系远绍《郑和航海图》的传统处理方式。天津的大沽、北塘河部分未标注方向,之后则在四周标注上北下南、左西右东四个方向。整幅地图采用以海上方的虚构的鸟瞰式俯视视角,所以城垣、村社、塘汛等建筑以及山峦等均绘成平立面结合的形制,山海关的关城、边墙、翼城、宁海城等均绘出。其中山海关城垣中高耸的鼓楼与其他山海关图中的处理方式非常类似。州县等建筑用蓝色为底色,点缀以红色,技法较精。地图的重点在于各河口,自大沽向山海关,共绘出了大沽海口、北塘河口、涧河口、蚕沙口、刘家河口、清河口、臭水沟、老米沟、狼

---

① 北京图书馆善本特藏部舆图组编:《舆图要录:北京图书馆藏6827种中外文古地图目录》,北京图书馆出版社1997年版,第138页。

窝口、甜水沟、蒲河口、小清河、洋河口、戴家河口、汤河口、秦王岛、小石河口和大石河口等18处海口，并在各海口处标注其距离邻近河口的里数、潮涨潮落时的河宽等数据。

根据图题，此图为光绪七年（1881），叶署卿军门所赠，按叶志超字曙青，安徽合肥人，以淮军士卒镇压捻军起家，屡立军功，光绪初年，署正定镇总兵，率练军收新城，为大沽后路。后徙防山海关。……十五年，擢直隶提督。① 此处之叶署卿，很可能即系叶志超，光绪七年时，叶志超率练军守新城，先后负责大沽与山海关防务，与此图所绘制范围颇为相符。而"军门"为清代各省提督军务总兵官之别称，而据《清实录》，光绪三年（1877）三月，叶志超任正定镇总兵时，已经是提督之职，② 其提督当系以军功任职，但未有实缺，故以高任低，这种事在湘淮军中亦属常见。

此图基本上以中国传统技法绘制，但明显能看出对京东和大沽防务的重视，亦属北洋洋务时期的作品。

类似地图在国内外各收藏单位还有很多，都体现出过渡时期的特色。另外，值得一提的是，在清代末期，随着列强在中国进行勘测，绘制了很多地图和航海手册，对中国的沿海地区，尤其是河口等地进行了详细的测量与呈现，洋务运动中，一些洋务机构翻译了一些西文地图，直接引入了近代西方的测绘技术和成果，著名的有陈寿彭的《新译中国江海险要图志》，系根据英国海军海道测量局出版的《中国海指南（*The China Sea Directory*）》编译而成。另外还有清末石印本的《八省沿海全图》，亦是根据西文地图翻译而成，北京大学等机构均有收藏。

总体而论，清代后期，随着西方近代测绘技术和地图传入，中

---

① 赵尔巽等：《清史稿》卷462《叶志超传》，中华书局1977年版，第12729—12730页；龚延明：《中国历代职官别名大辞典》，上海辞书出版社2006年版，第325页。
② 《清德宗实录》卷49，光绪三年三月甲申，中华书局1985年影印本，第688页。

国传统的地图绘制方法开始发生变化，尤其是洋务运动中，由于对海防的重视和近代海防的建设，即使是一些以传统方式绘制的沿海地图，其内容亦增添了近代海防的内容，如水深、港口宽度等。同时，一些直接翻译西人在中国沿海测绘地图（如《中国海指南》等）而编制的地图，则基本上体现了近代地图的过渡特色。但也可以看出，这些地图并未如清末新政以后的地图那样基本遵循近代测绘与表现技法，这说明知识体系的嬗变需要整个社会变迁作为基础。正如有学者所指出的："中国地图的近代转型远远不是地图测绘技术的转型，这一转型不仅是近代社会变迁的一部分，而且受到近代社会众多方面变迁的影响，因此中国地图的近代转型也必然是众多方面的。而且仅就地图测绘技术的转型而言，也不仅仅是测绘技术本身的转型，而涉及测绘技术背后众多知识门类甚至知识体系整体的转型。"[1]

---

[1] 参见成一农《社会变迁视野下的中国近代地图绘制转型研究》，《安徽史学》2021年第4期；成一农《明清时期政区图的测绘技术及其近代转型研究》，刘中玉主编：《形象史学》2023年夏之卷（总第二十六辑），中国社会科学出版社2023年版。

第三章　世界范围内地图文化研究

欧洲文艺复兴时期与中国明清时期地图学史三题

中国地图学史所研究的对象是中国古旧地图，以及中国历史时期绘制、使用、传播地图的情况。就整个中国地图学史的研究内容而言，无论是文献记载，还是实物证据，既有悠久的历史，又有丰富的地图实物。如前所揭，目前所知最早的现代中国地图学史研究论著，应属1911年陶懋立在《地学杂志》上发表的《中国地图学发明之原始及改良进步之次序》，文章将中国地图学史分为上古至唐代、宋元至明和明末至现世三个阶段，主张用现代地图学知识研究中国古代地图学史。① 从陶懋立开始，经过历代学者一百多年的努力，尤其是近30年以来，随着曹婉如先生主编《中国古代地图集》和李孝聪教授所著《欧洲收藏部分中文古地图叙录》《美国国会图书馆藏中文古地图叙录》等地图图录的陆续公布，大批中国古旧地图得以披露，围绕中国地图学史进行的讨论也日益深入与广泛。但时至今日，在深入挖掘中国地图学史的学术价值的过程中，依然存在就图论图、关注重点局限于中国古旧地图等问题，限制了古旧地图这一独特文献的史料价值的发挥。其中一个重要的问题，

---

① 陶懋立：《中国地图学发明之原始及改良进步之次序》，《地学杂志》1911年第2卷第11、12号。

就是应避免就中国地图学史谈中国地图学史，应该将其置于世界各地区地图绘制、使用与传播的大背景下，进行比较研究，以便更好地认识中国传统地图的特点。① 具体而言，笔者在研究中国地图学史的过程中，常常因只就中国传统地图及其近代转型而论而深感困惑，在总结中国地图发展的"规律"或"特点"时往往不敢邃断，因为缺乏其他区域地图学史的总体认识，所以无法判定哪些属于中国地图的"特点"，哪些则是很多地区普遍经历的阶段。而且，如果我们将重点转到讨论面对同样或类似的问题，不同地区的地图绘制会呈现出哪些异同之处，反映了哪些地理观念甚至是更深层次的内容，也许会有很多收获。这些异同之处对于反观中国传统舆图，审视中国传统地理观念，衡量中国先民地理观念，亦应有重要的学术价值。

正是出于这样的想法，我参与了《地图学史》（*The History of Cartography*）的翻译工作，负责翻译戴维·伍德沃德（David Woodward）主编的《地图学史》第三卷《欧洲文艺复兴时期的地图学史》（*Cartography in the European Renaissance*）的第二册。在翻译本书的过程中，我深刻感受到，我们对世界各地地图学发展的脉络和细节越清楚，就越有助于我们更清晰地把握中国传统地图和地图学史的特点，究竟哪些是中国传统地图的独特之处，哪些属于人类地图学发展的共性。虽然衡量中国地图学史，应该是在包括欧洲等全世界各地区地图学史的背景下进行（这也是该套丛书的重要价值所在），但仅就欧洲近代地图学史而言，就已经足以说明很多问题，尤其是本书所提供的欧洲地图学发展的丰富细节，通过与中国古代地图互相印证，对于我们了解地图所呈现的地理知识的形成与不同使用群体，有着非常重要的启发意义。期待包括本人工作在内的《地图学史》的翻译，能够对中国地图学史的研究起到促进

---

① 参见成一农《近70年来中国古地图与地图学史研究的主要进展》，《中国历史地理论丛》2019年第3辑。

第三章　世界范围内地图文化研究

作用，也期待着中国地图学史研究的深入与广泛，其成果能更好地丰富与推动世界地图学史的进一步发展。期待着古旧地图能够在历史学、地理学、科技史、文化、思想等广阔学术领域发挥其独有的文献价值，从诸多维度为读者提供启迪。

下面拟结合所翻译内容与翻译工作中查阅资料谈一些心得，尤其是文艺复兴时期欧洲地图学史（包括若干中世纪地图）与中国明清时期地图学史的几个可资比较的方面和问题，祈方家批评。

一　地图所呈现的地理知识的形成与层次

如果我们对以往的地图学史的叙事模式进行梳理，就会发现其大多是以某些被认为是"重要"的地图为对象，所构建出的线性的发展历史。这种线性的历史叙事体系在今天已经日益受到学术界的质疑，原因有三：一、历史发展未必是直线发展；二、不能认为现存的地图代表了历史上曾经出现过、流通过、被人使用过的地图全貌，我们认为重要的、代表进步方向的地图在当时未必是最受时人重视，甚至未必是流传甚广的；① 三、不能先验地认为现存的地图之间存在直接联系，因为即使是非常相似的地图，彼此之间也未必存在直接的继承关系。比如版本众多的陈伦炯《海国闻见录》系列地图，其中明显呈现多个版本流传的痕迹，而且现存主要版本之间亦可能存在缺环。②

另一方面，学界对于地图的制作过程的讨论依然不多。一个

---

① 如后世咸推崇明代罗洪先之《广舆图》为中国历史上占据重要地位之地图集，但实际上在社会上广为传播的可能是各种衍生版本，成一农在《经典的塑造与历史的书写——以〈广舆图〉为例》[《苏州大学学报》（哲学社会科学版）2019 年第 4 期] 对这一问题进行了讨论。林宏亦指出：卫匡国（Martino Martini）绘制《中国新图志》(*Novus Atlas Sinensis*) 所依据的主要工作底本并非《广舆图》，而是较简单常见的《广舆记》，参见氏著《卫匡国〈中国新图志〉经纬度数据的来源》，《中国历史地理论丛》2022 年第 1 辑，第 40 页。

② 参见本书中关于陈伦炯《海国闻见录》系列地图部分。

普遍存在的问题就是在叙述与研究古地图时，往往会把图籍上署名的作者等同于地图的绘制者，甚至会等同于地理信息的收集者。另一个问题就是对于地图制作的程序与环节等细节还有待充分挖掘，不能先验地认为地图都是由其标注的作者独自绘制而成，比如著名的明代海防图籍《筹海图编》，究竟其作者是胡宗宪还是郑若曾，著作权的纷争一直延续到20世纪80年代，才最后确定为郑若曾。① 但郑若曾本人亦非制图师，其编撰《江南经略》的经历是"携二子应龙、一鸾，分方祗役，更互往复，各操小舟，遨游于三江五湖间。所至辨其道里、通塞，录而识之。形势险阻、斥堠要津，令工图之"②。也就是说，地图是由"画工"所绘，而非他自己绘制。当然，《江南经略》所表现的苏州、松江、常州和镇江四府之地，郑若曾父子可以在短期内分别进行踏勘、记录，但《筹海图编》所记延袤的沿海七边信息，绝非郑若曾短期内可以勘测搜集、绘制，事实上，《筹海图编》中所附录的大量"参过图籍"就能证明此书为郑若曾所主持的团队（所以胡宗宪的功劳亦不应埋没，因为没有他就不可能在短时期内搜集这么多资料）参考各种图籍资料综合而成，③ 而郑若曾所依据的资料来源的形成与编绘取舍，应该是围绕其系列地图所进行研究的重点问题。

正如黄叔璥在《台海使槎录》中所指出的一样："舟子各洋皆有秘本"④，中国古代航海实际使用的地图在舟师等小范围内传播，导致传世数量较少，很少进入后世的研究视野。其形式与描绘重点与郑若曾等士人所主持编绘的地图存在较大不同，很可能是较为稚拙的"山形水势地图"（如章巽《古航海图考释》中海图和近年发

---

① 参见李致忠《谈〈筹海图编〉的作者与版本》，《文物》1983年第7期。
② （明）郑若曾著，傅正、宋泽宇、李朝云点校：《江南经略》，黄山书社2017年版，第4页。
③ （明）郑若曾撰，李致忠点校：《筹海图编》，中华书局2007年点校本。
④ （清）黄叔璥：《台海使槎录》卷1《赤嵌笔谈·水程》，《台湾文献史料丛刊》第二辑，第21册，大通书局1984年版，第15页。

现的耶鲁大学所藏古海图）或者更路簿,① 而非现存数量远远超过"山形水势地图"和更路簿的长卷式海图，这些长卷式或其变体——册页式海图展示了沿海广大地域的宏观形势，是士人和官僚群体所需要掌握的，正如陈伦炯在《海国闻见录》自序中所表现出的对"山形水势地图"使用群体的不满："见老于操舟者，仅知针盘风信，叩以形势则茫然，间有能道一二事实者，而理莫能明。"将不同绘制、不同使用群体的地图作品混为一谈，导致我们忽略了传统时代或者转型时期地图绘制的"个别性"与"不一致性"。

中国地图学史的这一问题，在欧洲地图学史中完全可以找到相应的大量案例。比如，16、17 世纪的低地国家是欧洲商业制图、海图绘制的中心之一，官方主导的地方调查和测绘也非常发达，涌现出诸多的著名制图师和地图作品，如著名的墨卡托（Mercator）家族、亚伯拉罕·奥特柳斯（Abraham Ortelius）、科内利斯·安东尼松（Cornelis Anthonisz.）、德约德（de Jode）家族、范多特屈姆（van Doetecum）家族、洪迪厄斯（Hondius）家族、扬松尼乌斯（Janssonius）家族、卢卡斯·杨松·瓦赫纳（Lucas Jansz. Waghenaer）、布劳（Blaeu）家族等制图师，以及《墨卡托地图集》（*Gerardi Mercatoris Atlas*）、《世界之镜》（*Speculum orbis terrarum*）、《寰宇概观》（*Theatrum orbis terrarum*）、《航海之镜》（*Spieghel der zeevaerdt*）、《大地图集》（*Atlas maior*）等著名的卷帙浩繁的地图作品，成为后世地图学史叙事所描绘的重点内容。

但是，这些著名制图师很多是"扶手椅地理学家"（arm-chair geographer），也就是中国俗称的"象牙塔中的学者"或者"书斋

---

① 刘义杰:《山形水势图说》,《国家航海》第十辑。关于章巽发现古海图，参见氏著《古航海图考释》，海洋出版社 1980 年版。关于耶鲁收藏古海图，参见李弘祺《美国耶鲁大学图书馆珍藏的古中国航海图》,《中国史研究动态》1997 年第 8 期；朱鉴秋《耶鲁藏中国古航海图的绘制特点》,《海交史研究》2014 年第 2 期；刘义杰《〈耶鲁藏中国山形水势图〉初解》,《海洋史研究》第六辑；郑永常《明清东亚舟师秘本：耶鲁航海图研究》，远流出版公司 2018 年版。

中的学者",本身并未从事大规模的实地测绘工作,更不用说远洋航行了。① 他们的区域地图、大型壁挂地图、世界地图乃至地图集,都是根据不同来源的地图或者文字描述综合编绘而成,其中就有来自第一线的实地测绘成果,与中国古代地图情况相似,这些实地测绘成果往往是绘本,保存与传播情况都远逊于上文所述的著名印本地图,今日难得一见,但不应先验地认为这些存世数量较多的著名地图代表了当时地图绘制与使用的全部图景。

很多欧洲地图会标明资料来源,这种资料汇集的过程就相对清晰一些,比如1592年科内利斯·克拉松(Cornelis Claesz.)和约翰·巴普蒂斯塔·弗林茨(Joan Baptisa Vrients)出版的彼得鲁斯·普兰休斯(Petrus Plancius)地图(这是低地国家北部出现的第一部大型世界地图)中,就在说明中提到了:"在比较西班牙人和葡萄牙人在向美洲和印度航行中所使用的水文地图时,我们最仔细地并最精确地比较他们在航行到美国和印度时使用的地图,彼此之间比较,并与其他地图比较。我们已经获得了一份非常精确的葡萄牙来源的航海地图,以及14幅详细的水文地图……我们根据地理学家和经验丰富的船长的观察,对陆地、大洋和海进行精确的测量和定位。"②

上文所述的情况,说明了无论是一些著名制图师,还是地图绘制机构,都有意识地搜集来自第一线的测绘资料及其信息,以便整合,绘制到地图上。如17世纪尼德兰海洋地图制作的一位代表性人物科内利斯·克拉松(Cornelis Claesz.)在其1609年出版的《技艺与地图登记》(*Const ende caert-register*)一书中,提供了其信息来源,其中就包括他从已故领航员的家庭中购买到的手稿资料。

---

① 当时很多国家的著名制图师都是如此,比如法国的尼古拉·桑松(Nicolas Sanson)等。

② David Woodward eds., *History of Cartography*, Vol. 3, *Cartography in the European Renaissance*, Chicago & London: The University of Chicago Press, 2007, Chapter 44, "Commercial Cartography and Map Production in the Low Countries, 1500 – ca. 1672" by Cornelis Koeman, Günter Schilder, Marco van Egmond, and Peter van der Krogt eds., pp. 1347–1348.

欧洲以外海域的航海地图的传递、汇总及其地理信息的总结更能说明问题，同样以低地国家为例，尼德兰共和国时期，成立了荷兰东印度公司（VOC）和荷兰西印度公司（WIC），出于航海安全和探索的需要，特别重视征集船长、领航员和水手的资料，荷兰西印度公司甚至规定，"船长和导航员受命制作锚地、海岸和港口的地图，并将这些地图交给公司的十九绅士董事会，否则将被处以3个月工资的罚款"①。都充分说明了地理知识汇集与整合的复杂过程。

二 基于不同需要而产生的地图绘制、使用的不同群体

如前所述，我们不能先入为主地认为在近代以前，存在统一的地图绘制与使用规范，也不宜一厢情愿地认为越精准、越科学、越美观的地图，就一定会在所有场合下取代那些看起来简单粗略的地图，正如前面所提到的中国水手更依赖看似稚拙的山形水势地图，而非绘制精美的青绿山水海域地图。这种情况在本册所讲述的文艺复兴时期的欧洲同样存在。

前面提到，荷兰东印度公司和西印度公司都聘请著名制图师来绘制海图，代表人物有黑塞尔·赫里松和布劳家族等，但是需要注意的是，这些图集的购买者和收藏者通常是陆地上的富裕市民、科学家和图书馆，而非实际航海的船长、领航员、水手。尽管《大地图集》里面的地图绘制精美，而且使用了最新的投影、经纬度等技术，但对于水手来说并不实用。而且著名制图师专门制作的海图在实际航海中的应用情况也并不一定非常乐观，比如《东方地图》（*Caerte van Oostlant*）的制图师科内利斯·安东尼松在1558年谈到，"我们来自荷兰和泽兰的尼德兰人没有对北海、丹麦和东方（波罗的海）海域的水域进行描述"，这是"因为大多数导航员都

---

① David Woodward eds., *History of Cartography*, Vol. 3, *Cartography in the European Renaissance*, Chicago & London: The University of Chicago Press, 2007, Chapter 46, "Mapping the Dutch World Overseas in the Seventeenth Century", by Kees Zandvliet ed., p. 1450.

蔑视这些地区的海图，而且仍然有许多人拒绝他们"①。当然，后来的发展使得这一情况有所概观，但不能先验地认为地图绘制的精美程度和科学成分与实际航海中的实用性成正比关系。

很多水手并不能理解或者熟练掌握具有科学背景的制图师所制作的海图，如老派水手阿尔贝特·哈延（Albert Haeyen）对从来没有去过大海的普兰休斯的海图相当蔑视和不信任，他批评了普兰休斯在1595年第二次探索东北通道时给导航员的海图材料。哈延显然不理解海图的平行线之间宽度逐渐增加是怎么回事，他指责普兰休斯故意伪造海图，使东北海域的航行看起来比实际要近得多。② 布劳也曾经指出了这一认识上的差异，他的领航员指南《航海之光》（*Licht der zeevaert*，1608）和《海洋之镜》（*Zeespiegel*，1623）在海员中得到了广泛使用，但他也清楚地了解到"普通平面海图很多时候在一些地方是不真实的，尤其是那些远离赤道的重大航程；但这里经常使用的东方和西方的航海所使用的海图，它们是很真实的，或者说它们的错误很小，以至于它们不会造成任何阻滞：它们是海上使用的最适合的仪器"。布劳指出，领航员们普遍更愿意接受手绘的地图，他激烈地批评了导航员们普遍认为的观点："手绘的地图更好，更完美"，他说，"他们指的是那些经常被人制造出来的、每天都在修改的、永远不会被印刷出来的手绘地图"。布劳解释说，绘本海图并不会更好，"因为一个人的成本都是很多的，但所有的人相继地用少的劳动来复制，这样的人做许多次，这样都不会有太多知识，甚至得不到知识"③。尼德兰制图师科内利

---

① Anthonisz ed., *Onderwijsinge vander zee*, Quoted in David Woodward eds., *History of Cartography*, Vol. 3, *Cartography in the European Renaissance*, Chicago & London: The University of Chicago Press, 2007, Chapter 45, "Maritime Cartography in the Low Countries during the Renaissance", by Günter Schilder and Marco van Egmond, p. 1405.

② David Woodward eds., *History of Cartography*, Vol. 3, *Cartography in the European Renaissance*, Chicago & London: The University of Chicago Press, 2007, Chapter 45, p. 1410.

③ Blaeu ed., *Light of Navigation*, fol. F2r-v. Quoted in David Woodward eds., *History of Cartography*, Vol. 3, *Cartography in the European Renaissance*, Chicago & London: The University of Chicago Press, 2007, Chapter 45, p. 1422.

斯·克拉松在其出版的《旧风格定位手册》(*Graetboeck nae den ouden stijl*) 中,也提到当时很先进的瓦赫纳的《航海之镜》(*Spieghel der zeevaerdt*),实际上并没有得到水手的普遍接受和使用:"我听说,在这段时间,关于著名的导航员和舵手卢卡斯·扬松·瓦赫纳的导航员指南中所出版的纠正过的'手册',并不是所有的海员都理解,也是因为他们星盘并没有全部纠正,舵手还遵循同样的老方法。"①

甚至直到 16 世纪中后期,很多水手更愿意使用铅垂线这样传统的导航工具,而不是海图。英格兰的埃德蒙·哈雷(Edmond Halley)仍试图劝说水手,告诉他们墨卡托海图有很多优点:1696 年,他满怀绝望地写信给塞缪尔·佩皮斯(Samuel Pepys),抱怨他们固执地使用"普通的平面海图,好像地球是平的"和他们"依靠平面海图来进行估算,这方法实在太荒谬了"②。船员对平面海图的偏好,在欧洲其他地区依然如此,比如法国的"制图师似乎在这两种类型的投影之间犹豫不定:他们很清楚地意识到对墨卡托投影的兴趣,但是也知道水手们更喜欢平面海图,因为这样令他们测量距离更加容易"③。

在欧洲附近海域的航行中,沿岸的侧面图(profile)对于水手来说更加实用,瓦赫纳在其《航海之镜》中广泛使用这种方法,其"最初贡献是在一系列连续的沿岸海图中一致地应用这一原则。

---

① David Woodward eds., *History of Cartography*, Vol. 3, *Cartography in the European Renaissance*, Chicago & London: The University of Chicago Press, 2007, Chapter 45, p. 1392.

② 哈雷致佩皮斯的信(1696 年 2 月 17 日),收入 "papers of Mr Halley's & the learned Mr Grave's touching on the imperfect Attainments in the Art of Navigation &c.", Pepys Library, Magdalene College, Cambridge, MS. 2185, fol. 6. Copy in BL, Add. MS. 30221, fol. 85。转引自 David Woodward eds., *History of Cartography*, Vol. 3, *Cartography in the European Renaissance*, Chicago & London: The University of Chicago Press, 2007, Chapter 58, p. 1745。

③ David Woodward eds., *History of Cartography*, Vol. 3, *Cartography in the European Renaissance*, Chicago & London: The University of Chicago Press, 2007, Chapter 52, "Marine Cartography and Navigation in Renaissance France", by Sarah Toulouse, p. 1557.

一个水手一眼就能看出他要对付的是什么样的海岸（如：沙丘还是悬崖）。此外，沿着海岸的引人注目的建筑物，以及向内陆延伸的地平线（教堂塔、城堡、风车、树木和灯塔）都被绘入"。这种侧面图与中国航海中所使用的山形水势地图和长卷式沿海图，虽然绘制与表现方法上存在明显差异，但视角与出发点明显是有相通之处的。

三 制图技术发展的不同步

以往的地图学史经典叙事范式是一种线性的进步史观，也就是将使用投影法、经纬度坐标系和比例尺的测绘地图取代比例尺不确定的无经纬度坐标的平面地图的过程，作为地图学史的一个重要发展理路。从整个世界地图学史的长时段发展历程来看，的确如此，但如果从短时段乃至中时段进行观察的话，就会发现虽然欧洲很早就有投影、经纬度和坐标概念，甚至表现在世界地图上，比如著名的托勒密《地理学指南》。但帕特里克·戈蒂埃·达尔谢（Patrick Gautier Dalché）在《地图学史》第三卷第九章中《对托勒密〈地理学指南〉的接收，世纪末至16世纪初》中指出："在15世纪前半叶中，托勒密的《地理学指南》受到意大利人文主义者的赞赏，而这些受到赞赏的特征并不是那些我们认为构成他的作品原创性的特征。首先，《地理学指南》被看作古代地名的概要，同时托勒密的天文学和几何学方法受到赞赏，只是因为它们保证了他提供的陈述的真实性和正确性。似乎，在当时的意大利，对他的方法没有太大的兴趣。"①

而在很多场合，并非一定要绘制带有固定比例尺的经纬度坐标地图，如《地图学史》中指出：在16世纪的英格兰，"最早的地

---

① David Woodward eds., *History of Cartography*, Vol. 3, *Cartography in the European Renaissance*, Chicago & London: The University of Chicago Press, 2007, Chapter 9, "The Reception of Ptolemy's *Geography* (End of the Fourteenth to Beginning of the Sixteenth Century)", by Patrick Gautier Dalché, p. 359.

图和平面图主要是图画式和自然风格的，尽管比例尺不确定……它们故意夸大易受攻击地区，比如海滩的大小，而那些相对坚固的地区，比如悬崖，则相对减损。而具有战略重要性的人造标志，如灯塔和教堂塔楼（经常被用作灯塔）以及军队征税和战马饮水食料的停留点，则表示得很大，而其他重要性较低的建筑则相对较小。而那些平坦的地区，比如埃塞克斯（Essex）和萨福克（Suffolk），几乎向任何一个方向的入侵开放，在这些地区，人们努力地描述更远的内陆城镇，比如伊普斯维奇（Ipswich），这将提供第一重坚固防线。这些地图中最早的一批几乎立刻被标注出来，以显示新的堡垒应该建造之处，并对建筑工程的进展进行评述，也可能当时没标注上，后来又添加上了"①。16世纪的制图师保罗·福拉尼（Paolo Forlani）在关于围攻阿尔及尔的地图上向其读者谈道："我尊重意大利与西班牙相对峙的标记为A的桥梁的比例关系，但是为了真实地向您展示地理形势的所有细节，我以您所看到的［夸张的］尺寸和形式予以呈现。"②

这种情况在中国地图学史中也同样存在，明代罗洪先的《广舆图》在当时为时人所称道，并被广泛引用、改绘。在韩君恩于嘉靖四十五年（1566）刊刻的《广舆图》中，收录了时任巡抚山东地方户部右侍郎兼都察院右佥都御史霍冀所撰写的《广舆图叙》，霍冀总结了《广舆图》的特点：

> 是图也，其义有四。其一计里画方也：计里画方者，所以

---

① David Woodward eds., *History of Cartography*, Vol. 3, *Cartography in the European Renaissance*, Chicago & London: The University of Chicago Press, 2007, Chapter 54, "Mapmaking in England, ca. 1470 – 1650", by Peter Barber, p. 1605.

② David Woodward eds., *The Maps and Prints of Paolo Forlani: A Descriptive Bibliography*, Chicago: Newberry Library, 1990, p. 26 (map 38). Quoted in David Woodward eds., *History of Cartography*, Vol. 3, *Cartography in the European Renaissance*, Chicago & London: The University of Chicago Press, 2007, Chapter 1, "Cartography and the Renaissance: Continuity and Change", by David Woodward ed., p. 18.

校远量迩，经延纬袤，区别域聚，分析疏数，河山绣错，疆里井分，如鸟丽网而其目自张，如棋布局而其罫自列，虽有沿革转相易移，而犬牙所会，交统互制，天下之势尽是矣。其二类从辨谱也：类从辨谱者，所以揣体命状，综名核实，明款标识，删复就省，书不尽言，象立意得，州县视府，屯所视卫，险易相谙，兵农间处，墩若枯丘，堡如覆土，款识交章，各以形举，鸟迹之余，此唯妙制矣，不然题注缅缕，何可以借箸尽哉？其三举凡系表也：举凡系表者，所以横装方图，衍为副帙，使官署相承，壤赋并列，间及利病，爰采风俗，边镇屯牧，刍粟士马，鳞次相从，无弗条畅，而差次吏功，数阅军实，或壤赋逋于重繁，习俗移于夸毗，单若生于告匮，骄悍成于姑息，系表之旨不既深乎？其四采文定议也：采文定议者，所以集思广益，陈谟阐烈，推往达变，趋时适用，谋王断国，殊辞同致，是为申图谛表，务尽所长，众论独见，唯求其是而已。经纶之迹，寔于是乎？具在所谓藉以措之，不绰然有余裕乎？即以舆论画方所以为轸，辨谱则较鞣立矣，系表则辕轭轮毂六材良矣，定议则载辖续靷将以施驷马而驾焉者也。①

从上文可知，霍冀认为《广舆图》有四项优长之处：一为计里画方，可以校正衡量地物的远近距离；二为类从辨谱，也就是地图符号的使用；三为举凡系表，也就是用表格的形式列出各地的信息；四为采文定议，也就是选取了名臣的奏议。

霍冀列举的此四项确实是《广舆图》的特点，也是《广舆图》在中国地图史上具有重要地位的部分原因。但霍冀在担任兵部尚书之后主持编绘的《九边图说》中，既没有使用计里画方，也没有使用与《广舆图》类似的地图符号，亦没有用表格排列信息，更

---

① （明）霍冀：《广舆图叙》，（明）罗洪先：《广舆图》，嘉靖四十五年韩君恩刻本。

没有收录"采文定议",只是在采用传统的长卷册页式九边图形式绘出明代北边各镇地图,在各镇前用文字陈述该镇形势与所设官员。城堡、边墙、烽燧等地物也是使用形象式的符号,尺寸夸张。下图选取两套地图集中都表现的辽东镇辽河以东地区,可以看出霍冀主持编绘的《九边图说》的表现方法与《广舆图》完全不同。

也就是说,在霍冀自己践行的地图绘制活动中,并没有采取他认为《广舆图》非常突出的优长之处。同样,在与罗洪先同时的郑若曾负责编绘的《筹海图编》中,将罗洪先所编绘《广舆图》列为"参过图籍",《筹海图编》卷首的《舆地全图》明显系将《广舆图》的《舆地总图》逆时针旋转180度,但图上删掉了原图的方格网络。① 根据成一农的研究,"《广舆图》的各种后续版本和受到《广舆图》影响的地图集基本不在意所谓的准确性和计里画方,经常删除方格网,对图幅进行任意不成比例的缩放"②。

这一点,在明末开始的西人所绘世界地图引入中国的过程中,亦表现得很明显。从利玛窦开始,西人根据近代投影法绘制的地图陆续出现在中国,引起了较大反响,甚至远播朝鲜半岛和日本列岛。但除了少数跟随利玛窦等来华欧洲人学习近代科学技术的人之外,大部分人对传入的世界地图以及世界地理知识表现为两种态度:其一为不愿相信或怀疑其可信程度,如乾隆年间黄千人所绘《大清万年一统天下全图》,在其跋文中谈道:"塞徼荒远莫考,海屿风汛不时,仅载方向,难以里至计。"③ 所以此图还是以清朝乾隆年间疆域为主体,而将欧洲各国,包括安南在内的南洋各国都绘成散布在中国四隅海洋中的岛屿。又如朝鲜景宗元年(1721年,清康熙六十年)或稍早由某位朝鲜士子绘制的《大明一统山河图》

---

① (明)郑若曾撰,李致忠点校:《筹海图编》,胡宗宪《筹海图编序》,中华书局2007年点校本,第973页。
② 成一农:《〈广舆图〉史话》,国家图书馆出版社2016年版,第58页。
③ 孙靖国:《舆图指要——中国科学院图书馆藏中国古地图叙录》,中国地图出版社2012年版,第23页。

的凡例中，提到："后观怀仁所著《坤舆全图》者，彼固自以为全矣，然今虽泛而考信，且吾学问所资，莫近于中国图籍，如彼说者姑宜存而不论云。"① 另一种态度则较为积极正面，将其纳入自己著作中，作为其综合的地理知识的一部分，但我们可以看到，很多刊行于世的明清地理图籍中所描绘的世界地图，并没有绘出经纬线，也没有标出投影法和比例尺，很明显作者或者绘制者并不熟谙近代测绘知识和技术，颇多只是摹绘转绘而已，甚至有些只选取中国所在的东半球，典型如陈伦炯所编绘之《海国闻见录》中的《四海总图》等。我们可以看到，近代投影测绘技术或根据其绘制之世界地图在清代民间亦有传播，典型如收藏于石家庄博物院的由叶子佩绘制的《万国大地全图》，此图绘制于道光二十五年（1845），由六严重刻于咸丰元年（1851），系用正圆锥投影绘制，体现出较高的地理知识和制图水平。② 但一直到清末，以传统技法绘制的地图仍占多数，即使到了 19 世纪末，中法两国勘定广西中越边界时，商定以近代实测地图为准，绘出了比例尺为 1：5 万分之一的地形图——《广西中越边界全图》，但中方代表蔡希邠仍绘制出一幅册页式的用传统方法绘制的《广西中越全界之图》，充分证实了当时多种体系和传统并存并行的情况。

四 结语

本节以欧洲文艺复兴时期中国和明清时期地图学史为题，立意并非在"对比"，而是希望通过三个地图学方面的问题，讨论不同地区和不同文化在处理类似问题时的反应。虽然本文只论及某段时期的欧洲和中国的地图学史，但从两大相对独立发展的地图学体系所存在的共性与个性，亦可窥不同地区、不同文化背景的人类在观

---

① 此图收藏于美国国会图书馆，此段文字见本书《美国国会图书馆藏〈大明一统山河图〉考释》部分。
② 汪前进：《清叶子佩〈万国大地全图〉及其学术价值》，载李胜武主编《万国大地全图》，中国大百科全书出版社 2002 年版，第 1—4 页。

察、总结、提炼、重现周边地理环境知识的过程。总体来说，以上的情况都提醒我们：统一的科学规范的形成，是比较晚的事情，无论在中国还是欧洲，地理知识、地图绘制还处于多系并存的状态。不同层级、不同来源和不同使用场合的地图都存在差异。但因为在实践中所使用的地图大多因其过时，或者载体并不经久耐用而损耗或者被废弃，而保留下来的更多可能是知识分子根据实用地图或者其他地理信息绘制而成，并不能代表当时地图绘制与所呈现的地理知识的普遍面貌。[1] 这也说明，古代地图的综合、转绘和地理知识的传递、整合，应该是下一步地图学史研究的重要方向之一。

---

[1] 参见丁雁南《地理知识与贸易拓展：17世纪荷兰东印度公司手稿地图上的南海》，《云南大学学报》（社会科学版）2020年第5期，文中谈到了17世纪荷兰东印度公司的原始手稿海图状况。

地图史学研究

美国国会图书馆藏《大明一统山河图》与明清东亚地理信息交流

东亚地区的中国和朝鲜半岛，山水相连，自古以来就有密切的联系。两地的知识体系以汉字为媒介互相传播、影响。明清时期，地图作为最直观的地理知识呈现方式，也存在相当程度的交流。古代朝鲜人在引进中国所编撰的《大明一统志》等地理图籍，吸收中国地理知识的基础上，参照中国所绘制的地图，综合本国的地理知识和绘制手法，绘制了数量众多的中国地图以及包括中国在内的天下图。美国国会图书馆所藏《大明一统山河图》亦为朝鲜人所绘制，本节对图上所绘制地理要素及文字著录信息进行考证，以为明清时期朝鲜人对中国地理知识了解程度之一证。

一 明清时期中国与朝鲜半岛之间地理知识的传播

洪武元年（1368，高丽恭愍王十七年），朱元璋建立明朝，北驱元廷后，即遣使臣出使高丽，告知中国已改朝换代。① 次年五月，高丽国王王颛遣使到金陵朝贺，② 双方逐步建立起宗藩关系。明清两代，中国与朝鲜半岛之间关系相当密切。以遣使而论，据学者统计，明代277年中，朝鲜使臣出使中国共1252次，平均每年出使4.6次。明朝使臣出使朝鲜王朝共153个行次，平均每年0.6个行次。③ 清朝两国遣使行次亦相当多。④

---

① 《明太祖实录》卷37，洪武元年十二月壬辰，台北"中央研究院"历史语言研究所1962校印本，第749页。
② 《明太祖实录》卷44，洪武二年八月甲子，台北"中央研究院"历史语言研究所1962年校印本，第858页。
③ 高艳林：《明代中朝使臣往来研究》，《南开学报》（哲学社会科学版）2005年第5期，第69—70页。
④ 参见刘为《清朝与朝鲜往来使者编年》，载氏著《清代中朝使者往来研究》，黑龙江教育出版社2002年版，第151—249页。

由于宗藩体制的限制，明清两朝与朝鲜之间的人员往来以使团为主，所以使团成为两国文化传统的重要载体。除了履行常规使命以外，引进中国的学术、文化是朝鲜使团的例行任务之一。朝鲜获得中国书籍一般有两个途径，一是向皇帝"请书"或由皇帝"赐书"，永乐元年，朝鲜国王李芳远遣使出使明朝，提及朝鲜元子"入学成均，常患书册之少"，明成祖表示："书册、冕服，差人委送"，于命令礼部官员"书籍整理与他"①。之后赐书之事不绝于史。另一条途径则是由使臣在中国购买。从明代朝鲜购书的情况看，其重点是经、史，其次是文学，而对科技之书，亦颇重视。其购书的主要市场是北京，其次是辽东地区。② 清代，朝鲜使臣继续搜购图书，如朝鲜正祖即位后，使臣奉命"首先购求《图书集成》五千卷于燕肆"③。这种情况也为中国士人、商贾所了解，清代北京甚至有书商专门上门向朝鲜使团兜售书籍，如与朴趾源同行的赵主簿就深受北京书贩的欢迎："燕行二十余次，以北京为家，最娴汉语，且卖买之际未甚高下，故最多主顾。"④

在此背景下，中国地理知识传入朝鲜，亦可想而知。日本人林罗山在其《即见书目》列出的他于1604年所见的中国汉籍朝鲜翻刻本中有《大明一统志》，可见此书早已传入朝鲜半岛。⑤ 地图亦随之传入朝鲜半岛。在今天的韩国收藏相当数量的中国绘制的古地图。据统计，韩国各收藏单位收藏有数十种中国古地图。⑥ 因此，

---

① 《李朝太宗实录》卷2，癸未三年八月甲子、九月己巳，吴晗辑：《朝鲜李朝实录中的中国史料》上编，中华书局1980年版，190—191页。
② 姜龙范、刘子敏：《明代中朝关系史》，黑龙江朝鲜民族出版社1999年版，275页。
③ 《李朝正祖实录》卷11，正祖五年六月庚申，吴晗辑：《朝鲜李朝实录中的中国史料》下编，中华书局1980年版，4707页。
④ [朝鲜王朝] 朴趾源：《热河日记》，北京图书馆出版社1996年版，331页。
⑤ 参见杨雨蕾《十六至十九世纪初中韩文化交流研究——以朝鲜赴京使臣为中心》，博士学位论文，复旦大学，2005年，第92页。
⑥ 李明喜：《韩国收藏中国古地图的情况及其研究》，硕士学位论文，北京大学，2006年。

朝鲜知识阶层对中国地理相当熟稔。在绘制本国地图的同时，亦绘制了一批中国地图与包括中国等国在内的天下图或世界图。其中最著名的是朝鲜王朝初期权近、李荟所绘制的《混一疆理历代国都之图》，这幅地图与元末苏州人李泽民《声教广被图》、天台僧清浚《混一疆理图》以及明初官绘的《大明混一图》有着千丝万缕的联系。本文所研究的《大明一统山河图》，即为个中一例。

二 《大明一统山河图》的内容

此图集藏于美国国会图书馆地图部（Library of Congress Geography and Map Division），编号为G2305.D25。折叠装，硬纸封，内有封面、图序、凡例和十幅地图，封面墨书图题"大明一统山河图"。地图为纸本墨绘，上色，每幅各具图名，尺寸不一。每幅的图题，以及全图的凡例、十三省总例、周尺，均墨书于图背。这十幅地图分别为"辽东北京山东合图""山西陕西合图""南京浙江福建江西合图""河南湖广合图""四川贵州合图""广东广西合图""云南图""朝鲜图""荷潭山图"和一幅由"天下图""朝鲜图"和"宁古塔图"组合在一起的地图。从绘画风格和凡例项标示来看，后几种地图与明朝各地地图有所不同，李孝聪教授推测不是出自同一位绘图人。① 所以，我们可以认定《大明一统山河图》包括封面、图序、凡例和前七幅地图。其他各图应该是后来补入。

在各图背面，有若干题签，分别为："御侮将军白翎镇"（天下全图朝鲜全图宁古塔图图背）、"御侮将军行龙骧卫副司果九月山城召募别将李"（广东广西图图背）、"中训大夫行文化县令黄州镇管兵马节制都尉权（签押）谨封"（云南图图背）、"折冲将军白翎镇管行吾义浦水军佥节制使"（朝鲜图）和"嘉善大夫正□□御侮将军白翎镇"（四川贵州图）。对照图册中的《朝鲜图》，白翎

---

① 李孝聪：《美国国会图书馆藏中文古地图叙录》，文物出版社2004年版，第10页。

第三章 世界范围内地图文化研究

岛、文化县、九月山城都在今朝鲜黄海南道的西海岸，应系当地朝鲜驻防机构所使用。

图序交代了作者的绘制动机、数据源等各方面内容，信息比较丰富，兹录于下：

大明一统天下图序

男子生而乘蓬志也，故曰：士而怀居，不足以为士矣。愚也少焉，逼□于斯而力不足以及于吾东三百州之间，而况于天下乎？于天下仿古之掌图、图广舆焉，而常目之，犹可以寄吾志，而力又不足以博览广搜而成之也。世所传为舆图者类，多疏舛繁乱而不□于志，盖足以寓目者鲜矣。乃□老且病，益无以聊吾志也。乃得《一统志》，按其实，撮其要，而摹之，遂为《大明天下之图》，图之例具于左，虽复知其差缪亦多，而力不能有所是正，然犹或庶几，因其仿佛而寄吾宿昔之志也。图既成矣，朝夕凭几默玩，森罗四海郡县，渺绵万里，江山一览，如指掌焉。卧游之趣、恢气之乐，盖亦无穷，而□使有志于斯世者观之，则按其郡县幅员之多寡阔狭，山川道路之险易远近，而思夫治教之道、战守之方，固出入将相者之责也。于是俯仰宇宙，治乱因革，凡有几番棋局；伊昔有明，忽焉夷晖，试观今日是谁之天下？一失一得，抚斯窗而感慨系之矣！至□吾之志，则有进于此者，吾人父天母地，于天地固子道也；子之于亲，□目又视于无形，□常心目乎天地父母，则孝且仁在其中矣！于是乎览载籍、阅古今，而观之一视同仁，孰非覆载于两间，而备于我者乎？因图而得于斯，愿与同志者勉焉。

上　元年辛丑季夏上浣，愿学生书于南川寓舍

《大明一统山河图》主要描绘了明朝二京、十三布政使司和各都司卫所的行政区划及山脉、河流、海岸等地理要素。与明朝接壤

或邻近的朝鲜、日本、琉球、安南、占城、爪哇、三佛齐、满剌加、暹罗、浡泥、真腊、锡兰等国也都一一画出。在"辽东北京山东图"中的右下角，附京师城池图，绘出了京师内城和皇城的城墙与城门，并详细地标注出了京师的各级衙门和官署建筑、苑囿和河流湖沼，以及京城附近的顺天府所管辖州县卫所。在京师西北，标注出了景陵、长陵和献陵。在"南京浙江福建江西图"中，亦相应详细描绘了南京的城池与周边地区。①

关于此图的绘制者和绘制年代，图序中有"愚也少焉，区区十斯，而力不足以及于吾东三白州之间，而况于天卜乎"的文句，为典型的朝鲜士人口气。联系到函封内的朝鲜图以及地图题签者的信息，可知此作者亦为朝鲜人。结尾处落款为："上　元年辛丑季夏上浣，愿学生书于南川寓舍"，按朝鲜王朝世系中，元年为辛丑者，唯有景宗，则此图应绘制于景宗元年（1721，清康熙六十年）或稍前。图序中"伊昔有明，忽焉夷晖，试观今日是谁之天下？"等文句，亦流露出作者对明清鼎革的态度。

三 《大明一统山河图》的体例与绘制技法

在地图的图背，作者书有大段凡例，交代了地图绘制所使用的符号和对各种地理要素的处理方法，兹录于下：

> 凡例
>
> 此图虽或有考他书以成，而专用《一统志》为主，故命名曰《大明一统天下图》，郡邑、山川、纵横、远近依《志》所载，里数皆以一寸准百里，一尺准千里为度，而尺用我世宗朝所定周尺，仍图形于下以备考焉，其有不合者则量其裁定，不能尽从。而荒裔无可考者则略之。京、省、府、司、州、

---

① 图片获自美国国会图书馆网站：https：//www.loc.gov/resource/g7820m.gct00230/? st = gallery，2024 年 10 月 27 日。

县、卫、所，减其"府"、"司"、"县"、"卫"、"所"字，各为圈，且加色采以别之，而京则作两重方圈，黄之外加以朱；十三省则作内方外八面重圈，而内黄外朱；各府与县皆作单方圈，而府黄县朱；惟军民府四隅内斜加截画；□□□□□□□□□□□□□□□□□□□□□□下更加横画，以表宣慰；其宣抚则黑之，而三皆加黄；安抚则内置小圆圈，而加朱；长官则黑其小圈；提□则置小尖圈；而蛮夷长官则黑之；军民宣慰则置小方圈；而军民指挥则黑之；惟招讨使首作三面圈；诸州则皆作八面方圈，而黄之；诸卫则作圆圈；诸所作尖圈，而唯卫加青焉。其府司之设京省及州县卫所之附郭于府司者各至京省府司圈内，而卫所之□设者随其方而书之；其与州府同号者只标空圈，其县之隶府下之州者，则系黄画于州；若直隶本府者否，其直隶于京省者虽至司县卫所之微，皆加黄采焉。各府地界皆以黑画环其四至，而其京省大界则加朱，其有山水跨于两地者，则以山水为界，而以海为限者，画至海而止焉。《志》中诸山水不能尽载，随意概举，诸山画山书名，加绿，而减"山"字，惟峰岭则不减。诸水江河之类画水书名，加青，而惟大河则加黄，其"水"字或减、或否，而水之同名于所出之山者，更减其名。其郡县古号及关寨地台诸地名之类或间见一二焉。四川、广西等多山处，颇有空地者，以《志》中不著山名及山脉故，□□不图，池亦仿此。陕西之㶟水，以《志》考之，当在西河之南，而诸图皆□□□□□□□之以□□。云南之北盘江，诸图皆流入广西，下为广东之西江，而按《志》之文，当为乌江之上流，故今姑□之而未敢保其必然。诸水亦或有类此者，惟在览者审焉尔。列宿分野及九州地方，标圆圈于各京省所建制府，而九州则各黄，其有黑者则随府别标焉。四裔诸国山川地名亦略举其概而附著焉。两京官阙城府卫所，求凡不得尽载于本图者，附见左海空处。秦之长城圮毁已久，诸图所存非其□也，故此图则删之而凡阙。所载务□简□，然本《志》既不免间有疏谬，所考又不能致其精博，自知颠错谬戾者甚多，恐未足为据，总在览者择焉而已。后观怀仁所著《坤舆全图》者，彼固自以为全矣，然今虽泛而考信，且吾学问所资，莫近于中国图籍，如彼说者姑宜存而不论云。

十三省总例

黄帝万国，帝喾创九州，尧分十二州，禹更制九州，周初千八百国，战国并为七，秦置四十郡，汉加置郡国，武帝分十三州刺史，晋置十九州，隋唐尽以郡为州，贞观分十道，开元增十五道，宋分十□路，宣和增二十六路，元内立中书省，一领腹里，外立行中书省十，领天下。一：边地有都司卫所及宣慰、招讨、宣抚、安抚等司，与四夷受□封者，盐司在南京、浙江者为都转运司，在福、广、川、陕者为盐课提举司，市舶、市舢皆为提举司。一：承宣布政使司领府州，府领州县，州领县，都指挥使司领卫所，卫领所，行都指挥使司仝按察司分道兼察诸府州卫所，总计天下百六十府、二百三十四州、千一百十六县。一：袭封衍圣公府在曲阜鲁城中。

从"凡例"和"十三省总例"可知，此图集的体例详尽而严谨，地图绘制的各种要素都有统一的表现：

（一）比例尺。以千里折图上一尺（朝鲜周尺）。在图背的"凡例"中，作者说明："郡邑、山川、纵横、远近依《志》所载，里数皆以一寸准百里，一尺准千里为度，而尺用我世宗朝所定周尺，仍图形于下以备考焉，其有不合者则量其裁定，不能尽从。而荒裔无可考者则略之。"可见作者虽然以《一统志》为准，但并不盲从，而且资料缺失的边远地区则付之忽略，体现了作者的严谨态度。"凡例"中的"周尺"，作者绘在"十三省总例"之后，并标出刻度，以便核对。

（二）图例。此图集图例统一而详备。图中用符号法标注政区，用不同的符号区分京、省、府、司、州、县、卫、所等各级政区。其中京城用"两重方圈，黄之外加以朱"①；十三布政使司的治所则是"作内方外八面重圈，而内黄外朱"；府为黄色方形；军民府"四隅内斜加截画"；县为红色方形；州则为黄色八边形，直隶州或属州的符号也并不相同；卫用圆圈表示；所画作尖圈；宣慰司、宣抚司、安抚司、长官司、军民宣慰司、招讨使等都用不同符号标示。附郭府县都标在各自的京、省、府符号内；卫所与府州县同城而治的，标在其侧，若与府州县同名，则只画空圈。各级政区的专名，填写在各自符号内，但通名则省去。政区界线，府界用黑色线条，京省界则加以红线勾勒；"其有山水跨于两地者，则以山水为界，而以海为限者，画至海而止焉"。

（三）自然地物。凡例中提到："《志》中诸山水不能尽载，随意概举，诸山画山书名，加绿，而减'山'字，惟峰岭则不减。诸水江河之类画水书名，加青，而惟大河则加黄，其'水'字或减、或否，而水之同名于所出之山者，更减其名。"作者对《一统志》中的河流进行了考证，对于有疑问的，也在凡例中加以指出。

（四）人文地物。在图上的若干政区附近，标注了"郡县古号及关寨地台"。星宿分野和《禹贡》九州，也用圆圈标在相应地区。关于长城，作者在凡例中称"秦之长城圮毁已久，诸图所存非其审也，故此图则删之"，并未绘出。

用"凡例"中的条目说明与各图核对，可以发现基本贯彻了"凡例"中所设计的体例，这也是这套《大明一统山河图》出自同一人之手，与其他三幅地图不同的例证。

四 《大明一统山河图》的资料来源与表现年代

关于此图的数据源，图序中提到："乃得《一统志》，按其实，撮其要，而摹之，遂为《大明天下之图》。"凡例中亦有类似表述："此图虽或有考他书以成，而专用《一统志》为主，故命名曰《大

---

① 不过图上北京外框并未涂以红色，不知何故。

明一统天下图》。"按明代所谓《一统志》,应即《大明一统志》,其前身为景泰七年(1456)修成的《寰宇通志》。次年,英宗复辟,天顺二年(1458),令吏部尚书李贤等重修《大明一统志》,五年(1461),书成。从图上所反映地物来看,并非限于天顺五年。如图上湖广图中标注了"承天府",承天府本为安陆州,明世宗登基后,于嘉靖十年(1531)升为承天府,可见此图已体现嘉靖十年的政区变动。

为理清此图地理知识的来源,本文将明代嘉靖十年之后的政区变动结果,分已经在图上呈现与未在图上呈现两类,罗列于下:

(一)在图上已呈现的政区变动结果

嘉靖四十一年(1562),设置平远县,属江西赣州府。[①] 四十二年(1563),分平远县往属于广东潮州府,并设澄海、普宁二县。[②] 隆庆二年(1568),改山西石州为永宁州。[③] 万历元年(1573),改广东广州府东莞所为新安县,析东莞县地益之。[④] 三年(1575),为避神宗之讳,改河南开封府钧州为禹州。[⑤] 四年(1576),置长宁县,属江西赣州府。[⑥] 五年(1577),升广东肇庆府德庆州属泷水县为罗定直隶州。[⑦] 分广西南宁府属武缘县往属于思恩军民府。[⑧] 十年(1582),析广东肇庆府罗定州及肇庆府德庆州,高要、新兴二县地

[①]《明世宗实录》卷509,嘉靖四十一年五月乙巳,台北"中央研究院"历史语言研究所1962年校印本,第8390页。

[②]《明世宗实录》卷517,嘉靖四十二年正月丁未,台北"中央研究院"历史语言研究所1962年校印本,第8490—8491页。

[③]《明穆宗实录》卷17,隆庆二年二月乙巳,台北"中央研究院"历史语言研究所1962年校印本,第487页。

[④](清)张廷玉等:《明史》卷45《地理志六》,中华书局1974年点校本,第1134页。

[⑤]《明神宗实录》卷37,万历三年四月庚辰,台北"中央研究院"历史语言研究所1962年校印本,第865页。

[⑥]《明神宗实录》卷48,万历四年三月乙未,台北"中央研究院"历史语言研究所1962年校印本,第1089页。

[⑦]《明神宗实录》卷62,万历五年五月丙午,台北"中央研究院"历史语言研究所1962年校印本,第1398页。

[⑧]《明神宗实录》卷68,万历五年十月乙未,台北"中央研究院"历史语言研究所1962年校印本,第1476页。

置东安县；析罗定州及肇庆府德庆州与封川县地置西宁县，一并来属于罗定州。① 十一年（1583），析陕西西安府邠州置长武县于宜禄镇。② 陕西汉中府金州改名兴安州。③ 十七年（1589），置四川马湖府屏山县，为附郭县。④ 十八年（1590），于广西南宁府下雷峒地置下雷州。⑤ 置四川龙安府附郭平武县。⑥ 二十五年（1597），置天柱县，属湖南靖州直隶州。⑦ 二十九年（1601），设遵义军民府，属四川。置贵州平越军民府。改四川播州宣慰司属黄平安抚司为黄平州、白泥长官司为余庆县、瓮水安抚司为瓮安县、置湄潭县，一并来属府；分清平卫属凯里安抚司及平越卫属杨义长官司，一并来属府。⑧

（二）在图上未呈现的政区变动结果

万历三年（1575），分广西思明府属之忠州往属南宁府。⑨ 十三年（1585），析云南孟定御夷府地置耿马安抚司。⑩ 十五年

---

① 《明神宗实录》卷69，万历十年十一月戊寅，台北"中央研究院"历史语言研究所1962年校印本，按：图上有罗定州与东安、熙宁二县，并在罗定州旁侧标注："古泷州，万历升。"

② 《明神宗实录》卷135，万历十一年三月乙巳，台北"中央研究院"历史语言研究所1962年校印本，第2525页。

③ 《明神宗实录》卷140，万历十一年八月壬子，台北"中央研究院"历史语言研究所1962年校印本，第2603页。

④ 《明神宗实录》卷209，万历十七年三月丙辰，台北"中央研究院"历史语言研究所1962年校印本，第3915页。

⑤ （清）张廷玉等：《明史》卷45《地理志六》，中华书局1974年点校本，第1160页。

⑥ 《明神宗实录》卷222，万历十八年四月甲午，台北"中央研究院"历史语言研究所1962年校印本，第4143页。

⑦ （清）张廷玉等：《明史》卷44《地理志五》，中华书局1974年点校本，第1095页。

⑧ 《明神宗实录》卷358，万历二十九年四月丙申，台北"中央研究院"历史语言研究所1962年校印本，第6696页。按：图上已绘出平越府，辖黄平州、瓮安县、龙泉县、余庆县、附郭湄潭县、杨义司，然播州境内亦绘有白泥司，贵阳境内亦绘有黄平，符号为所。

⑨ 《明神宗实录》卷42，万历三年九月丁未，台北"中央研究院"历史语言研究所1962年校印本，第954页。

⑩ （清）张廷玉等：《明史》卷46《地理志七》，中华书局1974年点校本，第1194页。

(1587)，改云南曲靖军民府罗雄州为罗平州。① 十六年（1588），徙广西思明府属思明州，往属于太平府。② 十九年（1591），置新平县，属云南临安府。③ 降云南新化直隶州往属于临安府。④ 二十五年（1597），更名云南大侯直隶州为云州，往属于顺宁府。⑤ 二十九年（1601），升贵州贵阳府为军民府。⑥ 改贵州石阡府龙泉坪长官司为龙泉县。⑦ 三十年（1602），升贵州安顺直隶州为安顺军民府。⑧ 三十三年（1605），改贵州思南府水德江长官司为安化县。⑨ 三十六年（1607），置贵州贵阳府贵定县。⑩ 三十八年（1610），广西思明府属之上石西州往属于太平府。⑪ 三十九年（1611），改贵州贵阳府金筑安抚司为广顺州。⑫ 万历末年，裁广西

---

① 《明神宗实录》卷185，万历十五年四月己卯，台北"中央研究院"历史语言研究所1962年校印本，第3467页。
② 《明神宗实录》卷196，万历十六年四月辛酉，台北"中央研究院"历史语言研究所1962年校印本，第3699页。
③ （清）张廷玉等：《明史》卷46《地理志七》，中华书局1974年点校本，第1177页。
④ （清）张廷玉等：《明史》卷46《地理志七》，中华书局1974年点校本，第1177页。
⑤ （清）张廷玉等：《明史》卷46《地理志七》，中华书局1974年点校本，第1191页。
⑥ 《明神宗实录》卷358，万历二十九年四月丙申，台北"中央研究院"历史语言研究所1962年校印本，第6697页。
⑦ 《明神宗实录》卷358，万历二十九年四月丙申，台北"中央研究院"历史语言研究所1962年校印本，第6697页。
⑧ 《明神宗实录》卷376，万历三十年九月辛巳，台北"中央研究院"历史语言研究所1962年校印本，第7075页。
⑨ 《明神宗实录》卷413，万历三十三年九月壬辰，台北"中央研究院"历史语言研究所1962年校印本，第7747页。
⑩ 《明神宗实录》卷447，万历三十六年六月戊午，台北"中央研究院"历史语言研究所1962年校印本，第8471页。
⑪ （清）张廷玉等：《明史》卷45《地理志六》，中华书局1974年点校本，第1162页。
⑫ （清）张廷玉等：《明史》卷46《地理志七》，中华书局1974年点校本，第1198页。

浔州府武靖州,其地入桂平县。① 崇祯四年（1631）十一月,置开州,属贵州贵阳府。② 崇祯六年（1633）,析广东惠州府属和平、长宁、河源及韶州府属翁源四县地置连平县,寻升为州,辖河源、和平二县。③ 析广东潮州府平远、程乡二县地置镇平县。④ 十二年（1639）,析湖南永州府宁远县地置新田县。⑤ 析桂阳州及临武县地置嘉禾县,属桂阳州。⑥

从上表可以看出,《大明一统山河图》所反映的政区变动截至万历三十一年（1603,朝鲜宣祖三十六年）,主要反映了万历十八年（1590）以前的政区情况。又"凡例"中有"后观怀仁所著《坤舆全图》者,彼固自以为全矣,然今虽泛而考信,且吾学问所资,莫近于中国图籍,如彼说者姑宜存而不论云",可以看出,虽然作者在"凡例"中声称:此图"专用《一统志》为主",但一定是参考了明代中后期的地理数据,亦可见中国地理图籍传入朝鲜半岛数量应该不少。

相对而言,作者对贵州、云南等边远落后地区的政区变动更加隔膜,也许反映了明朝末年由于战乱、荒歉等原因,中央政府权威衰落,导致朝鲜难以获得中国地理信息的时代背景。也从另一个角度说明朝鲜人对明朝大部分时期的政区变动非常熟悉。

---

① （清）张廷玉等:《明史》卷45《地理志六》,中华书局1974年点校本,第1153页。
② （清）张廷玉等:《明史》卷46《地理志七》,中华书局1974年点校本,第1197页。
③ （清）张廷玉等:《明史》卷45《地理志六》,中华书局1974年点校本,第1140—1141页。
④ （清）张廷玉等:《明史》卷45《地理志六》,中华书局1974年点校本,第1142页。
⑤ （清）张廷玉等:《明史》卷44《地理志五》,中华书局1974年点校本,第1091页。
⑥ （清）张廷玉等:《明史》卷44《地理志五》,中华书局1974年点校本,第1090页。

通过对《大明一统山河图》的个案研究，我们可以发现：在宗藩和朝贡体制下，明清时期中国与朝鲜等东亚邻国之间的交流受到很大程度的限制，但包括地理知识在内的文化信息的传输却达到相当程度，在这一过程中，地图的流传、绘制是一个不可忽视的环节，随着更多地图的发现和研究，这一领域将会给我们展现更为广阔的历史画卷。

第四章　专题地图与历史地图

从舆图看清东陵的管理与殡葬活动

清代享国近三百年之久,又为少数民族所建立,所以形成了相对独特的陵寝制度。从空间上看,清代共建设了三大陵区,分别是盛京(今辽宁沈阳)的盛京陵、直隶遵化州(今河北遵化)马兰峪的东陵和直隶易州永宁山(今河北易县)的西陵,另外还有兴京(今辽宁新宾)的永陵,是努尔哈赤的祖陵。有清一代,为尊崇皇权,慎终追远,非常重视皇陵的建设和管理。在对清代皇家陵寝制度的研究中,现已充分利用包括图书、档案、考古、实地踏勘等多种手段,本文拟利用两种与东陵相关的舆图,以窥清代陵寝制度与管理之一斑。

一　《马兰镇属肆至八到相距里数图册》与东陵防区

清东陵是清廷入关后在北京附近所修建的两个帝后陵墓区之一,也是清代所修建的最大的皇陵区,地处今河北省遵化市马兰峪西的昌瑞山下,西距北京二百五十里左右。陵区东起马兰峪,西至黄花山,北接雾灵山,南面有天台、烟墩两山相对峙,整个陵区占地面积达2500多平方千米,是一组规模宏大、建筑体系比较完整的清代帝王陵寝建筑群。① 清东陵自顺治十八年(1661)筹建,到

---

① 中国第一历史档案馆:《清代帝王陵寝》,档案出版社1982年版,第20页。

光绪三十四年（1908）十月慈禧陵重修工程告竣，历经247年。在几乎近两个半世纪中，先后建起了5座皇帝陵、4座皇后陵和5座妃园寝。5座皇帝陵是：顺治皇帝的孝陵、康熙皇帝的景陵、乾隆皇帝的裕陵、咸丰皇帝的定陵、同治皇帝的惠陵。4座皇后陵是：昭西陵、孝东陵、普祥峪定东陵（慈安陵）、菩陀峪定东陵（慈禧陵）。5座妃园寝是：景陵皇贵妃园寝、景陵妃园寝、裕陵妃园寝、定陵妃园寝、惠陵妃园寝。加上陪葬墓，合计起来，清东陵陵区内外共有大小陵墓达30座之多。从康熙二年（1663）首葬顺治皇帝、孝康皇后、孝献皇后起，到1935年最后葬入敬懿皇贵妃、荣惠皇贵妃止，历时272年，清东陵先后葬入了5位皇帝、15位皇后、14位皇贵妃、8位贵妃、28位妃、18位嫔、22位贵人、16位常在、9位答应、4位福晋、17位格格、1位阿哥，合计157人。①

为更好地保护陵寝安宁，也为尊崇皇权的至高无上，清朝在陵区设置了众多机构，在京城至陵区之间也多所营建，以符合皇室殡葬和谒陵的需要。

在陵区，最高权力机关是代表皇室驻守在马兰峪的王府和公府，但从总体来说，具体事务则由五大机构来管理，即内务府、礼部、八旗、绿营和工部。东陵内务府最高长官是东陵总管内务府大臣，雍正元年（1723）始设，第一任总管内务府大臣是董殿邦。由乾隆四十年（1775）开始，此职由马兰镇总兵官兼任。八旗兵的主要职责是保卫陵寝安全，总兵力有1200多人。而陵区的治安，则由马兰镇所统辖的绿营承担。陵区所在的顺天府遵化本为一县，康熙十五年（1676），因"建世祖章皇帝孝陵"，升县为州。② 又在乾隆八年（1743），因"恭值万年吉地定于州境"，升为直隶州，

---

① 徐广源：《解读清皇陵》，紫禁城出版社2005年版，第75—76页。
② 《清圣祖实录》卷64，康熙十五年十一月丁酉，中华书局1987年影印本，第823页。

辖玉田和丰润二县。①

马兰峪地处燕山冲要陉口，地势险要，在明代就已设副将镇守。清廷入关后，长城内外归于同一政权管理，遂只设马兰峪都司管辖马兰关。清世祖在马兰峪确定陵寝位置后，为加强皇陵地区的卫戍，康熙二年（1663），设副将镇守马兰关，雍正元年（1723），马兰口副将改为总兵官，中军添设游击一员。② 马兰镇总兵下辖镇标左、右两营，曹家路营、墙子路营、黄花山营、余丁营六营，嘉庆五年（1800），直隶提督特清额向仁宗奏请："马兰镇之设，首重山陵风水。而遵、蓟二营之于陵寝即为东西二面之门户，应将遵化营游击一员，城守营千总一员，两哨及罗、石把总四员，经制外委一员；蓟州营都司一员，城守营千总一员，盘山汛千总一员，两哨把总二员，看守行宫经制外委五员，额外外委一名，均归并马兰镇专管，庶于风水地方均为严密。"③ 增加了遵化与蓟州两营。

中国科学院国家科学图书馆藏有一册舆图，描绘了清代中叶马兰镇及下属各营的管辖地域范围以及辖区内的重要军事设施。舆图编号为1195998，册装，共33叶，每叶24.7×23.8厘米，采用一说一图的形式，先说后图。蓝色纸封，图题贴红，题为"马兰镇属肆至八到相距里数图册"，该图在装订过程中将叶下方相当一部分裁掉，致使部分文字与图像丢失，信息不全。卷首记有款识：

马兰镇中军游击荐举候升参将带寻常加壹级纪录贰次穆隆阿

呈遵将马兰镇属左右两营并遵化营蓟州营曹家路墙子路黄

地界四至八到相距里数接壤处所绘

造册呈送须送至册者

卷末记："咸丰元年拾贰月"，并加盖关防。

---

① 《清高宗实录》卷192，乾隆八年七月癸巳，中华书局1987年影印本，第471页。
② 《清世宗实录》卷5，雍正元年三月己亥，中华书局1987年影印本，第121页。
③ 《昌瑞山万年统志》下函卷5，马兰关考辨，转引自徐广源《清代东陵的管理机构》，《故宫博物院院刊》1986年第4期，第59页。

据光绪《遵化通志》，当时的马兰镇总兵为宗室庆锡，满洲正蓝旗人，他是清太祖努尔哈赤同父异母弟穆尔哈齐七世孙，其祖父为嘉庆朝东阁大学士禄康，父亲为道光朝文渊阁大学士耆英，曾于两次鸦片战争期间主持对外事务。庆锡于道光二十七年（1847）任马兰镇总兵，同年离职，为身为侯爵的正蓝旗蒙古人倭什讷接替。道咸时期，马兰镇总兵一职极不稳定，很少有在位超过五年的，到了道光三十年（1850），该职先是宗室禧恩即任，旋为庆锡再次就任。他也未久任，咸丰四年（1854）即离任。① 其背景应该是道光三十年，清文宗即位后，指斥耆英"率意敷陈，持论过偏，显违古训，流弊曷可胜言"，"在广东抑民奉夷，漫许入城，几致不测之变。数面陈夷情可畏，应事周旋，但图常保禄位。……贻害国家"，耆英遭到降职的处分，庆锡也自然受到连累，到咸丰五年，庆锡因向属员借贷被劾。②

这部图册就应该是庆锡再次就任前后，由当时任马兰镇中军游击的穆隆阿负责主持编绘呈送的。根据光绪《遵化通志》的记载，穆隆阿是镶黄旗汉军人，咸丰八年（1858）任马兰镇总兵。③ 根据所描绘内容，卷首款识第二行下应阙"花山"二字。

图册共绘制马兰镇总图及遵化营、蓟州营、曹家路、黄花山营

---

① 光绪《遵化通志》卷27《职官·马兰镇总兵》，《中国地方志集成·河北府县志辑22》，第384页。

② 赵尔巽等撰：《清史稿》卷157《宗室耆英传》，中华书局1998年点校本，第11505—11508页。

③ 穆隆阿为满语人名，清代文献中记有多人同名，一为正白旗满洲人，咸丰年间跟随胜保与太平军在山东两淮一带作战，咸丰五年（时年44）补授陕西循化营参将（《中国第一历史档案馆藏清代官员履历档案全编》，华东师范大学出版社，第3册，第483页）。一为伯都讷满洲镶白旗人，其人起身行伍，久历戎行，自咸丰年间在河南、安徽一带作战，立功起家，历任伯都讷领催、乌拉协领、伯都讷右翼协领、副都统、伊犁锡伯营领队大臣（《中国第一历史档案馆藏清代官员履历档案全编》，第4册，第685—686页；第5册，第533—536页）。一为阿勒楚喀镶蓝旗新满洲人，同治九年八月随军出征乌里雅苏台起家，官至阿勒楚喀右翼协领（《中国第一历史档案馆藏清代官员履历档案全编》，第8册，第302页）。还有一个是镶黄旗满洲人，咸丰四年，署察哈尔都统，后任西安副将，署西安将军（章伯峰编：《清代各地将军都统大臣等年表（1796—1911）》，中华书局1965年版，第263页）。

图，共五幅，线装。图册采用形象化的符号法进行描绘，重点在突出陵寝、城堡、长城、门隘、道路、桥梁、铺递、营汛、村庄等军事驻防体系，以符合马兰镇"防护陵寝"的功能定位，五幅舆图都没有标识方位，但能看出是上北下南。图中地名用贴签，其中清皇室陵寝用贴黄，其他用贴红。山峦用大小不一的山水画式符号呈现，上部晕以青色，以体现植被覆盖。河流用双曲线表示。不同的图幅，驻地符号与绘制技法并不统一，在"马兰镇总图"中，军队驻地多用"回"字型符号，长城关隘用上带雉堞的城门形符号，营房用侧面视角的若干房屋符号表现。陵区垣门用门状符号，向内倒置，皇帝陵与皇后、妃嫔陵寝采取规格不同的陵墓符号表现。因后世装帧切割粗暴，图中南端只及大红门和昭西陵的残缺部分，清高宗的裕陵等陵区西部陵寝不复现于图中。在"遵化营图""曹家路图"和"黄花山图"中，遵化州城与三屯营等高等级驻地四周城垣及城门均向城内倒置，其他驻地用"回"字形符号表示，驿铺用挑着红色三角形旗帜的望楼庄符号绘制。在"蓟州营图"和"墙子路图"中，蓟州城、墙子路等高等级驻地城堡用透视方法绘制，城门、佛塔、寺观、坛庙等都用形象画法表现，绘制较精细，则此图册应出于不同人之手。

图说与图对应，记叙了马兰镇及各营的位置、防区的四至八到，以及防护任务等信息。现录于下①：

镇标左右营 马兰镇左右两营驻扎系直隶遵化州地方，专□陵寝风水，自镇营至京都贰百捌拾里，至保定府省城陆百里。两营所属接壤营汛相距四至八到里数：正东与遵化营属沙坡峪地方接壤，计肆拾叁里；正南与遵化营属石门汛接壤，计贰拾肆里；正西与镇罗关地方接壤，计壹百肆拾伍里；正北与墙子路牛素拨接壤，计壹百零叁里；东北与曹家路窄道子汛接

---

① 注：每自然段抬头系笔者所加。

壤，计壹百肆拾贰（下阙）；西南与黄花山营地方接壤，计叁拾贰里；西北与镇罗关所属干涧岭接壤，计壹百叁拾（下阙）。

遵化营 马兰镇属遵化营驻扎遵化州城，东至三屯营，计程伍拾里；南至丰润县，计程壹百壹拾里；西至石门镇，计程陆拾里，至淋河交界柒拾伍里；北至半壁山，计程伍拾里；东北至喜峰路，计程壹百贰拾里；东南至永平府，计程贰百贰拾里；西南至玉田县，计程玖拾里；西北至马兰镇，计程陆拾里；至京都叁百里；至保定府省城陆百叁拾里。遵化营本城文职原设驿站壹处，所属石门汛亦又文职驿站壹处（下阙）

蓟州营 马兰镇属蓟州营驻扎蓟州城，至马兰镇玖拾里；至京都计程壹百捌拾里；至省计程伍百壹拾里；东至淋河交界肆拾伍里，至遵化营壹百贰拾里；西至段家岭交界伍拾里，至三河营柒拾里；南至下仓镇交界陆拾里，至宝坻营捌拾里；北至黄崖关边城陆拾里，系黄崖关汛界；东南至梯子山交界肆拾里，至玉田营捌拾里；东北至西峰口交界肆拾捌里，至马兰镇捌拾肆里；西南至侯家营交界陆拾里，系宝坻营汛界；西北至马兰口交界柒拾里，至平谷营玖拾里；蓟州营除本城文职原设驿站壹处，余外并无设有驿站，理合（下阙）

曹家路 （上阙）正东与承德府所属乱石河地方接壤，计贰拾伍（下阙）；正南与墙子路属南横岭交界接壤，计肆拾贰［里］；正西与提属司马台汛接壤，计伍拾伍里；正北与承德府所属倒搬岭口外接壤，计拾里；东北与承德府所属汉岭口外接壤，计拾里；东南与老厂沟地方接壤，计陆拾叁里；西南与墙子路属仰脖岭地方接壤，计伍拾陆里；西北与承德府所属白岭安口外接壤，计拾贰里。

墙子路 墙子路驻扎系密云县地方，专为防护后龙风水，自墙子路至马兰镇壹百捌拾里，至京都贰百贰拾里，至保定府省城伍百叁拾里。墙子路所属接壤营汛相距四至八到里数：正东与老厂沟所管兴隆山地方接壤，计柒拾里；正南与将军关所管崶眉山地方接壤，计伍拾伍［里］；正西与密云县营豆各庄地方接壤，计伍拾捌里；正北与曹家路属吉家营南横岭交界接壤，计（下阙）；东北与曹家路属窄道子扁担沟地方接壤，计玖（下阙）；东南与将军关属干涧岭交界接壤，计肆拾（下阙）；西南与平谷县华山庄地方接壤，计伍拾里；西北与密云县属暖泉会地方接壤，计肆拾里。

黄花山营 马兰镇属黄花山营驻扎蓟州地方，专为防护陵寝风水，自黄花山营至马兰镇肆拾伍里，至京都贰百肆拾里，至保定府省城伍百陆拾里。黄花山营所属接壤营汛相距四至八到里数：正东与镇标西峰口接壤，计伍里；正南与蓟州营属马伸桥地方接壤，计拾贰里；正西与黄崖关属爨岭地方接壤，计拾柒里；正北与镇标黄花山火道地方接壤，计拾伍里；东北与镇标苇子峪地方接壤，计伍里；东南与遵化营属石门汛接壤，计贰拾里；西南与蓟州营属壕门汛接壤，计贰拾伍［里］；西北与黄崖关属赤辖峪汛接壤，计拾里。

关于马兰镇所管辖范围与其下各营的防区，历代史料语焉不详，本图册提供了确切翔实的第一手数据，反映了清代中后期对京东东陵地区的军事布置，具有不可替代的史料价值。

二 从《［清穆宗梓宫安奉陵寝路程图（自白涧至桃花寺）］》看清帝殡葬管理

中国科学院国家科学图书馆藏有一幅舆图，编号为：史 580 137，彩绘；纸本单幅，25.9×64.7 厘米；背面用红纸裱背，墨书"蓟州桥道图"；四周标方位，上北下南。

该图运用传统的山水画技法描绘直隶省顺天府蓟州城及附近的山峦、寺庙、行宫、桥梁、村庄，用红色虚线表示道路，城垣、行宫、寺庙、村庄等建筑采用写实与形象结合的透视画法，桥梁的可视与不可视的两面用不同颜色区分。舆图的东西侧标"交界"。在西侧略偏内，绘有二红色方块，用墨笔标注为"芦殿地盘"与"黄幄地盘"，右有绘错处，用宣纸覆盖；在东侧略偏内，则绘有一红色方块，标注为"芦殿地盘"。图东缘贴红，上题："自段家岭交界起过白涧芦殿地盘，至桃花寺芦殿地盘止，计道八十六里六分七厘。"

按"芦殿"，为清代帝后梓宫迁至陵寝途中停灵场所，搭造最为考究，缭以黄幔城。① 蓟州邻近遵化州，此芦殿当为赴东陵停灵所设。清代皇帝亲送梓宫赴东陵者，计有世宗、仁宗、文宗与德宗，则此图应绘于此四代，为皇帝亲送前代皇帝梓宫预设行程所用。

清代梓宫从京城至山陵规格相当隆重，一般来说，从殡宫启行直到东陵，路上需要六七天时间，所以沿途除要为帝后准备行宫外，还需搭建好芦殿，以安置梓宫。嗣皇帝并不与梓宫同行，启行之日，嗣皇帝在殡宫大门外跪送，并步送梓宫出京城，然后率领后妃赶赴第一站恭候梓宫。梓宫在途中，由王公大臣等官员随行，沿途经过城门、桥梁，都要由内大臣祭酒，焚烧楮帛。梓宫将至芦殿之时，嗣皇帝率王公百官预先在芦殿的幔城北门外跪迎。梓宫安奉于芦殿之后，"众至大门外序立，陈设卤簿，乃行晡奠如仪，奠毕，皇帝还行宫，众皆退"。第二天，皇帝仍然跪送梓宫启行后，赶赴第二站芦殿恭候，以后各站皆如是。梓宫在途中，沿途百里内地方文武官员在道的右旁百步外跪迎梓宫，举哀。②

从这幅舆图来看，正好描绘出由白涧行宫向东经过蓟州城至桃花寺这一段行程的两条路线，正符合帝后梓宫安奉山陵的程序，也正因为梓宫安奉路途中，每过城门、桥梁，都要祭酒，焚烧楮帛，所以图上不嫌烦琐地标绘出途中的每一座桥梁，而且蓟州城中除行

---

① 《乾隆朝会典》卷51《礼部·祠祭清吏司·丧礼一》。
② 《乾隆朝会典》卷51《礼部·祠祭清吏司·丧礼一》。

宫独乐寺之外，大部分建筑加以忽略，但三座城门却清楚地标识在图中。

清帝后赴东陵，无论是送葬还是谒陵，一般都由朝阳门出京城，先后在东岳庙和慈云寺拈香、中伙，然后经通州、三河县、蓟州，最后到达遵化州的东陵。为路上帝后休憩所需，清代先后在沿途修建了六座行宫以供驻跸，这六座行宫自西向东分别为：燕郊行宫、白涧行宫、盘山静寄山庄行宫、蓟州城内的独乐寺行宫、城东的桃花寺行宫和隆福寺行宫。本图中绘制了行程所经的三座行宫：白涧、独乐寺和桃花寺。

白涧是一条河流的名字。据《日下旧闻考》记载："白涧在城西四十里，发源于盘山西峪，经流沙河，水色微碧，上有白涧寺。"① 白涧行宫位于香华寺的右侧，地处盘山西麓，周围景色十分优美，"白涧秋澄"为蓟州八景之一。

独乐寺俗称大佛寺，坐落在今天蓟州区城内武定街西侧，坐北朝南，是由山门、观音阁和东西配殿组成的一组完整建筑群，是我国现存最古老的楼阁式木结构建筑之一。② 据《日下旧闻考》记载："独乐寺不知创自何代，至辽时重修。有《翰林学士奉旨刘成碑》，统和四年（986）孟夏立石，其文略曰：'故尚父秦王请谈真大师入独乐寺，修观音阁，以统和二年冬十月再建，上下两级，东西五间，南北八架，大阁一所。重塑十一面观音像。'"③ 在现存辽代建筑中时代最早，上距唐亡仅77年，保留唐代风格较显著，自不待言，且制作精丽，堪称上乘。④

桃花寺位于蓟州城东十里的桃花山上，正处在通向东陵大路的北侧，乾隆九年（1744）下旨重修，又在寺旁修建了行宫。乾隆

---

① （清）于敏中等编纂：《日下旧闻考》卷114，北京古籍出版社1983年版，第1892页。
② 金振东、刘春、董秀娜编著：《蓟州风物志》，天津古籍出版社2006年版，第73页。
③ （清）于敏中等编纂：《日下旧闻考》卷114，北京古籍出版社1983年版，第1883页。
④ 陈明达：《蓟县独乐寺》，天津大学出版社2007年版，第2页。

十年（1745），清高宗曾于此赋诗一首，题曰《桃花寺行宫作》，"招提据岭复，望望红霞殿。行宫构其旁，来往止顿便。昔我少年时，题诗松竹间。岁久日就圯，不复稅征鞍。往往过其下，辄为重留连。去岁稍修治，剪除棘与萑。匪同赋经始，成亦不日焉。春风二月半，轻舆历蓟田。山容宛相迎，轩榭堪周旋。泉声共松韵，似话夙昔然。惟有绯桃花，含胎迟芳鲜"①。

为了保障行宫的安全，清政府在各处设汛置兵。"桃花寺汛看守行宫外委一员，守兵十一名，隆福寺汛看守行宫外委一员，守兵二十名，白涧汛看守行宫外委一员，守兵七名，邦均汛协巡外委一员，则俱由蓟营分拨统辖者也。"②

为方便安排帝后殡葬事务，负责的官员一般都要详细计划行程，并绘图以供参照。清代帝后赴东陵送葬和展谒山陵次数频繁，从圣祖到德宗，共展谒东陵101次，③ 故此类东陵行程图今日亦有若干传世，如国家图书馆所藏《东陵图说便览》，便是光绪十六年（1890）德宗谒陵，直隶相关部门所绘制，其中将行程分为若干段进行规划。因行宫要供帝后驻跸，所以帝后每日行程，都要从行宫出发，再到下一处行宫为止，所以安排安奉山陵事务日程，很自然地就会以行宫作为分段的标准。

既然如此，这幅舆图就应该是清代皇帝护送陵寝赴东陵安葬时，负责官员所使用的行程计划图，按路程分为若干幅，此图即其中一幅。

那么，这张地图究竟是恭送哪位皇帝梓宫安奉东陵的呢？

从图中描绘的两条路线来看，梓宫是由白涧行宫南的官道向东，绕蓟州城西门向南，沿蓟州城墙，经过蓟州城南门，在城东门外回到官道的；而嗣皇帝一行人则是取道蓟州城内而赴桃花寺行

---

① （清）于敏中等编纂：《日下旧闻考》卷117，北京古籍出版社1983年版，第1929页。

② 民国《蓟县志》卷8《故事·清之兵制》，《中国地方志集成·天津府县志辑4》，上海书店、巴蜀书社、江苏古籍出版社2004年版，第180页。

③ 杨珍：《清帝谒陵》，《紫禁城》1992年第2期，第13页。

宫，未在独乐寺行宫驻跸，而芦殿分别搭建在白涧行宫和桃花寺行宫南，此行程可作为判识的一个依据。

清圣祖的灵柩是在雍正元年（1723）三月启行的，清世宗沿途于杨家闸、小新庄之东、吕家庄之东、蓟州城南和梁家庄驻跸，最后送至景陵。① 清高宗梓宫启行于嘉庆四年（1799）九月发引，清仁宗沿途驻跸八里桥御营、王新庄御营、白涧行宫、吕家庄御营、岳各庄御营。② 清文宗帝后的陵寝是同治四年（1865）九月从北京发引的，清穆宗与慈安和慈禧两宫皇太后沿途驻跸燕郊行宫、白涧行宫和隆福寺行宫，途中先后在东岳庙、独乐寺、隆福寺拈香。③ 清穆宗帝后的陵寝启行于光绪元年（1875）九月，先后驻跸于燕郊行宫、白涧行宫、桃花寺行宫和隆福寺行宫，④ 其中白涧行宫与桃花寺行宫的驻跸过程与本图相符，则这幅舆图最大的可能，就是清德宗护送穆宗皇帝、孝哲皇后梓宫安奉惠陵的过程中，相关机构官员为安排途中事务而绘制，图背所题"蓟州桥道图"，显然是后世收藏者或图书馆入藏时所拟，与主题不符，故本文拟题为"穆宗梓宫安奉陵寝路程图（自白涧至桃花寺）"。

由此图，我们可以形象生动地感知在礼制时代，"国之大事，唯祀与戎"，皇帝梓宫安奉山陵作为国家大事，其规划、执行安排之周密，也可以了解到中国古代舆图那扑面而来的浓郁的实用性特征。

---

① 《清世宗实录》卷5，雍正元年三月丙午、丁未、戊申、己酉诸条，中华书局1987年影印本，第124页；《清世宗实录》卷6，雍正元年四月癸卯、辛亥，中华书局1987年影印本，第125—126页。
② 《清仁宗实录》卷51，嘉庆四年九月，丁巳、戊午、己未、庚申、辛酉诸条，中华书局1987年影印本，第644—649页。
③ 《清穆宗实录》卷154，同治四年九月，庚辰、辛巳、壬午诸条，中华书局1987年影印本，第610—612页。
④ 《清德宗实录》卷18，光绪元年九月，庚午、壬子、癸丑、甲寅诸条，中华书局1987年影印本，第288—290页。

地图史学研究

《湖北省江汉堤工图》与相关历史地理问题

美国国会图书馆藏有一幅古地图，编号为 G7822. Y3N22. C4，由恒慕义（A. W. Hummel）于 1934 年购入美国国会图书馆。地图为彩绘长卷，长 74 厘米，宽 140 厘米，图缘包衬蓝布，表明此图属于官本地图的形式。[①] 这幅地图描述了清代湖北省境内的河流、沟渠、城镇、政区和水利工程等内容，着重表现江汉平原地区长江和汉水沿岸的地方等水利工程。这一类型和时代的舆图在国内外比较少见，故本文不揣固陋，对此图进行介绍和考订，并论述其相关历史地理问题，尚祈方家教正。

一 《湖北省江汉堤工图》的内容和绘制风格

地图四周并未标注方位，从实际绘制内容来看，其方向为上南下北。此图描绘了湖北省境内的山脉、河流、沟渠、湖沼、水利工程、政区和城镇聚邑等内容，图中标注了下列政区：

湖北省（武昌府、江夏县）、兴国州、大冶县、武昌县、蒲圻县、嘉鱼县、通山县、通城县、咸宁县、崇阳县

汉阳府（汉阳县）、汉川县、孝感县、黄陂县、沔阳州

黄州府（黄冈县）、黄安县、麻城县、黄梅县、广济县、罗田县、蕲州、蕲水县

德安府（安陆县）、应城县、随州、应山县、云梦县

安陆府（钟祥县）、京山县、天门县、潜江县

荆州府（江陵县）、石首县、枝江县、监利县、公安县、松滋县、宜都县

荆门州、当阳县、远安县

---

① 李孝聪：《美国国会图书馆藏中文古地图叙录》，文物出版社 2004 年版，第 178 页。

襄阳府（襄阳县）、均州、谷城县、南漳县、宜城县、光化县、枣阳县

宜昌府（东湖县）、鹤峰州、长乐县、长阳县、归州、巴东县、兴山县

郧阳府（郧县）、郧西县、保康县、房县、竹溪县、竹山县

施南府（恩施县）、来凤县、咸丰县、利川县、建始县、宣恩县

在图框四周标有与邻近各省交界之处等地理信息，计有：在巴东县附近长江标注："大江来源""四川巫山县界"，在竹溪县附近标注："陕西平利县界"，在郧西县附近标注："汉水来源""陕西白河县界""河南淅川县界""河南新野县界""河南唐县界""河南信阳界""江南英水界""安徽宿松县界""江西九江界"，其中江南"英水"当为"英山"之讹。

从综合信息来看，此图所描绘范围当为清代湖北省全境。地图的图面上并未题写标题，在图背上题写墨书"长江图"，① 不似绘制者所题，应为后世使用者或入藏时所拟。

此图采用形象化的符号法表现地物，治所城市绘制成城垣状，视角为想象式地从外界上方看向城内，城门被画成由外向内的倒置视角，城墙涂以深蓝色，其中县城绘成圆形的城垣形状，府城绘成方形的城垣形状，武昌府城和汉阳府城则被夸张放大，并绘成带有透视感的立体形状，视角为从阅读者角度鸟瞰，城垣上亦绘出雉堞、城铺、城楼等符号，城中还绘出了房屋、山峦和楼阁。州城并未区分直隶州与属州，符号与府城一致。政区名目用墨笔题写在城垣符号内，府城亦标出附郭县名称。

城垣上大多绘有四座城门，应该只是示意的符号，并非表现实

---

① 李孝聪：《美国国会图书馆藏中文古地图叙录》，文物出版社2004年版，第178页。

情，比如襄阳府城有六座城门，分别为：东门阳春门、南门文昌门、西门西成门、小北门临汉门、大北门拱宸门、长门震华门。①枣阳县城有五座城门，分别为：东门寅宾门、小东门阜成门、南门向明门、西门西成门、北门观光门。②但图上均画为东南西北四座城门。其他不符的情况亦存在，此处不一一赘述。在荆州府城内，还专门绘出东部的满城。图中用房屋状符号代表聚邑，如在汉口镇处便绘有许多房屋符号，表示汉口的繁庶。

图上用双曲线表示河流，河流发源处曲线封闭表示源头。其中长江和汉水涂以棕黄色，似是强调其洪水浑浊。两条主要河流的支流，如均水、油水、浠水等，各种泄水沟渠，以及各个湖泊如洞庭湖、彭蠡湖、洪湖等，皆涂以绿色。山脉用象形法绘出山峦状的符号表示，涂以绿色，用皴法勾勒轮廓，似强调其陡峻。堤坝等水利设施用棕色粗线条表示。

此图没有标注比例，从图上所描绘的地物来看，重点在于表现湖北省境内长江和汉水两岸的河道、湖渠与堤工情形，所以比例严重失调，主要篇幅用来描绘长江堤工（可分为两段：第一段西起荆州府江陵县得胜台，东至武昌府江夏县金沙洲；第二段西起茅林蓬，东至董家口、濯江镇）和汉水堤工（西起襄阳府襄阳县万山，东至汉阳府汉川县谢家院）。所以图中长江、汉水占据中心与主要篇幅，其比例被放大，而湖北省江汉平原以外的鄂西南山地、鄂西北山地、鄂北岗地、鄂东北山丘区和鄂东南山丘区的比重都被缩小。江汉平原和鄂东平原地区的政区也被描绘成大体沿各河流而与长江、汉水雁行排列的格局。这种处理应该是为了便于突出江汉地区的河道、减河、湖泊和堤工，方便阅读和使用者了解各地与河道之间的关系，抓住重点，理清脉络。

---

① 光绪《襄阳府志》卷6《建置志一·城池》，成文出版社1976年影印本，第491页。
② 光绪《襄阳府志》卷6《建置志一·城池》，成文出版社1976年影印本，第494页。

堤坝等防洪工程是地图描绘的重点,在重要堤工地段,绘制者填写了大段文字注记,以记载堤工的分段、长度和管理机构名称,这些内容用朱笔书写,堤工起止的地名则用墨笔书写。具体内容兹录如下:

1. 长江北岸

上逍遥湖起(墨笔),共二十五工,系官工,共长一万四千八百七十丈,计八十二里六分五厘(朱笔)

沙市土城(墨笔)

自院家湾起(墨笔),系民工,共四十工,长一万三千一百二十二丈,计一百二十八里四分,荆州府同知辖(朱笔),拖茅埠止(墨笔)

自江邑拖茅埠起(墨笔),共长一万三千九百三十四丈五尺,计十七里四分一厘,窑圲巡检辖(朱笔),流水口止(墨笔)

窑湾起(墨笔),共长一万三千九百三十四丈五尺,计十七里四分一厘,监利县丞辖(朱笔),孙家湾止(墨笔)

林家湾起(墨笔),共长七千九百八十九丈,计四十四里三分八厘,朱家河主簿辖(朱笔),观音洲止(墨笔)

殷家垸起(墨笔),共长一万六千七百二十四丈,计九十二里九分一厘,白螺巡检辖(朱笔),监沔界(墨笔)

西流垸起(墨笔),计九垸,共长七千二百五十二丈五尺(朱笔),叶王湖范洲止(墨笔)

乌林院起(墨笔),共长八千一百九十六丈五尺(朱笔),玉沙界止(墨笔)

石家墩起(墨笔),编"四邑上游万民保障"八字,计长三千二百三十九丈五尺(朱笔)

蒲圻县协修嘉邑堤(墨笔):自应家马头起,至老堤角止,编"居然江上一长城"七字号,计长三千五百二十六丈五尺(朱笔)

咸宁县协修嘉邑堤(墨笔):自老贯嘴起,至萧家湖止,共七字号,计长三千七百九十丈(朱笔)

江嘉咸蒲四县公堤（墨笔）：自陶家马头起，至夏田寺止，编四字号，计长二千七百九十丈（朱笔）

江夏县金口堤（墨笔）：自金口镇小河口起，至居字号，止编十字号，计长三千六百七十三丈（朱笔）

江夏县荞麦湾堤（墨笔）：自金口镇起，至金沙洲，止分二十七段，计长六千二百八十一丈五尺（朱笔）

茅林蓬起（墨笔）：共十蓬，计堤长七千一百四十丈（朱笔），赛寨蓬止

赛寨蓬起（墨笔），江堤十三段，共长九十里（朱笔），江西德化县交界（墨笔）

黄梅县

驿路堤共长七十里（朱笔）

2. 长江南岸

庞公湾起（墨笔），松邑滨江大堤，共长一万一千三百三十二丈，计七十八里五分（朱笔），古墙止（墨笔）

公（安）、江（陵）界（墨笔）

吕家口起（墨笔），共长二万二千六百七十六丈，计一百二十六里（朱笔）

公（安）、石（首）界（墨笔）

杨林工起（墨笔），堤长九千三百丈（朱笔），杨林工止（墨笔）

黄金阁堤（墨笔）：堤长四百六十八丈（朱笔）

3. 虎渡河西岸

上古墙起（墨笔），江邑西支堤自上古墙至王家湖，计长五十七里（朱笔），王家湖止（墨笔）

江（陵）、公（安）界（墨笔）

李家口起（墨笔），军民堤共长八千三百六十丈，计四十六里五分（朱笔），冋家汊止（墨笔）

4. 虎渡河东岸

王家渊起（墨笔），计长九十三里（朱笔），王家垸止（墨笔）

公（安）、江（陵）界

沙河口起（墨笔），曹家榨止（墨笔）

5. 汉水北岸

汉堤十八工，计长一万六千七百三十丈（朱笔）

京（山）、潜（江）界（墨笔）

多宝湾，吕家潭（墨笔），汉堤十八段，计长一百二十里（朱笔），聂家滩止（墨笔）

京（山）、潜（江）界（墨笔）

颜家垸起（墨笔），沿汉堤九垸，共长一百余里（朱笔），车墩垸止（墨笔）

潜（江）、天（门）界（墨笔）

长淯垸起（墨笔），天邑汉堤计十九院，长一万六千九百四十四丈（朱笔），泊鲁院止（墨笔）

潭湾院起（墨笔），沔阳州汉堤共六院，计长七千零七十丈，计五十五里（朱笔）

周家横堤（墨笔），共长以前二百五十丈，计七里（朱笔）

计二十里（朱笔）

汉川县汉堤共八院，计一百一十里（朱笔）

6. 汉水南岸

老龙堤石工（墨笔）：自万山起（墨笔），石工共长以前八百五十四丈，计十里三分，分列廿七号（朱笔），杨泗庙止（墨笔）

何家嘴（墨笔）：共十九段，计长五千七百二十丈（朱笔）

京（山）、潜（江）界（墨笔）

共十一垸，长九十余里（朱笔），獏獐院止（墨笔）

排渡起（墨笔），汉堤二十四院，长一万六千八百六十五丈五尺（朱笔），戴家院止（墨笔）

新泊院起（墨笔），沔阳州汉堤计十二院，共长九千五百零一丈五尺，计八十五里（朱笔），芳洲院止（墨笔）

汉川县汉堤共堤长三十里，计三垸（朱笔）

正是由于此图以湖北省长江、汉水沿岸的堤工为重点，所以笔者为此图补拟图题：《湖北省江汉堤工图》。

二 《湖北省江汉堤工图》的绘制年代

图上并未记录绘制者与年代的信息，只能通过图上所描绘的各种信息来推测此图的绘制年代与绘制背景。

（一）《湖北省江汉堤工图》绘制年代的上限

图上已标注出"湖北省"字样，荆州城内也描绘并标注出了"满城"区域，可见此图应绘制于清代。

图上标注出了宜昌府、东湖县、鹤峰州、长乐县、施南府、恩施县、咸丰县、利川县、宣恩县和建始县，按雍正十三年（1735）三月，吏部等衙门议覆："湖广总督迈柱条奏苗疆建置事宜：'一、彝陵州请改置一府，裁知州、州判、学正、吏目缺，设知府、通判、教授、训导、经历、司狱各一员。附郭一县，设知县、教谕、典史各一员，俱驻府城；分防同知一员，驻湾潭。一、容美土司请改一州，设知州、吏目各一员，驻州城；州同一员，驻五里坪；州判一员，驻北佳坪。改慈利县属之大崖关归新州管辖，添设巡检一员，驻札其地。其大崖关外原设土百户一员，请行裁汰。一、五峰司请改置一县，设知县、典史各一员，驻县城。改长阳县属之渔洋关归新县管辖，添设县丞一员，驻札其地。所有新改州县，及归州、长阳、兴山、巴东等州县，俱隶彝陵新设之府管辖。一、府属地方，请设游击一员、守备一员、千总二员、把总四员、外委千把总四员、兵七百名，分防驻札。其各紧要隘口，酌添塘汛三十九处，武弁俱于彝陵镇右营内抽拨。'均应如所请。"从之。寻定彝陵新设府曰宜昌，附郭县曰东湖，容美新设州曰鹤峰，五峰新设县曰长乐。①

雍正十三年（1735）十一月壬寅，吏部、兵部会议："湖广总督迈柱疏称：'忠峒宣抚司田光祖、十五土司公恳归流，必须分设一府五县，始足以资治理。请于恩施县地方建设府治，添设知府一员，以原设恩施县为附郭首邑。施南司、桐子园、大田镇、官渡坝四处各设县治，隶新设之知府管辖。再设同知一员。其施南二县，设通判一员。其大田镇、桐子园、官渡坝三县设经历一员，兼管司狱事务。其恩施县添设县丞一员。崔家坝添设巡检一员。施南新设县添设知县一员、典史一员。桐子园新设县添设知县一员、典史一员。大旺添设县丞一员。卯峒百户司添设巡检一员。大田镇新设县添设知县一员、典史一员。官渡坝新设县添设知县一员、县丞一员、典史一员。南坪堡添设巡检一员。其新设之恩施府及先设之彝陵府，准归荆州道统辖。其归荆州道原辖之安陆府改隶襄阳道。德安府改隶武汉黄道统辖。'又称：'议设一府五县其营制汛防应设副将一员、中军都司一员、左右营守备二员、千总四员、把总八员，共经制官一十六员，马步守兵一千五百五十七名，内设外委九员，均听彝陵镇总兵统辖。'又称：'四川夔州府属之建始县去恩施不过百里，请改归楚省恩施新设府管辖。'应如所请。"寻又议定："府名曰施南，府郭县曰恩施，属县曰宣恩、来凤、咸丰、利川，移建始来属。"从之。②

由上可以推定，此图应绘制于雍正十三年十一月之后。

（二）《湖北省江汉堤工图》绘制年代的下限

从图上绘制的内容来看，咸丰十年（1860）和同治十二年（1873）冲决而成的重要分流藕池河和松滋河都没有绘出，而对虎

---

① 《清世宗实录》卷153，雍正十三年三月己卯，中华书局1985年影印本，第879页。
② 《清高宗实录》卷6，雍正十三年十一月壬寅，中华书局1985年影印本，第264页。

渡河两岸的堤工绘制较详，可见此图应绘制于此前。图中"咸宁县"的"宁"字没有避清宣宗的嫌名而改写，则此图应绘制于嘉庆二十五年（1820）之前。图中标出了"河南淅川县界"，而淅川县后于道光十二年（1832）六月辛丑，改为淅川厅①，亦可为一证。

又，乾隆二十七年（1762）十二月，吏部等部议覆："湖广总督爱必达奏称：'安陆府属沔阳州接壤汉阳，地方千里，仅知州一官，照察难周。查州属之新堤镇地滨大江，商贾辐辏，请于该处添设县治，与沔阳州分地管理，均改隶汉阳府辖。裁去驻札新堤之安陆府通判为知县衙署，改锅底湾巡检为典史，沔阳州训导为县学训导，其沔阳州粮捕事务，归汉阳通判管理，安陆府粮捕事务归安陆同知管理，各改铸关防印信。'应如所请。"从之②。乾隆三十年（1765）二月，吏部议覆："湖北巡抚王检等奏称：'沔阳州辖新堤地方经前署抚爱必达奏准添设文泉县治，将原驻通判改为知县，锅镇巡检改为典史，并请建城垣、仓库、监狱等项在案。现查该处地洼，城仓各项俱未兴工，且于民情不便。请将新设文泉县裁，新堤等处仍隶沔阳，即移该州州同驻札，定为沿江要缺，在外选补，无庸复设通判，典史仍改为巡检，分司堤垸。'应如所请。惟文泉县训导应否裁汰，或仍改为沔阳州训导。复设巡检是否仍驻锅底湾。该抚等均未声明，应令详酌咨到再议。"从之。③

从上面两条史料可知，从乾隆二十七年，在沔阳州新堤镇设置了文泉县，归汉阳府管辖，乾隆三十年此县废。而《湖北省江汉堤工图》中未绘制此县，考虑到图中湖北省其他府州县均皆绘出，不似属于遗漏，应系反映实际情况，所以此图应反映乾隆元年

---

① 《清宣宗实录》卷214，道光十二年六月辛丑，中华书局1985年影印本，第176页。

② 《清高宗实录》卷677，乾隆二十七年十二月丁未，中华书局1985年影印本，第571页。

③ 《清高宗实录》卷729，乾隆三十年二月壬寅，中华书局1985年影印本，第30页。

（1736）至乾隆二十七年（1762），或乾隆三十年（1765）至嘉庆二十五年（1820）之间的情形。

另外，图中荆州府万城堤起点标注的是"上逍遥湖"，但在逍遥湖之西北，又标出了两个树叶形符号，墨线勾勒，内涂以棕色，应亦是堤防设施，但未与万城堤相连，在南边的符号下，标注有"得胜台"。按得胜台修筑民工，据杨果、陈曦研究，至迟是在嘉庆年间，① 而在乾隆五十三年（1788）长江大水之后，钦差大臣阿桂主持荆州堤防重修事宜，"按照当年水痕，酌量加高培厚。自得胜台至万城加高二、三、四尺，顶宽四、五、六、七丈不等；自万城至刘家巷，加高四、五、六尺，顶宽八丈，由刘家巷至魁星阁加筑土堰高三、四、五尺；自魁星阁至塘楼横堤加筑土堰，高三、四尺"②。很可能是在该年之后万城堤上延到得胜台的。而据徐凯希研究，"乾隆五十三年以前，荆江因无堤防管理机构，一直未制定管理规章，致使堤工管理混乱，出现私挽洲滩，在堤上建房、埋坟，甚至耕种等等。乾隆五十三年大水后，明确荆州府同知专管堤工，并颁布'荆州堤防岁修条例'"。规定"同知衙门从荆州城内迁至李家埠堤上办公"③。图中在从院家湾到拖茅埠段堤工处明确标注"荆州府同知辖"。则此图很可能绘制于乾隆五十三年之后，反映了乾隆五十三年大水后与嘉庆年间湖北省的堤工规划与建设情况。

三 《湖北省江汉堤工图》与清代江汉平原的河道、堤防变迁

湖北位于长江中游，其地势三面环山，中南部为宽阔的平原。长江从中国西部第二阶梯的群山峡谷中穿过，接纳汉水和洞庭湖，

---

① 杨果、陈曦：《经济开发与环境变迁研究——宋元明清时期的江汉平原》，武汉大学出版社2008年版，第64页。
② 《水灾问题特刊》附录，第20页。转引自徐凯希《乾隆五十三年的荆州大水及善后》，《历史档案》2006年第3期，第42页。
③ 徐凯希：《乾隆五十三年的荆州大水及善后》，《历史档案》2006年第3期，第44页。

由西而东横贯湖北大地,滋润了江汉平原的沃壤,造就了星罗棋布的湖沼河流,素称"千湖之国"。江汉平原降水充沛,雨量充足,水资源丰足,气候温暖,拥有发展农业和工商业得天独厚的条件。历代先民在这片土地上辛勤耕耘、开发,经济逐渐发展起来,在全国的比重也逐渐上升。到了明代,出现了"湖广熟,天下足"的民谣。

但是,江汉平原的降水量在时间分布上多集中在夏秋两季,汛期雨量剧增,加上江汉平原地处低洼,长江上游和周边山区在汛期同样水量剧增,这些新增的水量沿着长江干流和各支流在短时期内涌入湖北江段,对有限的河槽泄水造成巨大压力,防御洪涝灾害的任务巨大。

为兴利除害,在历史时期,江汉平原的居民就一直兴修水利工程,以利用自然的河流湖泊发展经济,防御水旱灾害。两汉时期,在汉水干流中游就修筑有五女激、习家池堤、樊城堤等堤防工程。东晋永嘉南渡之后,大批关中、伊洛地区的人口迁徙到长江和汉水中游的荆襄地区,陆续修建了华山郡大堤城之"大堤"、唐代的襄阳护城堤等堤防设施。宋元时期,随着经济的发展、人口的增殖,江陵金堤、沙市江堤、黄潭堤、襄阳护城堤、救生堤、樊城堤、乾德县石堤、荆门潜江"高氏堤"、汉阳高作陂以及复州、郢州等地的汉水堤防得以修建或加固。① 明清时期,长江、汉水沿岸各地的地方体系都已逐渐形成并完善。

正是由于水灾和水利工程对于江汉平原的重大意义,明清以来各代政府非常重视此地的河道整治和堤坝建设,留下卷帙浩繁的文献资料。但在这些资料中,乾隆末年和嘉庆时期的堤工建设舆图却并不多见,所以,美国国会图书馆收藏的这幅清代《湖北

---

① 鲁西奇、潘晟:《汉水中下游河道变迁与堤防》第三章《汉水中下游古代堤防考》,武汉大学出版社2004年版,第166—202页;杨果、陈曦:《经济开发与环境变迁研究——宋元明清时期的江汉平原》第二章《堤防修筑:以长江干堤为中心》,第52—58页。

省江汉堤工图》具有不可多得的史料价值，具体体现在如下几点：

（一）描绘了当时长江、汉水及其主要支流的河道与江汉平原湖泊情形

江汉平原是由河间洼地组成的洪泛平原，长江和汉水穿行其间，中小河流密布。长江在江汉平原主要分为两段，其枝城至城陵矶的荆江河段，特别是下荆江河段属于蜿蜒性河型。城陵矶以下河段基本属于分汊性河型。① 长江河道摆动频繁，摆幅较大，水系变化频繁、复杂。汉水中游（湖北丹江口以下至钟祥市以上）河谷宽广，河床宽浅，河道容易发生摆动，总体上属于典型的游荡型河段。汉水下游（钟祥以下河段）河道非常不稳定，曾有过多次迁徙，或者表现为漫流状态，河道常常变迁。② 因此，江汉平原在历史时期形成众多曲流、港汊、分流、湖泊，水体面积非常广阔。进入文明时代以来，随着人类活动的日益活跃，对环境的改造逐步加深。宋代以后，江汉平原广泛挽堤围垸，向水争地，农业生产发展起来，到了明代，江汉平原成为中国重要的粮食产区，"湖广熟，天下足"的谚语风行天下。③ 对水面的大规模围垦，加速了江汉平原湖泊的解体、消亡过程，导致长江和汉水水位抬升。同时，宋元以后，长江、汉水上游地区和周边山区人口日益密集，屯垦活动增加。清代乾隆年间，大批移民涌入秦巴山区，种植玉米、番薯、马铃薯等高产作物，造成植被破坏加剧，水土流失严重，河流上游和源头地区的涵水能力下降，河流中泥沙增多，进一步加剧了江汉平原地区长江、汉水水位的上升，也进一步促进了本地堤防的修筑活

---

① 邹逸麟、张修桂主编，王守春副主编：《中国历史自然地理》，科学出版社2013年版，第275页。
② 鲁西奇、潘晟：《汉水中下游河道变迁与堤防》第一章《汉水中下游河道的历史变迁》，第1、46—47页。
③ 参见张国雄《"湖广熟，天下足"的经济地理特征》，《湖北大学学报》（哲学社会科学版）1993年第4期。

动。到了清代，江汉平原的河道与湖泊地貌与人类文明早期相比已发生了巨大变化。①

在《湖北省江汉堤工图》中，描述了长江以及汉水等各级支流在江汉平原的经行路线与众多湖沼的分布，虽然比例并不固定，导致河道路线和湖泊轮廓相对失真，但总体轨迹仍能反映当时的河流和湖泊的情形。

以汉水为例，在图中，汉水自陕西境内进入湖北，途经郧阳府城、光化县城、均州城、谷城县城等地，接纳甲水、均水、浊水、清水、白水、敖水、堵水、神定河、浪河、筑水、汛水等支流，流经襄阳府城北，继而接纳汉水，继续向东，在潜江县城西的夜泽口分为数条河道，分别入汉水或从沌口汇入长江。而康熙初年编写的《安陆府志》则如此记录当时的汉水下游河道："一自潜江西南上流十五里名夜泽口，汉水从此分流，为入荆之要路，合大［太］白诸湖，萦九真山达沌口而入江者，为一道；其由潜之张接港，过景陵三滋，至沔北仙桃镇，下注于汉川县，得涢水，至汉阳府之大别山而入江者为一道；其由潜江之张接港分入芦洑河，距沔南莲子口合复池诸湖，而总汇于九真、太白诸湖者为一道。"②与图上所描述大致符合，在图上，《安陆府志》中所记载的第二条河道为汉水干流，河道内涂抹成棕黄色，也符合当时的情形。

图上也详细地记录了河道的历史和淤废情况，如在潜江县东标注"古芦洑河，今县河"，在沔阳州西标注"班家湾淤河"，在刘家隔河之南标注"洋子港淤河"，在天门县以东标注"中柱湖淤口"等。襄阳—荆州一线以东，武昌以西，长江和汉水之间的江汉平原核心区域，是本图的重点，绘制了众多密如蛛网，互相交织

---

① 参见邹尚辉《人类活动对江汉湖群沼泽化的影响》，《湖泊科学》1992年第4期；徐瑞瑚、谢双玉、赵艳《江汉平原全新世环境演变与湖群兴衰》，《地域研究与开发》1994年第4期；赵艳、吴宜进、杜耘《人类活动对江汉湖群环境演变的影响》，《华中农业大学学报》（社会科学版）2000年第1期；顾延生等《历史时期以来人类活动与江汉湖群生态环境演变》，《地球科学（中国地质大学学报）》2013年S1期。

② （清）张尊德修，王吉人、谭篆吴撰：康熙《安陆府志》卷8《堤防志》。

的河流和湖泊，详细地标注了河道、河口、陂塘、港汊、湖泊、关闸的名称和重要标志性地名，湖泊和减河与主要河流相会处往往详细用蓝色半圆弧标出闸口所在与名称，如沔阳州北毗邻汉水的仙桃镇北，就有"天沔沉鲁等湖"，内有永奠闸、肖家口、成公闸、鲁家闸等。在沔阳州长江北岸，绘出了广阔的"沔属洪湖"，以及螺山闸、龙王闸、新堤闸等闸口。凡此种种，不胜枚举。

值得指出的是，可能出于绘制者和使用者的特殊目的，长江、汉水中密布的江滩、沙洲很少绘出，这一点无疑是令人非常遗憾的。

(二) 描绘了清代中期江汉平原部分垸田的情况

垸田是长江中游两湖平原的水乡沼泽地区广泛分布的高产水利田。① 由于江汉平原湖沼河流密布，为发展农业，必须修建防水工程，所以先民兴修了堤防，以捍卫农田。"民田必因地高下，修堤防障之，大者轮广数十里，小者十余里，谓之曰'垸'。"② 以后，随着人口增殖，耕地需求增加，江汉平原的垸田开垦迅速发展。到了清代，尤其是乾嘉时期，垸田由全盛发展到饱和。而大规模围垦的结果是造成河流不畅，水患加剧，政府也认识到了这一问题，多次强调禁止与水争利，禁止私筑堤垸。③ 在这一形势下，中央和湖北各级政府对垸田的重视亦可想而知。

在《湖北省江汉堤工图》中，描绘出了虎渡河东岸的王家垸，长江北岸的殷家垸、西流垸，沿汉水两岸，标注了颜家垸、车辙垸、长沟垸、戴家院、新泊院、泊鲁院、潭湾院、新淤院（在仙

---

① 张国雄：《江汉平原垸田的特征及其在明清时期的发展演变》，《农业考古》1989 年第 1 期。

② （明）童承叙：嘉靖《沔阳州志》卷 8《河防》，成文出版社 1975 年影印本，第 182 页。

③ 参见张国雄《江汉平原垸田的特征及其在明清时期的发展演变（续）》，《农业考古》1989 年第 2 期；张建民《清代江汉—洞庭湖区堤垸的发展及其综合考察》，《中国农史》1987 年第 2 期；张国雄《清代江汉平原水旱灾害的变化与垸田生产的关系》，《中国农史》1990 年第 3 期。

桃镇)、芳洲院、麻埠江西等垸以及索子院、谢家院等。

(三) 记录了部分管辖堤工的官署机构名称和负责工段

明清时期,江汉平原地区堤垸的修筑、维修工程是地方政府的重要职责,肖启荣指出:守道官员、府州县佐贰官员具体负责组织堤垸修筑事宜的模式从明初就形成了,但没有明确的制度规定,清朝承袭了这一惯例,府州县官员的职责逐步增大,处于主导地位。[1] 乾隆五十三年(1788)大水之后,创立了堤防保固制度,[2] 要求必须保固十年,对堤防的管理提出了严格的要求。

《湖北省江汉堤工图》记录了部分管辖堤工的官署机构名称和负责工段的数量和字号,比如:襄樊同知管辖老龙堤,[3] 荆州府同知管辖自院家湾至拖茅埠段荆江堤工,监利县县丞管辖窑湾至孙家湾段荆江堤工,监利县朱家河主簿管辖林家湾至观音洲段荆江堤工,监利县白螺巡检管辖殷家垸至螺山闸段荆江堤工。还记录了当时各段分段管理的字号等信息,这些信息可以与传世的方志、政书、水利志等文献所记载的相关内容互相比较、参照,更大限度地复原不同时期的历史细节。

---

[1] 肖启荣:《明清时期汉水下游地区的地理环境和堤防管理制度》,《中国历史地理论丛》2008年第1辑。
[2] 《清高宗实录》卷1315,乾隆五十三年十月甲辰,中华书局1985年影印本,第766页。
[3] 或为襄阳府同知之讹,参见光绪《襄阳府志》卷19《历代职官》,第1235页。

第四章 专题地图与历史地图

美国国会图书馆藏 1882 年日本人所绘盛京城镇地图与相关历史地理问题

虽然日本人绘制近代中国城市地图晚于欧美人士，但是"近代以来，日本人不仅踏遍中国沿海，而且数度深入内陆……我国许多大都市与多数开埠港市的近代地图制作都曾经由日本人之手"[①]。1879 年，伊集院兼雄（1853—1904）受日本政府派遣来华进行调查，1882 年，他绘制了一套盛京地图（约今辽宁省），包括 15 幅地图，该套地图如今收藏在美国国会图书馆地理与地图部（Geography and Map Division），编号为 G7823.L4，地图部原系列号为 gm71005157。

这套地图是较早运用近代测绘技术绘制而成的城市地图，反映了这些城市或集镇当时的形态与内部格局，还涉及这些城市附近的地形、军事设施以及水陆交通状况，对于研究这些城镇的早期形态和复原中国近代城市发展历程及城市形态的演变，具有非常重要的学术意义，也是研究近代外国人所绘中国城市地图的重要资料。

一 地图的形制和绘制技法

该套地图共有 5 页，每页纵 50 厘米、横 61 厘米，其上绘有盛京地区各城镇或区域地图。第 1 张上绘有《奉天府盛京城内外图》；第 2 张上分别绘有《新民屯近地图》《盛京省内蒙古境法库门》《田庄台近傍辽河渡船场》《十三站近傍图》和《广宁县》；第 3 张上绘有《鸭绿江河口图》《大东沟》《凤凰城》；第 4 张上绘有《铁岭县》《开原县》和《兴京》；第 5 张绘有《大孤山》《秀岩》和《辽阳》，共计 15 幅地图。该套地图描绘了盛京（今沈阳

[①] 钟翀：《日本所绘近代中国城市地图刍议》，《陕西师范大学学报》（哲学社会科学版）2017 年第 3 期。

市)、新民屯（今新民市）、法库门（今法库县）、田庄台（今盘锦市田庄台镇）、十三站（今凌海市石山镇）、广宁（今北镇市）、大东沟（今东港市）、凤凰城（今凤城市）、铁岭、开原（今开原市老城镇）、兴京（今新宾满族自治县）、大孤山（今东港市孤山镇）、秀岩（今岫岩满族自治县）、辽阳（今辽阳市）等14座城市或集镇的形态与内部格局，重点在于城墙、街道、衙署、寺观等城市建筑，还涉及城市附近的地形、兵营等军事设施以及水陆交通状况。

地图全部采用近代的技法绘制，墨线勾勒，填以水彩，用晕滃法表示地形起伏。在《奉天府盛京城内外图》的左下角，辟有一长方形，上书"备考"（即图例），较为细致地将衙署、城墙、城门、墓地、村落、河流、寺庙、山岭、岗丘、街区、渡口、树木、兵营、道路、沼泽等地理要素的表现方法进行统一标注，其中道路、村落的大小亦有区分，河流处的桥梁与徒涉用双实线与双虚线进行区别，山岭、岗丘用晕滃法表现。在图框下，分别绘出了4种比例尺："是此尺一万一分缩""是此尺二万一分缩""是此尺二万五千分一"和"是此尺五万分一"。在每幅地图的标题旁侧，均注有比例尺，15幅地图比例尺各不相同（表1）。

表1　　　　伊集院兼雄盛京城镇地图比例尺

名　称	比例尺	名　称	比例尺
盛京城内外图	1∶25 000	凤凰城	1∶20 000
新民屯近地图	1∶10 000	铁岭县	1∶25 000
盛京省内蒙古境法库门	1∶10 000	开原县	1∶25 000
田庄台近傍辽河渡船场	1∶10 000	兴京	1∶25 000
十三站近傍图	1∶25 000	大孤山	1∶50 000
广宁县	1∶25 000	岫岩	1∶25 000
鸭绿江河口图	1∶50 000	辽阳	1∶25 000
大东沟	1∶50 000		

关于这套地图的绘制者与绘制时代，在每幅图的图框之外，都标有"明治十五年春（或春日）成，陆军工兵大尉伊集院兼雄制"字样。伊集院兼雄（1853—1904），根据《对支回顾录》记载，他出生于旧鹿儿岛藩士家庭，明治四年（1871）入伍，后任职于东京镇台工兵第一课，开始工兵生涯。明治十二年（1879），伊集院兼雄在参谋本部任职，7月29日受命来华，对盛京地区进行地理调查。次年8月，转驻烟台，对从渤海沿岸到山东省内的地理、人文进行调查。明治十四年（1881）1月，伊集院兼雄携带所有报告到上海，并一次性地交给了大原大尉，其间在上海完成了盛京省地图并交给当局，6月中旬回到牛庄，9月升任工兵大尉。明治十五年（1882）回日本，在东京供职两个月后，被派遣到西伯利亚、欧洲、美洲等地。甲午中日战争中，任工兵少佐参战，后官至福冈联队区司令官。① 关于伊集院兼雄在盛京地区的活动，根据日本学者山近久美子、渡边理绘的研究，他于明治十三年（1880）2月从天津出发，到牛庄驻扎，对海城、复州、金州和大连湾等地的概况、物产资源以及大连湾的面积进行了调查，由大连湾转至旅顺，最后回到牛庄，将所经之地的概况图及详细报告按照内部规范整理并提交参谋本部。从5月31日开始，他实施定期"旅行"，9月21日从营口出发，经过盛京、新民屯、白旗、广宁、十三山，回到营口；又从营口出发到辽阳、凤凰门、奉天府、辽河等地。②

综上可知，伊集院兼雄在盛京地区活动主要集中在1880年2—8月，以及1881年6月到1882年回到日本这两段时间。正如1881年在上海所绘地图今天已不知踪迹一样，伊集院兼雄在盛京地区所绘地图很可能不止此15幅，海城、复州、金州、大连湾及

---

① ［日］东亚同文会·对支功劳者专辑编纂会编：《对支回顾录》，日本：单氏印刷株式会社1936年版，第227页。
② ［日］山近久美子、渡边理绘：《アメリカ議会図書館所蔵の日本軍将校による1880年代の外邦測量原図》，《外邦図研究ニュースレター》，2009年6月，第85页。

牛庄等地都有可能绘图，只是今天尚未发现。

今天所存的这 15 幅地图，地域跨辽西、辽中、辽北、辽东各地，路途遥远，伊集院兼雄应该只是在途中选取部分城市进行简单测量，所以相对来说并不精细，可以说是"简单而粗糙"①。但作为 19 世纪 80 年代绘制的东北城镇地图，仍然具有不可替代的史料价值。

二 地图的史料价值

中国绘制地图的历史非常悠久，无论是文献中所记载，还是保存至今天的地图，数量都很多，涉及社会的方方面面，但是专门表现城市的地图数量并不是很多。② 除地方志中较简略的地图外，这些城市地图的研究对象基本集中在京城等中心城市，普通治所城市地图只有零星存世，遑论一些未设为治所的集镇。由于清政府将东北地区视为"根本之地"，采取限制移民的政策，导致东北经济、文化长期停滞不前。道光、咸丰之后，清政府为改善东北边防空虚、财政匮乏的局面，结束封禁政策。此后，大批关内移民进入东北，尤其是 19 世纪末以后，随着新式交通工具的发展，东北经济迅速发展起来，涌现出大批新兴城镇，这些城镇和传统城镇的面貌随着经济的发展而迅速改变。由于文献相对稀少，这些城镇的早期面貌已模糊不清，给城市形态的复原追溯工作带来困难。而美国国会图书馆所藏的这套 1882 年盛京地区城镇地图则描绘了当时若干城镇的形态，因此具有重要的史料价值。

（一）对部分城镇早期形态信息的保存

1. 法库门

法库（fakū）一词本为满语，得名于附近的法库山，是后金与

---

① 许金生：《盗测中国——近代日本在华秘密测量史概述》，《抗日战争研究》2012 年第 1 期，第 46 页。
② 李孝聪：《外国绘制近代中国城市地图引论》，《陕西师范大学学报》（社会科学版）2017 年第 3 期，第 112 页。

蒙古地域之间的重要边界标志性地点。① 清朝初年修建柳条边，法库为边门之一。"康熙元年，设防御驻此，管理驻防旗务，属奉天将军。"② 由于位于辽沈平原与蒙古草原过渡地带的区位优势，法库门逐渐成为交通津要，据嘉庆年间的西清所著《黑龙江外纪》卷二记载：

> 黑龙江至京师有二路：由吉林、奉天入山海关者，俗称大站，此进本路由蒙古郭尔罗斯、扎赉特、都尔伯特、乌珠穆沁等部入喜峰口者，俗称蒙古站，亦曰草地。此递折路又由蒙古境入法库边门，（案俄人地图于黑龙江由郭尔罗斯旗入法库门加一线，此捷径，彼已知之。）至盛京，有一路俗称"八虎道"。"八虎"者，"法库"转音。《八旗通志》将军郎谈察奉天诸边，卒于八虎口，即此，商贩往来必由之路也。③

正是由于取道法库往来盛京与齐齐哈尔两地之间的八虎道的便捷，法库也随之发展起来，咸丰时期，法库门已是"商民稠集，人烟辐辏，开原巨镇"④。随着科尔沁地区放垦和营口开埠，法库门进一步发展。甲午战后，法库门的商贸进一步发展起来，内蒙古地区的"牛马豚羊皮毛、干酪，及齐齐哈尔毛皮、烟管、砂金，嫩江口岸之干鱼，皆经过法库门至新民屯。棉丝、石油、洋伞、玻璃器、杂货皆由新民屯经法库门，散至蒙古、齐齐哈尔各地"⑤。当时，法库门的人口达到两万左右。正是在这样的基础上，光绪三十二年（1906），"盛京将军奏以法库边门距开原县一百二十里，东北则通吉林，正北则邻蒙部，人烟辐辏，行旅络绎。转瞬商埠一

---

① 李勤璞：《法库》，齐木德道尔吉主编：《蒙古史研究》第八辑，内蒙古大学出版社2005年版，第309—333页。
② 《清文献通考》卷271《舆地考》，文渊阁《四库全书》本。
③ （清）西清：《黑龙江外纪》，成文出版社1969年影印本，第61页。
④ （清）全禄修，张式金等纂：咸丰《开原县志》卷2。
⑤ ［日］作新社：《白山黑水录》，东京：秀英社1902年版，第66页。

开，华洋错处，交涉繁难，均须随机立应，……应于该处添设抚民同知一员"①。此建议得到了清政府的批准，于当年七月丙午置法库厅，属奉天府。② 三十三年（1907），升法库门厅为直隶厅。《光绪法库厅乡土志》中提到了法库厅的治所情况："今设厅治，分东西南北四门，北门仍边门，东西南三门皆因民房筑土垒立木栅，藉司启闭。"③

在伊集院兼雄所绘的《盛京省内蒙古境法库门》上，标出了3条主要道路：一是出关门的大道，路旁标注"蒙古道"和"黑龙江へ通ス"，此路应即系《黑龙江外纪》中所载的"八虎道"；二是向东南的道路，路旁标注"盛京道"；三是在城内折向西南，在路旁标注"新民屯道"。在《光绪法库厅乡土志》的《法库县舆图》中，也记录了边门内的3条道路：东行至铁岭路；南行至铁岭路；西行至新民路。④ 两相比较，可知此图上的"盛京道"和"新民屯道"分别即《光绪法库厅乡土志》中之"东行至铁岭路"和"西行至新民路"，而"南行至铁岭路"应系光绪八年（1882）至光绪三十四年（1908）间开辟，也反映了法库门城镇和商贸日益繁荣的历史进程。

2. 十三站

又名十三山站。早在辽宋时期，十三山就作为交通要道上的重要标志被载入史册。《辽史·地理志》中记载显州"有十三山"⑤，南宋黄裳所绘《地理图》上也有十三山。⑥ 明代初年，十三山成为明军政重地之一，曾在此设置义州卫、广宁左屯卫、广宁右屯卫；

---

① （清）刘鸣复修，李心增续辑：光绪《法库厅乡土志·序》。
② 《清德宗实录》卷562，光绪三十二年七月丙午，中华书局1985年影印本，第437页。
③ （清）刘鸣复修，李心增续辑：光绪《法库厅乡土志·地理》。
④ （清）刘鸣复修，李心增续辑：光绪《法库厅乡土志·地理》。
⑤ （元）脱脱等撰：《辽史》卷38《地理志》，中华书局1974年点校本，第463页。
⑥ 曹婉如等编：《中国古代地图集·战国至元代卷》，文物出版社1990年版。

洪武二十一年（1388）八月丙申，"置辽东义州卫。初，大军讨纳哈出，诏指挥同知何浩等统金、复、盖三卫军马，往辽河西十三山屯种守御，至是始置卫及五千户所"①；广宁右屯卫"洪武二十六年置，初治十三山。二十七年，城公主寨故址，移卫治焉"；广宁左屯卫"洪武二十四年，始由鞍山至十三山驿拦站屯守。永乐元年，移治锦州守御"②。上述诸卫迁走后，在十三山附近设置十三山驿，作为明代辽西要道上的驿站，地位依然重要，尤其是永乐年间大宁都司内迁后，从北京到辽东都司治所辽阳只能经过辽西走廊，十三山驿更形险要。③ 进入清代，对辽西地区的驿站进行了调整，将十三山站与广宁之间的牵马岭、闾阳等驿废除，④ 则驿路由十三山站直通广宁，十三山站的交通地位更加凸显。

十三山站虽然地处要道，但由于始终没有发展为治所城市，所以其市镇情况与形态鲜少见诸史册。该镇原本有城，而"十三站城，（锦州）城东七十里，周围一里二十步，东一门，城已圮，池淤"⑤。从《十三站近傍图》可以看出，十三山站的外部形态并不规整，反映出十三站城城墙倾颓之后，城镇不受拘束发展的形态。又，此图中十三山站的平面形态与今日石山镇相比，变化颇大，因此，可以作为研究该城镇乃至明清时期辽西走廊城镇，复原历史时期交通道路的重要参照。

3. 田庄台

田庄台地处辽河下游，是依托辽河航运发展起来的重要码头，是清代辽河沿岸水陆交通中心牛庄的出海口之一。据《东三省纪

---

① 《明太祖实录》卷193，洪武二十一年八月丙申，台北"中央研究院"历史语言研究所1962年校印本，第2893—2894页。
② （明）毕恭等修，任洛等重修：《辽东志》卷1《地理志》，辽沈书社1985年版，《辽海丛书》第1册影印本，第353—354页。
③ 杨正泰：《明代驿站考》增订本，上海古籍出版社2006年版，第94页。
④ 王树楠、吴廷燮、金毓黻等纂：《奉天通志》卷167《交通七·驿站》，沈阳古旧书店1983年版，第3910页。
⑤ （清）魏枢等纂，吕耀曾等修：《盛京通志》卷10《城池》，乾隆元年刊刻，咸丰二年雷以諴校补重印。

略》卷四《海疆纪略》记载:"辽河港口,旧在营口上游三十海里,地曰白华沟,以河底逐年淤塞,巨舟不能容,乃移向下游右岸之田庄台寄椗焉。曾不数年,此地亦患淤浅,复移向下游左岸之兴隆台,厥后是处又淤塞,乃三迁而至今之营口。"① 明清时期,辽河流域由于垦殖活动的增加,植被破坏逐渐严重,导致泥沙进入河水逐渐增多,河道摆动渐趋频繁,沿岸码头变动颇大。同时由于泥沙在河口堆积,海岸线向外延伸,也导致港口位置迁徙,牛庄口岸在清代也逐渐变迁。据《盛京将军和宁奏为遵复轮拨牛庄海城市斗同赴海口量粮情形事》②记载:嘉庆十九年(1814),盛京将军和宁奏称:"查明没沟营、田庄台二处海口囤贮商贩粮石甚多,人烟稠密,俱系牛庄、海城旗民官所属地方,是亦奴才等公同商酌,因地制宜,随时调剂,将淤塞之耿隆屯海口名目裁撤,其后移之田庄台,奏明与没沟营俱作为官设海口。"③ 可见,田庄台与营口同为牛庄的重要海口。道光十八年(1838),鸦片贸易猖獗,十一月甲申,有人奏称:"奉天地方近来兵民沾染恶习,吸食鸦片。其沿海地面,如锦城之天桥厂,海城县之没沟营、田庄台,盖平县之连云岛,金州之貔子窝,岫岩厅之大孤山,数处海口,为山东江浙闽广各省海船停泊之所,明易货物,暗销烟土。"④ 可见此时田庄台亦是奉天重要海口之一。

一方面,随着河道的淤积,田庄台以海船和边广大车转运为主的水陆码头而繁盛。甲午战争爆发后,清军在田庄台布置重兵扼守辽河要津。光绪二十一年(1895)三月,日军攻打田庄台,与驻守此处的清军进行激战,清军战败,日军在当地大肆烧杀抢掠,

---

① 徐曦:《东三省纪略》,商务印书馆1915年版,第157页。
② 《盛京将军和宁奏为遵复轮拨牛庄海城市斗同赴海口量粮情形事》,转引自张士尊《明清两代辽河下游流向考》,《东北史地》2009年第3期,第21页。
③ 《盛京将军和宁奏为遵复轮拨牛庄海城市斗同赴海口量粮情形事》,转引自张士尊《明清两代辽河下游流向考》,《东北史地》2009年第3期,第21页。
④ 《清宣宗实录》卷316,道光十八年十一月甲寅,中华书局1985年影印本,第122页。

"全街又毁于兵火,而商业乃一落千丈矣"①。另一方面,1900年营口到沟帮子的沟营铁路修成,导致田庄台原本依赖的边广大车运输业随之停止。总之,清代后期,田庄台作为辽河口岸兴旺一时,市镇商业繁荣,但其城镇发展状况和城镇形态并无太多史料可资佐证,这幅伊集院兼雄所绘的《田庄台近傍辽河渡船场》,则描绘出田庄台沿大道分布的街区形态及其与辽河渡口之间的位置关系,并且在田庄台渡口的对岸,标出了"营子道"(营子即营口),并标注"即牛庄港也",说明在时人眼中,营口已是牛庄地区的主要港口。在田庄台市镇北缘的大道旁,标注出"山海关道"和"十三站ヲ经テ",结合"十三站"图上南向大道旁标注的"营子港道",可推知伊集院兼雄可能就是沿此道到达十三山。

(二)若干城镇内部格局信息的保存

中国传统的城市地图,尤其是占数量绝大多数的地方志所附城池图中,并非以如实反映城镇内部街区分布等内容为要务,多只是夸张地描绘出绘制者或使用者(二者往往也是同一群体)认为需要重点表示的建筑如官署、寺观、学校等,无法真实体现出市镇的平面形态。而且,我们知道,在传统时期,城墙并不完全等同于城镇,有些城镇的城墙内尚有大片荒地,而有些城镇的街区则溢出城墙,形成关厢等城外街区。这些现象大多数中国传统的城市地图并未如实地反映出来,因此不利于后人更直观地了解当时的城镇发展情况。

伊集院兼雄盗绘的这套地图,描绘出一些城市的内部形态和分布格局,因而具有比较重要的史料价值。

1. 凤凰城图

不但城墙内已完全建成街区,而且溢出城外,形成面积不亚于

---

① 杨晋源修,王庆云纂:《营口县志》上卷,1933年版,第23页。

城内，甚至超过城内区域的新街区。据乾隆元年（1736）修纂的《盛京通志》记载，凤凰城"按城周围三里八十步，南一门，其始建之年无考，明时设官兵于此，为边墩要地。国朝设官兵镇守"①，乾隆四十五年（1780），朝鲜学者朴趾源跟随使团前往热河祝贺乾隆帝七十寿诞，在经过凤凰城时，见到该城正在重新修筑，"城周不过三里，而砖筑数十重，制度雄侈，四隅正方若置斗然"②，朴趾源所见凤凰城城墙规模与《盛京通志》所记相符，其正方形制，与伊集院兼雄所绘《凤凰城》图相符，若是乾隆四十五年（1780）时，凤凰城的街区大片溢出城外，似应展筑城墙以容纳，很有可能伊集院兼雄所绘城外的街区是清代中期之后，随着移民的增多和商贸的发展而形成。

2. 奉天府盛京城内外图

盛京城本为明代沈阳中卫城，"本元之沈州，洪武二十一年，指挥闵忠因旧修筑，周围九里十一余步"。"门四：东永宁、南保安、西永昌、北安定。"有南关，"保安门外，嘉靖二十二年新建，周围六百七十九丈"③。后金天命十年（1625），努尔哈赤迁都沈阳。天聪五年（1631），皇太极将沈阳城的城墙添高加厚，城门增为八座，并把城内的十字街改为井字街，在城市中心修建皇城。康熙十九年（1680），"奉旨筑关墙，高七尺五寸，周围三十二里四十八步，东南隅置水栅二，各十余尺，导沈水自南出焉"④。盛京的外郭城近似圆形，有八座城门，称为"边门"。至此，盛京城就形成了外郭城—内城—皇城的重城结构。

---

① （清）吕耀曾等修，魏枢等纂：《盛京通志》卷15《城池志》，乾隆元年刊刻，咸丰二年雷以諴校补重印。
② ［朝鲜王朝］朴趾源：《热河日记》，上海书店1997年版，第18页。
③ （明）李辅等：《全辽志》卷1《图考》，辽沈书社1985年版，《辽海丛书》第1册影印本，第523页。
④ （清）吕耀曾等修，魏枢等纂：《盛京通志》卷5《京城志》，乾隆元年刊刻，咸丰二年雷以諴校补重印。

第四章 专题地图与历史地图

关于盛京城内的街区建设分布情况，清代史料语焉不详，直到清末出版的《奉天地理》，其中第三编为奉天省城地理，其中第一章为"奉天省城城厢概说"，第二章为"砖城以内之部"，第三至十章将边城以内分为 8 部分分别叙述。详细讲述街道、衙署等方位及名称，但限于文字描述的不准确性，具体方位仍不十分清楚。① 笔者所见存世盛京城池图及《盛京通志》等地方志中的盛京城图也均未描绘街区情况。根据一些清代文献，我们可以知道主要的衙署集中在皇城附近，而商业则主要分布在内城中，集中在以钟鼓楼为中心的街道附近，尤其是钟鼓楼之间与通天街交叉的四平街一带，该区域店铺林立，十分繁荣。清人刘世英在《陪都纪略》中，列举了同治年间比较重要的商铺，其中彩盛号、会文山房、永寿堂、信亿合、择锦堂、天益堂、富春堂、四合堂、文兴堂、广泰发、卿云楼、百花馆、裕盛垫庄等都集中在四平街一带。其他买卖铺户，也多在大北关、小南关、小西关、大西门里等内城区域。书中所提到的银钱市、米粮市、发行店、木行、臭皮行、船行、果子市、鱼行、耳包市、菜行、大发作行、带子市、掸子作、弓箭铺、湖笔庄、估衣铺、茶叶铺等亦大多分布在内城中。② 由此可以推测内城比外城繁华，但街区情况依然不甚清楚。

在伊集院兼雄盗绘的《奉天府盛京城内外图》中，非常生动直观地展示了光绪年间沈阳城市街区的分布格局，即内城建筑比较密集，已经全部建设为街区；而外郭内则沿连接内外城门大路形成放射状的街区，体现出清代后期盛京城发展的时代阶段性特点。

伊集院兼雄标绘出若干衙署、兵营、练兵场以及各类寺庙祠祀，包括喇嘛庙、邓大人庙、三贤祠、老爷庙、黄寺、子孙堂、耶苏堂（即耶稣堂）、天主堂、娘娘庙、娘娘宫、老爷庙等。其中值得注意的，一是邓大人庙，绘于外郭大东边门内大路南侧，按此庙

---

① 汤允中：《奉天地理》，宣统二年铅印本。
② （清）刘世英著，王绵厚、齐守成校注：《陪都纪略》，沈阳出版社 2009 年版。

本为堂子，即萨满教祭祀场所，但口传为邓大人庙。① 黄寺也系著名藏传佛教寺院实胜寺的俗称，由此也正说明伊集院兼雄因系短期盗测，无法详细调查的特点。二是天主堂和耶稣堂，二者均在寺庙符号上绘出白色十字架，前者绘在内城南垣与外郭城墙之间的街区内，后者绘在小西门外的外郭城大道南侧。按盛京城最早的天主教堂系"光绪元年，法教士来奉天，于天佑门外街西建堂百二十楹"②，即后来的盛京总堂，位置与此图上"天主堂"相符。而盛京城的新教教堂，据《民国奉天通志》记载："同治六年，始在营口创设福音堂。光绪二年，至奉天，在抚近关街北，创立英国长老会分会，以中西教士合组，协商教务。于十八年建礼拜堂三十楹"③，即后来东关教堂。但据于光绪九年（1883）开始在盛京城传教的英国人杜格尔德·克里斯蒂（司督阁）回忆，盛京城最早的基督教礼拜堂是由苏格兰联合长老会的约翰·罗斯牧师建立的，"人们在迫害停止后，组织了一个小型宗教集会，在一条最繁盛的街上，建起一个小礼拜堂"④。今人推测此"最繁盛的街上"可能是在四平街附近，⑤ 然传教士所记，未必完全符合当时情况，若此图中所绘耶稣堂即罗斯所建的礼拜堂，当是沈阳乃至东北宗教史上珍贵的第一手资料。

三　地图中存在的问题

由于伊集院兼雄在盛京地区进行盗测时间不长，且"旅行"路途遥远，所以所绘地图也存在诸多问题乃至错漏。如图中绘制城墙与街区比较精细，亦标绘出城门，但城门名称却付之阙如，图上

---

① 富育光：《清宫堂子祭祀辨考》，《社会科学战线》1988 年第 4 期，第 204 页。
② （清）吕耀曾等修，魏枢等纂：《盛京通志》卷 99《礼俗三：神教》，乾隆元年刊刻，咸丰二年雷以諴校补重印，第 2273 页。
③ （清）吕耀曾等修，魏枢等纂：《盛京通志》卷 99《礼俗三：神教》，乾隆元年刊刻，咸丰二年雷以諴校补重印，第 2273 页。
④ [英] 杜格尔德·克里斯蒂著，张士尊等译：《奉天三十年（1883—1913）——杜格尔德·克里斯蒂的经历与回忆》，湖北人民出版社 2007 年版，第 19 页。
⑤ 佟悦：《清代盛京城》，辽宁民族出版社 2009 年版，第 162 页。

的一些重要机构，位置亦时见错置，如《奉天府盛京城内外图》中，官署位置十分混乱，名称也有错讹，如"织造库"讹作"制造库"，一些重要衙署如奉天府、通判等也没有标出，有些衙署地块标绘出，却不知是何机构，只能写上"衙门"二字了事，可见其粗疏。

另外值得注意的是，伊集院兼雄对大部分城镇的城墙形态绘制都比较符合实际情况，唯独盛京城外郭，绘成了正方形，实在令人惊讶。实际上，盛京外郭城的位置，西段大致沿今日青年大街，北段大体沿今日沈吉铁路，东段大致沿今东边城街，南段大体沿今日西滨河路、文艺路和万柳塘路一线，呈现不规则的圆形，其圆形城郭，在今天仍影响着沈阳城市的轮廓，在地图与卫星图片上清晰可辨。这一点，在清代的文献中也有相应记载，如缪东霖在《陪京杂述》中说：

> 按沈城建造之初，具有深意。说之者谓城内中心庙为太极，钟、鼓楼为两仪，四塔象四象，八门象八卦，郭圆象天，城方象地，角楼敌楼各三层，共三十六，象天罡，内池七十二，象地煞；角楼敌楼共十二，象四季；城门瓮城各三，象二十四气。此说与当日建城之意相符与否，诚不敢知，但说为近理，故附志之。①

这段话的内容当然是附会之语，但"郭圆象天，城方象地"，很明确地描述了外郭城的形制。在《陪都纪略》中，亦附有盛京城图，画出圆形的外郭城。② 光绪元年（1875），日本人曾根俊虎曾到过盛京城，亦曾绘制《盛京城内外郭》，地图呈鸟瞰式，明显画出外郭土城的圆形轮廓。③

---

① 缪东霖：《陪京杂述》，清末刻本。
② （清）刘世英著，王绵厚、齐守成校注：《陪都纪略》，沈阳出版社2009年版。
③ ［日］曾根俊虎著，范建明译：《北中国纪行·清国漫游志》，中华书局2007年版，第84—85页。

伊集院兼雄将盛京城外郭画成方形，应不是如实反映其亲眼所见，似另有所本。在清代所流传的盛京城地图中，亦多有将外郭城绘作近似方形的情况，如《盛京通志》中的《盛京城图》就是如此，用四角略带弧度的方形描绘外郭城。① 而《陪都景略》中的《盛京形式图》则干脆绘成棱角分明的标准方形。②

据此推测，在清代将盛京外郭城绘成方形的地图与绘成圆形的地图应并存于世，很可能伊集院兼雄接触到前者，影响到他对盛京外郭城的绘制。

伊集院兼雄于1882年绘制而成的清代盛京各城镇地图，描绘了盛京地区14个不同等级、规模城镇的形态，虽然具有不够精细，甚至多有错讹的缺点，但由于这批地图是较早运用近代测绘技术绘制而成的城市地图，对于研究这些城镇的早期形态与街区情况，具有不可替代的史料价值。也反映出：搜集、整理与研究近代时期外国人所绘的中国城市地图，对于复原中国近代城市发展历程，城市形态的演变，具有非常重要的学术意义。

---

① （清）吕耀曾等修，魏枢等纂：《盛京通志》卷首，乾隆元年刊刻，咸丰二年雷以諴校补重印。
② （清）邱文裕：《陪都景略》，同治十二年刻本。

古地图中所见延庆历史地理

延庆地处燕山地区，位于华北平原和蒙古高原的过渡地带，由于具有拱卫北京乃至华北平原，沟通长城内外的重要战略位置，历代均在此设置政区进行经略。与此相适应，自辽宋时期以后的很多地图上都对这一区域进行表现，以体现其历史地理的进程。笔者对这一历史进程进行了梳理和研究。

一 延庆地区历代建置的变迁

延庆区位于北京市西北，东邻怀柔区，南毗昌平区，西接河北省怀来县，北连河北省赤城县。在地形上，延庆区主要位于军都山区中，平均海拔 500 米以上，以山区为主，平原面积约占 26.2%，处于华北平原与蒙古高原的过渡地带。妫水河发源于永宁乡，自东向西流过延庆盆地，汇入官厅水库。

由于地处军都陉外，地势险要，加上延庆盆地地势平衍，水源丰沛，可供农业耕作，所以在很早时期，中原政权就对延庆地区进行经略，设置政区进行管理。战国时燕国大将秦开却东胡，置上谷、渔阳、右北平、辽西、辽东诸郡，延庆应即在这一时期被纳入诸夏的郡县体系中。《汉书·地理志》中载上谷郡有居庸、夷舆二县，在今延庆境内，其中一般认为居庸县治即在今延庆镇，① 夷舆县故城位于旧县镇古城村东北 250 米处。② 东汉省夷舆县，曹魏以居庸县为上谷郡治，西晋时还属沮阳，③ 北魏时复治居庸。④ 隋代

---

① 周振鹤、李晓杰、张莉：《中国行政区划通史·秦汉卷》，复旦大学出版社 2016 年版，第 512 页。
② 《延庆县志》，北京出版社 2006 年版，第 629 页。
③ 胡阿祥、孔祥军、徐成：《中国行政区划通史·三国两晋南朝卷》，复旦大学出版社 2014 年版，第 566、633 页。
④ 牟发松、毋有江、魏俊杰：《中国行政区划通史·十六国北朝卷》，复旦大学出版社 2016 年版，第 513 页。

今延庆区境内并未设县，唐玄宗天宝四载（745），析怀戎县置妫川县（治今延庆镇），属妫川郡。其后徙治缙山城（今延庆区旧县镇），改名为缙山县。① 按，唐僖宗光启二年（886），从幽州卢龙节度使李匡威议在缙山县设置儒州，历刘仁恭、刘守光、后唐、石晋、辽而不改。《大明一统志》载："唐末析置儒州，辽为儒州、缙阳军，治缙山县。金皇统初州废，以县属德兴府。元至元初省缙山入怀来县，寻复置，属奉圣州。后以仁宗生于此，升为龙庆州。本朝初，州县俱废。永乐十一年，诏复置州，改曰隆庆。"② 《金史》《元史》中地理志记载与《大明一统志》相同。

学界一般认为，辽金之儒州、元之龙庆州，治所均在今延庆镇，这就与妫川县徙治缙山城并改名缙山县之记载以及考古发现不符，据《隆庆州志》记载，州城"因元之旧，周围四里零一百三十步"③。嘉靖《宣府镇志》补充"金太和［泰和］中城之"④。也就是说明代的隆庆州城（即今延庆镇）起码自金章宗泰和时期（1201—1208）之后并未迁徙，仍在唐妫川县旧治。因史料不足征，推测起来，很有可能在五代及辽代，缙山县的治所曾迁徙回妫川旧治，但县名未变。

明代北伐之后，实行了"徙山后民"的大规模移民政策，将包括龙庆州在内的原燕山山脉以北的各州"沙漠遗民"迁徙到燕山山脉以南的华北平原等地，⑤ 并废罢了政区建制。明成祖着力经营北京，毗邻居庸关的延庆地区自然成为战略重地，所以在永乐十一年（1413）重新设置行政区划，因已改朝换代，自不再纪

---

① 郭声波:《中国行政区划通史·唐代卷》，复旦大学出版社 2012 年版，第 208 页。
② （明）李贤等:《大明一统志》，天顺五年（1461）御制序刊本，三秦出版社 1990 年版。
③ 嘉靖《隆庆志》卷 2，《天一阁藏明代方志选刊》影印北京大学图书馆藏嘉靖二十八年（1549）刻本，上海古籍书店 1981 年版。
④ 嘉靖《宣府镇志》卷 11《城堡考》，第 88 页。
⑤ 参见曹树基《中国移民史》第 5 卷，福建人民出版社 1997 年版。

念元代皇帝的出生地，遂改名为隆庆州，并同时在州境设置了永宁县，隶属于隆庆州管辖。"设隆庆州并永宁县，隶北京行部。隆庆，古缙云氏所都之地，金置缙山县，元仁宗生于县东，改为龙庆州。国初，移其民入关内，州遂废。至是，上以其当要冲，而土宜稼穑，改为隆庆州。又于州东团山下设永宁县，隶焉，而以有罪当迁谪者实之。"① 隆庆元年（1567），因避年号之讳，改隆庆州为延庆州。② 顺治十六年（1659）七月，废永宁县，并入延庆州。③ 康熙三十二年（1693），清政府撤销宣府镇，改设宣化府，延庆州亦并入宣化府。④

明朝虽然推翻了元朝，但依然面对着蒙古各部的军事威胁，尤其是明成祖迁都北京之后，沟通华北平原与蒙古高原的桑干河—洋河流域作为拱卫京师的重镇，战略地位极其重要，于是明朝在此地广设卫所，并于宣德五年（1430）六月，"置万全都指挥使司，时关外卫所皆隶后军都督府，上以诸军散处边境，猝有缓急，无所统一，乃命于宣府立都司……宣府等十六卫所皆隶焉"⑤。元代宣德府所属州县辖地，均改为卫所，并未设置州县，正是出于军事防御的目的。而隆庆州作为"南挹居庸之翠，北距龙门之险"⑥ 拱卫京师的重镇，地位之重要，不言而喻。而且，明朝在这一区域并未完全进行卫所式管理，而是设置了州县，一方面是相对万全都司地区更加靠内，另外隆庆州的农业基础也比较好，如前所引《明实

---

① 《明太宗实录》卷149，永乐十二年三月丁丑，台北"中央研究院"历史语言研究所1962年校印本，第1736页。
② 《明穆宗实录》卷14，隆庆元年十一月庚午，台北"中央研究院"历史语言研究所1962年校印本，第396页。
③ 《清世祖实录》卷127，顺治十六年八月己丑，中华书局1985年影印本，第986页。
④ 《清圣祖实录》卷158，康熙三十二年二月癸未，中华书局1985年影印本，第738页；（清）吴廷华修、王者辅等纂：乾隆《宣化府志》卷2《地理志》，成文出版社1968年影印本，第71页。
⑤ 《明宣宗实录》卷67，宣德五年六月壬午，台北"中央研究院"历史语言研究所1962年校印本，第1579页。
⑥ 嘉靖《隆庆志》卷1《地理·形胜》引元志。

录》,"上以其当要冲,而土宜稼穑",《嘉靖隆庆志》也记载了这件事:"永乐十一年,车驾北巡,驻跸团山,顾兹沃壤,诏复置州,迁民以实之,编户十四里,领县一,直隶京师"①。而永宁县也恰位于团山之下:"永宁县,旧治团山下,无城。宣德五年三月,侯薛禄奉命统兵至境,相地筑建于今所,周围六里十三步,高三丈五尺,池称之。辟四门:东曰迎晖,西曰镇宁,南曰宣恩,北曰威远。正统间以砖石甃砌完固。"② 这一带地区的农业条件,自元代就有文献记载,如元朝官员周伯琦也曾记载:"缙山乃轩辕缙云氏山,山下地沃衍,宜粟,粒甚大,岁供内膳。"③ 所以明朝才会在此设置一个直隶州,下辖一县。

同时,由于其军都陉的重要地理位置,加上弃守大宁与开平之后,隆庆州的东北部便直接面临蒙古军队的威胁,所以明朝在隆庆州境修建了边墙,并设置了多个卫所与军堡,如设在永宁城的永宁卫和隆庆左卫,以及四海冶所等,永宁城还是宣府镇东路参将驻扎地,以确保辖区内的军事防御。

进入清代,由于漠南蒙古各部在清军入关之前就已归附了清朝(后金),所以清军入关定都北京之后,长城内外归属于同一政权,边疆形势与明代相比发生了很大的变化,导致延庆州的军事色彩降低。清军刚刚入关,就开始着手裁撤此处的军事机构:"保安、延庆两州,斗大一城,既有州官,又设守备,似宜裁去守备,而以城守之务专责正印官料理。若永宁县,距柳沟止二十里,而有两参将,尤属滥冗,似宜裁永宁之参将,专其责于县官。东路一隅,设总镇,又设两协,其间宜留宜汰,尤宜急议。"④ 这样,延庆州从明代的边镇重地,变为清代的京畿腹地,体现了长城地带历史演进

---

① 嘉靖《隆庆志》卷1《地理》。
② 嘉靖《隆庆志》卷1《地理》。
③ 贾敬颜:《周伯琦〈扈从诗前后序〉疏证稿》,氏著:《五代宋金元人边疆行纪十三种疏证稿》,中华书局2004年版,第357页。
④ 《清世祖实录》卷5,顺治元年六月戊寅,中华书局1985年影印本,第63—64页。

的大势。

作为华北边疆重地,自宋代以来的古地图,多有对延庆地区的描绘,下面笔者将对其中重要的一些地图以及地图上所反映的延庆地区的地理建置、历史发展等信息进行梳理与分析。

二 宋元时期地图上对延庆地区的表现

作为被后晋割让给辽朝的燕云十六州之一,儒州在宋代的多幅总图上均有表现,最早的当为北宋哲宗元符二年(1099)刊刻的《历代地理指掌图》中的几幅地图,此图集为税安礼所撰,为现在已知最早的历史地图集,其中儒州作为当时的"今地名",在很多图幅中标出,计有《古今华夷总要图》《历代华夷山水名图》《帝誉九州之图》《虞舜十有二州图》《禹迹图》《商九有图》《周职方图》《七国壤地图》《汉吴楚七国图》《元魏北国图》《后周北国图》《隋氏有国图》《李唐藩镇疆界图》《朱梁及十国图》《后唐及五国图》《天象分野图》《唐一行山河两戒图》《圣朝元丰九域图》《本朝化外州郡图》《圣朝升改废置州郡图》等二十幅图,均上标有"儒"字,且画于长城以内,按辽宋并未在此地修筑长城,此图上长城应是表现燕云各地位于秦汉长城之内,为传统的中原政权管辖区域。《本朝化外州郡图》中还将被辽朝和西夏等政权占领,未纳入北宋统治的各州名用圆圈围住。

现存于西安碑林博物院的石刻《禹迹图》中,亦标出了"儒(州)",此图刻石时间为刘豫伪齐阜昌七年(南宋绍兴六年,金天会十四年,1136年),表现年代据学者考证为元丰三年至元符三年之间(1080—1142)。南宋绍兴十二年(1142)十一月镇江府府学立石的《禹迹图》(现存于镇江博物馆)基本形制与《禹迹图》相同,其上也标出了"儒(州)"。在南宋淳祐七年(1247)由王致远刻于苏州的《墬理图》中,亦标出了"儒州",藏于日本的《舆地图》中亦标出"儒州"。

与此同时,亦有辽宋金时期的总图中未标绘儒州,如北宋宣和三年（1121）十一月，荣州刺史宋昌宗刻石的《九域守令图》，此图系表现北宋统治区域内的山川政区，所以其北即至辽宋分界线，而未标绘燕云地区。另外，《禹迹图》石碑背面所刻《华夷图》上并未标出。①

总体而言，儒州因系唐代所设，且属燕云十六州之一，所以在宋代的天下总图中，往往会将其绘出，并置于长城之内，有示为华夏故土之意。

在元刻本《契丹国志》中，亦有《晋献契丹全燕之图》与《契丹地理之图》，在这两幅地图中，绘出了带有雉堞的城墙的长城形象，但将儒州、妫州（治怀来县，今淹没于官厅水库中）、新州（治今涿鹿）、云中府（应即大同府）、幽州路、南京以及寰州（治马邑，今朔州市马邑村西）等置于长城以北，燕京、顺州（治今北京市顺义区）、檀州（治今北京市密云区）、蓟州（治今天津市蓟州区）、蔚州（治今河北蔚县）、应州（治今山西应县）、朔州等置于长城以南，令人殊不可解。在元代之前，绵延万里的长城只有秦汉时期所修筑，但其并未如此图中沿居庸关向西南如此走向者，且在长城以北标出"南京"和"幽州路"，只能说明此图的绘制者对燕云地区的地理很不熟悉，以致有如此舛误。

三 明清地图上对延庆地区的表现

如前所述，明朝在北伐大都之后，为抵御蒙古势力的南下，在宣府地区广设卫所，屯集重兵，尤其是迁都北京之后，这一区域的战略意义更为重要。由于地处万全都司之南，居庸关外，所以延庆地区既被纳入州县政区系统，也有诸多军事单位驻扎，在地图上的标注方式也体现出这一特色。

在总图中，一般都会按州县政区系统标注延庆地图，如《扬

---

① 此部分所引用的地图图像及研究，均采自曹婉如等编《中国古代地图集·战国至元卷》，文物出版社1994年版。

子器跋舆地图》中，在北京天寿山西北，标出了"隆庆"和"永宁"，其中隆庆外括圆圈，为州府符号，永宁外括竖立长方形框，为县级符号。此图藏于旅顺博物馆，绘制于明武宗正德八年（1513）之前，但凡例写于嘉靖五年（1526），图上亦有正德八年至嘉靖五年之间所设置的政区。① 在桂萼修撰的《皇明舆图》（《修攘通考》本）的"北直隶图"中，亦标出了隆庆与永宁。在收藏于台北故宫博物院的满汉文《北洋海岸图》中，标绘出了"延庆州（yan cing jo）"和"永宁县（yong ning hiyan），延庆州用椭圆形的州级符号，而永宁县则用长方形的县级符号。在延庆州与永宁县以北，绘出一处山口，并绘有城垣形状，似在表示古北口边墙。②

"土木之变"后，明朝对蒙古的军事态势转为被动，成化、弘治、嘉靖时期，蒙古的达延汗、俺答汗等部多次入边杀掠，北边的防御为朝野上下所重视。在这一时期，出现了一个边防图籍修撰的高峰。③ 在多部边防地图中，对延庆地区的表现方式体现出更浓厚的军事色彩。在嘉靖三十四年（1555）刊刻的罗洪先《广舆图》的"北直隶舆图"和"宣府边图"中，标绘出"隆庆""永宁"与"四海冶"，其中四海冶堡于成化二十年（1484）设置了四海冶协守千户所，弘治七年（1494）改为守御千户所，④ 成为宣府东路的边防重镇。

在兵部等专司军事职能的机构所编绘的地图中，则更详细地表现了延庆地区的城堡等军事设施的若干细节。尤其是城堡墙垣的形制和城门的数量和位置。

---

① 许明纲：《扬子器跋舆地图》，曹婉如等编：《中国古代地图集·明代卷》，文物出版社1994年版，图版第12—15。
② 林天人等编：《河岳海疆：院藏古舆图展图录》，台北故宫博物院2012年版，第170页。
③ 参见向燕南《明代边防史地撰述的勃兴》，《北京师范大学学报》（人文社会科学版）2000年第1期。
④ 《明宪宗实录》卷257，成化二十年十月壬戌，台北"中央研究院"历史语言研究所1962年校印本，第4342页。

关于隆庆城、永宁城和四海冶堡的形制，具体情况如下：

> 本州城因元之旧，周围四里零一百三十步，永乐甲午，复设州治，宣德五年，阳武侯薛禄奉命补修。岁久陵夷，景泰二年，知州胡琏请于朝，上命副总兵都督纪广率军修筑之，城高二丈二尺，雉堞七尺，垛口三尺五寸，厚四丈四尺，池阔二丈，深一丈，扁其南门曰奉宣，北门曰靖远，东门曰致和，潮阳林廷举记其事。景泰三年，副千户刘政导沽河水环流城下。天顺七年，知州师宗文、守备指挥佥事汪溶以砖石甃砌，寻止。成化三年，知州李鼎、守备千户刘政协力甃砌殆完。嘉靖间，巡按御史李宗枢议欲完之，未果也。① 二十七年之秋，次年之春，时当三月，十万大抢州境，州城几危，奉文，民夫修城，□高七尺。万历八年，州守师公嘉言奉文展修北城，阔五十步，周围计四里三百四十六步。三十六年，淫雨溃倒砖城七处，州守杨公惟相督令士民包修，开西水门。万历四十四年，州守宋公云霄、吏目夏君诏功遵奉怀隆兵备按察使胡公思伸修南关并新堡砖墙，长二百二十七丈七尺，角台一座、敌台二座、关门二座、水关二座。②

> 永宁县，旧治团山下，无城。宣德五年三月，侯薛禄奉命统兵至境，相地筑建于今所，周围六里十三步，高三丈五尺，池称之。辟四门：东曰迎晖，西曰镇宁，南曰宣恩，北曰威远。正统间以砖石甃砌完固。③

> 四海冶堡，高二丈八尺，方一里二百六十四步，城铺十一，门二，北曰迎恩，南曰迎熏。弘治十二年，参将黄镇谋为包甃。④

---

① 嘉靖《隆庆志》卷1《地理·城池》。
② 康熙《延庆州志》卷1，第233页。
③ 嘉靖《隆庆志》卷1《地理·城池》。
④ 嘉靖《宣府镇志》，成文出版社1970年影印版，第91页。

在许论所撰《九边图论》中，绘出了"隆庆州"，绘作左下角收起的城垣状，亦绘出永宁，为方框。在嘉靖年间成书的兵部职方清吏司主事魏焕编绘的《皇明九边考》中，隆庆州亦作如此处理，永宁城则绘成两侧有城门门楼符号的方框。① 在隆庆三年（1569）兵部尚书霍冀、职方司郎中孙应元等上的《九边图说》中的"宣府镇城五路总图"中绘出了延庆州城、永宁城、周四沟、黑汉岭、四海冶堡等城堡，其中四海冶堡的西堡墙绘作向外凸出的弧形。在"东路城堡之图"中，则更详细地描绘了宣府镇东路的众城堡，在城堡符号内标出了驻扎军官，如四海冶堡"守备一员驻扎"，永宁城"参将、守备各一员驻扎"，延庆州城"守备一员驻扎"，并绘出了城门，但与实际并不完全相符，如延庆州城只绘出南北两座城门。在永宁城和四海冶堡处标注"极冲"，在延庆州城和岔道城处标注"次冲"。

在嘉靖朝编撰的《宣府镇志》中亦有多幅地图，其中"宣镇疆域之图"中，绘出了隆庆城与永宁城，隆庆城绘出了西南收起的城墙和东、西、南三座城门，永宁城则绘出了四面的四座城门，图上绘出了居庸关和隆庆州境的河流。在其后的"宣镇城堡"图，分为多幅具体表现宣府镇各地，在最东端的一幅中，较为详细地表现了隆庆州城、永宁城和四海冶堡的形制，标绘出隆庆州境南北的山地。

在宣大山西三镇总督杨时宁主持编纂的《宣大山西三镇图说》中，多处对延庆地区进行绘制表现：①卷首的"三镇总图"中，绘出了永宁城、柳沟城（今延庆区柳沟村）、四海冶堡和岔道城（今延庆区岔道村），永宁城被绘出东、西、南三座城门，柳沟城被绘出东、南两座城门，四海冶堡被绘出一座南门，岔道城被绘成向西北倾斜的城垣形状，绘出南北两座城门。在此总图中，未绘出

---

① （明）魏焕：《皇明九边考》，王有立主编：《中华文史丛书》，第15册，台北：华文书局1969年影印嘉靖刻本，第20页。

延庆城。②在"宣府镇总图"中，绘出了柳沟城、岔道城和永宁城，在柳沟城和永宁城中均标注"参将驻扎"。③在"宣府怀隆道辖东路总图"中，绘出了延庆州城、永宁城、靖胡堡、刘斌堡、周四沟堡、黑汉岭堡、四海冶堡等城堡，其中延庆州城的西城墙和南城墙被绘作曲折形状。④各城堡均有一图一说，在各自的图幅中，其城垣形状、走向，城门的数量和位置均比较准确与写实，城堡周边的地区，对军事设施进行了突出的表现，如各城堡周围的烽燧，对那些可资军事攻守的地形和地物，也进行了特别的表现，如在四海冶堡图幅中，不仅画出了周围的烽燧，还着重描绘了其西的一块高台地，其上绘出了寺庙符号，标注为"龙王庙"，应是有军事价值的一处高地。图上还绘出了四海冶堡所管辖的边墙，边墙外的沟谷、旧城、寺庙，以及蒙古包、牲畜和蒙古人骑马的形象，并标出了部落名称。四海冶堡绘出了北面和东面两个城门，上有城楼，与实际相符。

值得注意的是，在总图中，隆庆作为州与永宁作为县，在全图统一的符号中层级鲜明。但在明末所绘制的区域性边防图籍中，永宁城的表现方式并不在隆庆州（延庆州）之下，往往更加突出，画得往往也更大一些，这并非永宁县城规模大于隆庆州城的写实反映，而是因为更高层级的军事机构驻扎在永宁城——永宁卫与宣府镇东路参将，隆庆州城则是驻扎永宁卫后所与守备官。而柳沟城在此时得以在"宣府镇总图"上标绘出来，也是因为在此处设置参将之故。所以，在边防图籍中，军事职能得到了更多的重视。

如前所述，明清鼎革之后，延庆州的战略地位也发生了变化，军事色彩逐渐淡化，民治得到更大的重视，在这一时期的长城地带的文献中，普遍可以感知这一时代变迁，如离延庆州不远的宣化府西宁县（治今赤城县龙关镇）知县在其康熙五十一年（1712）为《西宁县志》所作的序文中就曾说："前明止分军卫，诚以密迩旃

第四章 专题地图与历史地图

袭，讲兹屯牧。月明砂碛，防秋之刁斗千群；风肃旌旗，征马之嘶鸣万里。虎头燕颔，谁为作赋之才？铁马金戈，终尠登临之胜。以故记载莫考，志乘阙如。聿自昭代，声教四讫，烽燧无虞，改军屯为郡县，化刀剑为农桑。"① 所以，在此后的重要地图中，延庆州也更多地表现为一个畿辅地区的普通州县，而非军事重镇，如在雍正十三排图中，就只是标出了延庆州、岔道、永宁堡、观头堡、周四沟堡、刘斌堡等处，而没有绘及永宁城。② 可以明确看出，永宁县裁撤之后，虽然规模仍在，但其重要性已经完全丧失，成为普通集镇。

综合以上的梳理，我们能够发现，延庆地区作为沟通华北平原与蒙古高原之间的长城地带的一个区域，在不同历史时期的地图中，有着带有鲜明时代特征的表现方式，这种表现方式的变化，体现了历史地理格局的变迁。对于古地图所承载的文化因素，值得学界进一步深入研究和挖掘。

---

① （清）张充国纂修：康熙《西宁县志》"张充国序"，清康熙五十一年（1712）刻本。

② 曹婉如等编：《中国古代地图集·清代卷》，文物出版社1997年版，图版158。

清代钱塘江海塘地图举要

浙江省钱塘江河口两岸的杭嘉湖平原和宁绍平原，川野衍沃，带河襟海，自三国以降，随着一批批中原人民的南迁和地方政府的投入，杭嘉湖平原和宁绍平原逐渐开发起来，成为中国重要的经济区。中唐以后，逐渐成为国家漕粮、财赋、人才之渊薮，人烟稠密且经济文化发达。然而，受钱塘江口特殊的地理环境和地质条件影响，钱塘江两岸濒临东海，受海潮、江潮冲击、浸润的威胁甚重。汹涌的海潮和山洪都对沿岸的农田、城邑产生严重威胁。为捍卫农田，抵御水害，历代官民在滨海的江海堤岸修建海塘工程。早在北魏郦道元所著《水经注》中，就转引了南朝刘宋刘道真《钱塘记》对汉代华信修筑钱唐防海大塘之事的记载："防海大塘在县东一里许，郡议曹华信家议立此塘，以防海水。始开募，有能致一斛土石者，即与钱一千。旬日之间，来者云集，塘未成而不复取。于是载土石者皆弃而去，塘以之成。"① 五代后梁开平四年（910），江潮与海潮威胁杭州江岸，吴越王钱镠主持修筑土塘，屡次均未获成果，于是改筑石塘，获得成功，开创了浙江石塘的历史。以后历经宋、元、明、清各代，钱塘江海塘屡经增修，逐渐延长、扩大，塘型结构、施工质量、材料均不断改善，并随海潮、江潮、堆沙、堤岸情形的变化不断调整，形成规模宏大的海塘工程。② 海塘与万里长城、大运河一起被誉为我国古代三大工程。③ 其工程浩大、布置周详、结构精巧、管理有序，达到传统社会的巅峰。

另一方面，由于钱塘江河口动力条件复杂，潮差大，变化、摆

---

① （北魏）郦道元注，杨守敬、熊会贞疏，段熙仲点校，陈桥驿复校：《水经注疏》卷40，江苏古籍出版社1989年版，第3297页。
② 关于钱塘江河口变迁和海塘修筑历史，参见陶存焕、周潮生《明清钱塘江海塘》，中国水利水电出版社2001年版；陈吉余《海塘——中国海岸变迁和海塘工程》，人民出版社2000年版。
③ 陈吉余：《序》，载陶存焕、周潮生《明清钱塘江海塘》，中国水利水电出版社2001年版。

动较大,江流、海潮和滩岸河床变化频仍,两岸与江心沙滩的堆积、坍塌亦变幻无常,使得水势也随之经常变化,对塘工产生严重威胁。所以,伴随着海塘的修建、维护,为体现海潮、江潮、沙洲和堤岸情况的变化和塘工进展的情形,中央与地方政府绘制了相当数量的海塘地图,从现存的海塘图来看,大多绘制精细,实用性强,体现了中国传统舆图的经世致用风格。

就清代情况而言,在清初之前,江流、海潮出入的通道主要在南大门。崇祯十六年(1643)至清朝顺治二年(1645)间,钱塘江主槽由南大门移至中小门。康熙五十九年(1720)以后,江流、海潮尽归北大门。[1] 由于钱塘江北岸"从小尖山到杭州130里的范围内,全部都以坦荡的平原为其边界。而其组成物质,又都是分选极好的粉沙土,抗冲力最弱"[2],所以,从康熙、雍正朝以后,海塘工程量急剧增多,政府对塘工的重视亦大大提升。乾隆帝即位后,指出"海塘为越中第一保障"[3],并要求按月呈报钱塘江海塘沙水情形,以便掌握海潮、滩岸、沙洲、水势的变化。乾隆四十六年(1781),负责监督塘工的闽浙总督陈辉祖就因"向来海塘河工秋汛情形,应于霜降后循例题报,即至迟,亦当于立冬前后。今节气已逾大雪,是过两月之久,该抚始行题具,甚属迟缓",得到"交部议处"的处分[4]。

在规划塘工、公文上下往还的过程中,清朝各级政府亦绘制地图,以表现钱塘江海塘工程和沙水情形及变化,有些地图保留到今天,据笔者初步统计,分别收藏于中国国家图书馆、中国科学院图

---

[1] 载陶存焕、周潮生《明清钱塘江海塘》,中国水利水电出版社2001年版,第17—18页。
[2] 陈吉余:《海塘——中国海岸变迁与海塘工程》,人民出版社2000年版,第72页。
[3] 《清高宗实录》卷656,乾隆二十七年三月丙申,中华书局1986年影印本,第339页。
[4] 《清高宗实录》卷1146,乾隆四十六年十二月庚午,中华书局1986年影印本,第357页。

书馆、台北故宫博物院、美国国会图书馆、英国国家图书馆、日本京都大学等单位中。这些传统舆图形象地描绘了不同时期钱塘江两岸地理和工程情况,有待于学界进一步整理、研究。下文将结合海塘工程历史,以若干幅保存至今的地图为例,梳理海塘地图发展的脉络。

一 乾隆朝至咸丰朝的海塘地图

如前文所述,康熙朝后期之后,钱塘江主槽冲击北岸,危及塘工。面对日益严峻的水情,乾隆九年(1744),又一次开凿中小门引河,将海水、江流通过引河引导向南。但从乾隆二十三年开始,主槽又改道向北,复归北大门。在此影响下,河道摆荡剧烈,两岸江滩和江心堆沙的淤积、坍塌变动频仍,导致潮流情况异常复杂。从雍正时期开始,就强调修建鱼鳞石塘,坚守江堤;并继续切沙、开挖引河,引导江水主潮改道;修建丁坝等措施,维护钱塘江两岸海塘的安全。乾隆帝六次巡视江南,四次巡阅塘工,指出:"朕此次巡幸浙江。由海宁阅视塘工。至杭州老盐仓一带。有柴塘四千二百余丈。虽因其处不可下桩为石塘。然柴塘究不如石塘之坚固。业经降旨。将可以建筑石塘之处。一律改建石塘。以资永久保障。"① 从而奠定了以石塘取代柴塘的局面。

乾隆帝为准确及时掌握钱塘江的水情和塘工情况,要求按月奏报沙水情形,并附图以表现具体情况。如乾隆三十七年(1772),就有上谕内提到:"富勒浑奏报海塘沙水情形一折,以新旧两图比较:上月南门外有涨沙一片,此次全行刷去,且相距不过一月,而形势不同若此,可见海潮来往靡定,非人力所能争。"② 乾隆四十一年(1776),又有上谕提及:"据三宝奏报仁和、海宁二州县海

---

① 《清高宗实录》卷1104,乾隆四十五年四月乙卯,中华书局1986年影印本,第777页。
② 《清高宗实录》卷904,乾隆三十七年三月丁未,中华书局1986年影印本,第81页。

塘工程沙水情形一折,并照例绘图贴说进呈。据称:时值秋汛,潮水稍旺,南岸河庄、岩峰两山之北,阴沙逐渐袤延涨起,以致水势直向北趋等语。"① 乾隆四十三年(1778),又有:"王亶望奏三月分海塘沙水情形一折,并绘图同进。朕细加披阅:现在潮势逼近北岸,塘外已不复有涨沙,其自普儿兜以东俱系石塘,断不能下桩砌石。朕南巡时,屡经亲临阅视,实非石塘所宜,不得已筑建柴塘保护。然柴塘究不及石塘坚巩,倘有疏虞,所系匪细,不可不早为筹画。但潮信久不经由中亹,其阴沙积久坚硬,恐非急切所能冲刷。阅图中相近蜀山一带阴沙,潮退始见,似其处涨沙尚嫩,因用朱笔点志两处。若照朱点起讫,自东南至西北,宽开引河一道,似可令潮势改趋,久之或可冀渐刷老沙。虽不能复中亹之旧,而令潮渐南趋,冀可北涨,亦未可知,自属补偏救弊之一法。但系就图指示,难于悬定。着传谕高晋速赴浙江,会同该抚王亶望亲往相度。若果可行,即一面奏闻,一面施工赶办,以待秋时大潮通行。"② 富勒浑、三宝、王亶望均为时任浙江巡抚,可见当时按月奏报钱塘江沙水情形,是浙江地方长官的定制,而绘图呈递,按乾隆帝的规定,应"两月一次"③,将潮水情形、堆沙情形、江岸情况、塘工状况等皆绘于其上,以便皇帝定夺。④

这一时期流传至今的海塘地图较多,现择要列于下:

(一)《东西两塘海塘全图》

此图藏于中国科学院图书馆,编号为:史580 152。纸本彩绘,52折,每折纵28.3厘米,横11.2厘米;图总横长582.4厘

---

① 《清高宗实录》卷1014,乾隆四十一年八月辛亥,中华书局1986年影印本,第613页。
② 《清高宗实录》卷1053,乾隆四十三年四月戊戌,中华书局1986年影印本,第84—85页。
③ 《钦定南巡盛典》卷57《海塘四》,文渊阁《四库全书》本,台湾商务印书馆1983年版,第659册,第46页。
④ 关于钱塘江海塘沙水奏报与地图绘制、呈递情况,参见王大学《清代两浙海塘的沙水奏报及其作用》,《史林》2021年第4期。

米。图中详细标注出杭州至海宁尖山的各塘字号,在仁和、钱塘二县交界处,分别用千字文向东西排列。在钱塘江南岸,用不同颜色区分开"老岸""老沙"与"新沙"。图上画出了仁和(治今杭州市)、海宁、海盐、平湖四县立于乾隆二年(1737)的海塘字号,亦画出了塔山与小尖山之间的塔山坝,此坝建成于乾隆五年闰六月,① 则此图应绘于乾隆五年以后。图中"宁"字都不避清宣宗讳,可见此图绘制年代应在道光元年(1821)之前。②

(二)《浙塘简便图》

此图藏于中国科学院图书馆,编号为:史580 152。绢底彩绘,共六折,每折纵31.2厘米,横10.8厘米,图总横长65厘米。该图对钱塘江两岸的自然地物描绘较详,细致标出江岸的堆沙和江中的沙洲。图中绘出塔山坝,而且图中钱塘江江漕取道海宁州城北大门,说明此图绘制于乾隆二十四年(1759)之后。图中"宁"字都不避清宣宗讳,可见此图绘制年代应在道光元年(1821)之前。③

(三)《仁和县、海宁州海塘沙水情形图》

此图收藏于台北故宫博物院,编号为:故机028849。纸本单幅,彩绘,纵33.8厘米,横79厘米。此图为乾隆四十五年(1780)十月十三日浙江巡抚王亶望《奏报赶办柴工及海塘沙水情形折》附图。折中将该年九月、十月间钱塘江沙水变化的具体情况以及与八月的对比进行了陈述,对当前的堤工、塘工措施进行了汇报,并附上九、十月间沙水变化情形图两份。这两幅地图均为上南下北,即以从杭州省城到尖山的钱塘江北岸为下方,以钱塘江为上,详细绘出仁和、海宁二地的塘工和水中的新老堆沙。沙水情形

---

① 《两浙海塘通志》卷6。
② 详见孙靖国《舆图指要:中国科学院图书馆藏中国古地图叙录》,中国地图出版社2012年版,第364—365页。
③ 孙靖国:《舆图指要:中国科学院图书馆藏中国古地图叙录》,中国地图出版社2012年版,第360—363页。

变化之处，用贴黄标注。①

（四）《仁和、海宁州县塘工沙水情形图》

此图藏于台北故宫博物院，编号为：故机029820。纸本彩绘，共四幅。其中图一墨色，图二、三、四彩色。图一纵33.6厘米，横79.3厘米；图二纵33.6厘米，横81.3厘米；图三纵33.7厘米，横79.8厘米；图四纵33.8厘米，横79.7厘米。此图为乾隆四十六年（1781）正月十四日闽浙总督富勒浑奏折附图。②

二 同治至清末

江潮主槽北趋北大门之后，虽经雍正、乾隆各朝的重视，开展修筑、挑挖等工程，但效果并不明显，沙水情形仍然变幻莫测，是钱塘江两岸膏腴之地随时的警讯。从道光朝开始，清朝国力逐渐衰微，但定期绘图奏报的制度依然保留，今天能够看到的若干海塘沙水情形地图证明了这一点。

（一）《浙江海塘全图》

此图系拓本，纵83厘米，横177厘米，计里画方，每方五里。此图由张光赞测量，同治十三年（1874）上石，图首附杨昌浚跋。碑嵌于海宁州城海神庙殿壁。此图描绘了整个杭州湾的海塘工程，南塘自萧山县临浦至慈溪县杨浦闸，北塘自钱塘县狮子口至江苏金山县界碑。此图因系拓本，流传较广，中国国家图书馆有藏，编号为：4214。③ 英国国家图书馆、剑桥大学图书馆亦有收藏。④

---

① 郑永昌撰述，宋兆麟主编：《水到渠成：院藏清代河工档案舆图特展》，台北故宫博物院2012年版，第98页。按：台北故宫博物院中收藏有一批随折钱塘江海塘地图，本书不一一枚举，详见此展册。

② 郑永昌撰述，宋兆麟主编：《水到渠成：院藏清代河工档案舆图特展》，《水到渠成》，第102页。

③ 北京图书馆善本特藏部舆图组编：《舆图要录：北京图书馆藏6827种中外文古旧地图目录》，北京图书馆出版社1997年版，第335页。

④ 李孝聪：《欧洲收藏部分中文古地图叙录》，第72—74页。

(二)光绪柒年叁月分浙江省海塘沙水情形图

此图藏于中国国家图书馆,编号为:4215,共分8折,纵19厘米,总横长67厘米,系王亮(希隐)藏内府本。① 此图封面封底绢底裱糊,但褪色严重,无法分辨颜色。图中杭州城与海宁城用带有鸟瞰视角的透视技法描绘,城垣用蓝色填涂,不绘雉堞与城楼,北岸涂以鲜绿,南岸涂以淡赭石色,河道与两岸堆沙绘以灰白色,用颜色的浓淡进行区分,山峦则用形象画法,涂以鲜绿色。图中详细标示出海塘工程的各堡,不同的工程也用不同颜色区分开来。在图中有多处贴黄,基本都已脱落,只剩下浆糊粘贴处的残片。

(三)光绪柒年拾壹月分浙江省海塘沙水情形图

此图藏于中国科学院图书馆,与《浙塘简便图》《东西两塘海塘全图》《光绪柒年拾贰月分浙江省海塘沙水情形图》《光绪叁拾叁年拾贰月分浙江省海塘沙水情形图》存于同一函中。

此图共八折,每折纵19厘米,横8.5厘米,图总横长68厘米。封面、封底用黄绢裱糊,图题用墨笔直书于其上。图中杭州城与海宁城用带有鸟瞰视角的透视技法描绘,城垣用蓝色填涂,不绘雉堞与城楼,北岸涂以淡青色,南岸涂以淡赭石色,河道与两岸堆沙绘以灰白色,用颜色的浓淡进行区分,山峦则用形象画法,涂以淡青色。图中详细标示出海塘工程的各堡,不同的工程也用不同颜色区分开来。在图中有多处贴黄,记录钱塘江水势与沙洲的进退情况,可见当时监管海塘工程的官员的工作重点。其中西门口、河庄山两处贴黄已脱落,其他各处贴黄具体内容均清晰可见。②

---

① 北京图书馆善本特藏部舆图组编:《舆图要录:北京图书馆藏6827种中外文古旧地图目录》,第335页。
② 孙靖国:《舆图指要:中国科学院图书馆藏中国古地图叙录》,中国地图出版社2012年版,第366—371页。

（四）光绪柒年拾贰月分浙江省海塘沙水情形图

此图与上面的《光绪柒年拾壹月分浙江省海塘沙水情形图》相似，亦共八折，每折纵 19 厘米，横 8.5 厘米，图总横长 68 厘米。整体形制和绘制技法基本一致。①

（五）光绪贰拾肆年柒月分浙江省海塘沙水情形图

此图收藏于日本京都大学人文科学研究所附属汉字情报研究中心（漢字情報研究センター）中。②

此图于清光绪二十四年（1989）绘制，经折装，共 8 折。封面、封底用红绢裱糊，图题用墨笔竖书其上。图中杭州城与海宁城用带有鸟瞰视角的透视技法描绘，城垣用蓝色填涂，不绘雉堞与城楼，北岸涂以鲜绿色，南岸涂以淡赭石色，河道与两岸堆沙绘以灰白色，用颜色的浓淡进行区分，山峦则用形象画法，涂以鲜绿色。

图中详细标示出海塘工程的各堡，不同的工程也用不同颜色区分开来。在图中有多处贴黄，报告钱塘江水势与沙洲的进退情况，可见当时监管海塘工程的官员的工作重点。整体风格、技法与中国科学院图书馆所藏《光绪三十三年十二月份浙江省海塘沙水情形图》基本一致，而且除首尾裱以红绢以外，表现方法、风格与中国科学院图书馆所藏的两幅光绪七年浙江省海塘沙水情形图基本一致，只是因为此二图与前二图相隔 20 余年，所以色彩新旧有别而已。从字迹上来看，光绪七年二折出自一人之手，而之后二折折出自另一人之手。

（六）光绪贰拾柒年贰月分浙江省海塘沙水情形图

此图收藏于中国国家图书馆，编号为：4217。纸本彩绘，共八

---

① 孙靖国：《舆图指要：中国科学院图书馆藏中国古地图叙录》，中国地图出版社 2012 年版，第 372—375 页。

② 该机构提供网络下载，地址为：http：//kanji.zinbun.kyoto-u.ac.jp/db-machine/imgsrv/maps/，2024 年 10 月 13 日。

折，每折纵 18.6 厘米，总横 67 厘米。①

（七）光绪拾贰柒年拾月份浙江省海塘沙水情形图

编号为：4218。纸本彩绘，纵 18.3 厘米，横 66.4 厘米。②

这两幅图的绘制方法、风格与图 2、3、4、5 非常相似，封面、封底用红绢装裱。

（八）光绪贰拾玖年拾月分浙江省海塘沙水情形图

此图藏于中国国家图书馆，单幅，纸本彩绘。此图共八折，每折纵 18.2 厘米，横 8.3 厘米，图总横长 66.4 厘米。封面、封底用红绢裱糊，图题用墨笔直书于其上。③

（九）光绪叁拾叁年拾贰月分浙江省海塘沙水情形图

此图藏于中国科学院图书馆，共八折，每折纵 19 厘米，横 8.5 厘米，图总横长 68 厘米。此图首尾亦裱以红绢，表现方法、风格与前几幅图基本一致，只是因为图 2、图 3 与后五幅图相隔 20 余年，所以色彩新旧有别而已。从字迹上来看，似乎前二图出自同一人之手，而后五图出自另一人之手。从装裱与绘制的细微差别来看，图 2、图 4 用黄绢装裱，而后五图则是用红绢。可见即使并非同一人绘制，也可以认为是习惯发生了变化。

这八幅按月造送的浙江海塘沙水情形图，是当时第一手的杭州湾河流堆积、沙洲发育、江岸坍塌或堆积情形的资料，因为贴黄的位置基本稳定，下面将其内容列表进行对比（完全相同之处此不赘述）：

---

① 北京图书馆善本特藏部舆图组编：《舆图要录：北京图书馆藏 6827 种中外文古旧地图目录》，北京图书馆出版社 1997 年版，第 335 页。
② 北京图书馆善本特藏部舆图组编：《舆图要录：北京图书馆藏 6827 种中外文古旧地图目录》，北京图书馆出版社 1997 年版，第 336 页。
③ 北京图书馆善本特藏部舆图组编：《舆图要录：北京图书馆藏 6827 种中外文古旧地图目录》，北京图书馆出版社 1997 年版，第 336 页。

西兴处

光绪 七年十一月	范公塘迤西自西积字号西十四丈起，至乌龙庙西映字号六丈止。塘外新涨水沙现长九百八十丈，宽自东徂西二百余丈起，至一千余丈不等，与上月相同。 范公塘迤东自西积字号东六丈起，至西大字号二十丈止。塘外新涨水沙现长一千四百二十丈，宽自东徂西一、二丈起，至三百余丈不等。潮来漫盖，潮退显露，与上月相同
光绪 七年十二月	范公塘迤西自西积字号西十四丈起，至乌龙庙西映字号六丈止。塘外新涨水沙现长九百八十丈，宽自东徂西二百余丈起，至一千余丈不等，与上月相同。 范公塘迤东自西积字号东六丈起，至西大字号二十丈止。塘外新涨水沙现长一千四百二十丈，宽自东徂西一、二丈起，至三百余丈不等。潮来漫盖，潮退显露，与上月相同
光绪 二十四年七月	范公塘迤西自西积字号西十四丈起，至乌龙庙西映字号六丈止。塘外新涨水沙现长九百八十丈，宽自东徂西三百余丈起，至一千一百余丈不等，与上月相同。 范公塘迤东自西积字号东六丈起，至西知字号二十丈止。塘外新涨水沙现长一千八十丈，宽自一、二十丈至三百二十余丈不等。潮来漫盖，潮退显露，较上月坍卸二百余丈
光绪 二十七年二月	范公塘迤西自西积字号西十四丈起，至乌龙庙西映字号六丈止。塘外新涨水沙现长九百八十丈，宽自东徂西三百余丈起，至一千一百余丈不等，与上月相同。 范公塘迤东自西积字号东六丈起，至西才字号二十丈止。塘外新涨水沙现长一千一百二十余丈，宽自一、二十丈至三百二十余丈不等。潮来漫盖，潮退显露，与上月相同
光绪 二十七年十月	范公塘迤西自西积字号西十四丈起，至乌龙庙西映字号六丈止。塘外新涨水沙现长九百八十余丈，宽自东徂西三百余丈起，至一千一百余丈不等，与上月相同。 范公塘迤东自西积字号东六丈起，至西必字号二十丈止。塘外新涨水沙现长一千四十丈，宽自一、二十丈至三百二十余丈不等。潮来漫盖，潮退显露，与上月相同

续表

光绪 二十九年十月	范公塘迤西自西积字号西十四丈起，至乌龙庙西映字号六丈止。塘外新涨水沙现长九百八十余丈宽自东徂西三百余丈起，至一千一百余丈不等，与上月相同。 　　范公塘迤东自西积字号□□六丈起，至西□□□□□丈，塘外新涨□□□□九百八十余丈□□□一十丈，至三百二十余丈不等，□□□□□□□□，与上月相同
光绪 三十三年十二月	范公塘迤西自西积字号西十四丈起，至乌龙庙西映字号六丈止。塘外新涨水沙现长九百八十余丈，宽自东徂西三百余丈起，至一千一百余丈不等，与上月相同。 　　范公塘迤东自西积字号东六丈起，至西效字号二十丈止。塘外新涨水沙现长一千一百四十余丈，宽自东徂西一、二十丈起，至三百六十余丈不等。潮来漫盖，潮退显露，较上月增长一百二十余丈，加宽三十余丈

河庄山处

光绪 七年十一月	此处漫漶不清
光绪七年十二月	河庄山外旧沙宽七百余丈，志桩七根，外接涨水沙宽一千八百余丈，外新涨水沙宽三百五十余丈，潮退微露。外又接涨阴沙宽约三百余丈，潮退未露，水面与上月相同
光绪 二十四年七月	河庄山外旧沙宽七百余丈，志桩七根，外接涨水沙宽一千八百余丈，外新涨水沙宽三百五十余丈，潮退微露，外又接涨阴沙，宽约三百余丈，潮退未露，水面与上月相同
光绪二十七年二月	河庄山外旧沙宽七百余丈，志桩七根，外接涨水沙宽一千八百余丈，外新涨水沙宽三百五十余丈，潮退微露，外又接涨阴沙，宽约三百余丈，潮退未露，水面与上月相同
光绪 二十七年十月	河庄山外旧沙宽七百余丈，志桩七根，外接涨水沙宽一千八百余丈，外新涨水沙宽三百五十余丈，潮退微露，外又接涨阴沙，宽约三百余丈，潮退未露，水面与上月相同
光绪 二十九年十月	河庄山外旧沙宽七百余丈，外新涨水沙宽三百五十余丈，潮退微露，外又接涨阴沙宽约三百余丈，潮退未露水面与上月相同
光绪 三十三年十二月	河庄山外旧沙宽七百余丈，志桩七根，外接涨水沙宽一千八百余丈，外新涨水沙宽三百五十余丈，潮退微露。外又接涨阴沙宽约三百余丈，潮退未露，水面与上月相同

念里亭处

光绪 七年十一月	念、尖两汛境内现在海中新涨阴沙离塘三百丈至六百余丈不等。西自八堡起，迤东至十四堡止，东西计长二千七百余丈，宽自三、四十丈至四百余丈。潮退漫盖，潮退微露，又外围涨有水沙，潮退未露。水面较上月刷坍，沙长二百余丈，宽约相同
光绪 七年十二月	念、尖两汛境内现在海中新涨阴沙离塘三百丈至六百余丈不等。西自八堡起，迤东至十四堡止，东西计长二千七百余丈，宽自三、四十丈至四百余丈。潮来漫盖，潮退微露。又外围涨有水沙，潮退未露。水面与上月相同
光绪 二十四年七月	念、尖两汛境内现在海中，新涨阴沙离塘四百丈至七八百丈不等。自七堡起，迤东至十五堡止，东西计长三千八百余丈，宽自一百余丈至七百五十余丈不等。潮来漫盖，潮退微露，较与上月坍卸一百余丈
光绪 二十七年二月	念、尖两汛境内现在海中，新涨阴沙离塘四百丈至一千余丈不等。自七堡起，迤东至十五堡东侧止，东西计长四千八百余丈，宽自三百余丈至一千一百余丈不等。潮来漫盖，潮退微露，较与上月增长二百余丈
光绪 二十七年十月	念、尖两汛境内现在海中，新涨阴沙离塘四百丈至一千余丈不等。自七堡起，迤东至十四堡止，东西计长四千余丈，宽自三百余丈至一千一百余丈不等。潮来漫盖，潮退微露，与上月相同
光绪 二十九年十月	念、尖两汛境内现在海中新涨阴沙离塘四百丈至一千余丈不等，自七堡起□东至十四堡止，东西计长三千五百余丈，宽自三百余丈至一千余丈不等，潮来漫盖，潮退微露，与上月相同
光绪 三十三年十二月	念、尖两汛境内现在海中新涨阴沙离塘四百丈至一千余丈不等。自七堡起，迤东至十四堡止，东西计长三千一百余丈，宽自四百余丈至九百余丈不等。潮来漫盖，潮退微露，与上月相同

塔山处

光绪 七年十一月	护坝竹篓底层、中层各二百个，尚有涨沙拥护，惟上层竹篓二百个，护沙被潮刷去，现在显露坝身，尚无妨碍，与上月相同。 东南面旧沙宽九丈，外接旧涨阴沙宽二十余丈，斜长五十余丈，与上月相同
光绪 七年十二月	护坝竹篓底层、中层各二百个，尚有涨沙拥护，惟上层竹篓二百个，护沙被潮刷去，现在显露坝身，尚无妨碍，与上月相同。 东南面旧沙宽九丈，外接旧涨阴沙宽二十余丈，斜长五十余丈，与上月相同
光绪 二十四年七月	护坝竹篓底层、中层、上层均有涨沙拥护，坝身尚无妨碍，与上月相同。 东南面旧沙宽九丈，外接旧涨阴沙宽二十余丈，斜长五十余丈，与上月相同
光绪 二十七年二月	护坝竹篓底层、中层、上层均有涨沙拥护，坝身尚无妨碍，与上月相同。 东南面旧沙宽九丈，外接旧涨阴沙宽二十余丈，斜长五十余丈，与上月相同
光绪 二十七年十月	护坝竹篓底层、中层、上层均有涨沙拥护，坝身尚无妨碍，与上月相同。 东南面旧沙宽九丈，外接旧涨阴沙宽二十余丈，斜长五十余丈，与上月相同
光绪 二十九年十月	护坝竹篓底层中层上层均有涨沙拥护，坝身尚无妨碍，与上月相同。 东西面旧沙宽九丈，外接旧涨阴沙宽二十余丈，斜长五十余丈，与上月相同
光绪 三十三年十二月	护坝竹篓底层、中层、上层均有涨沙拥护，坝身尚无妨碍，与上月相同。 东南面旧沙宽九丈，外接旧涨阴沙宽二十余丈，斜长五十余丈，与上月相同

可以看出，与光绪七年（1881）的贴黄内容相比较，可知光绪二十四年（1898）七月、二十七年（1901）二月、二十七年十月、二十九年（1903）十月、三十三年（1907）十二月，西兴、

念里亭、塔山等处的沙水情形与光绪七年十一月、十二月颇有变化，比如范公塘以东的新涨水沙从"长一千四百二十余丈，宽自东徂西一、二丈起，至三百余丈不等"发展为"长一千八十余丈，宽自一、二十丈至三百二十余丈不等"，"长一千一百二十余丈，宽自一、二十丈至三百二十余丈不等"，"长一千四十余丈，宽自一、二十丈至三百二十余丈不等"与"长一千一百四十余丈，宽自东徂西一、二十丈起，至三百六十余丈不等"，并分别指出"较上月坍卸二百余丈"与"较上月增长一百二十余丈，加宽三十余丈"。而范公塘以西变化就比较小。

念、尖两汛海中新涨阴沙也从"离塘三百丈至六百余丈不等"发展到"离塘四百丈至七八百丈不等"和"离塘四百丈至一千余丈不等"，阴沙在光绪七年（1881）十一月"西自八堡起，迤东至十四堡止，东西计长二千七百余丈，宽自三、四十丈至四百丈"，到光绪二十四年（1898）七月，发展到"自七堡起，迤东至十五堡止，东西计长三千八百余丈，宽自一百余丈至七百五十余丈不等"。而三年后的光绪二十七年（1901），情况则是"自七堡起，迤东至十五堡东侧止，东西计长四千八百余丈，宽自三百余丈至一千一百余丈不等"。光绪二十九年（1903）十月，则发展到"自七堡起□东至十四堡止，东西计长三千五百余丈，宽自三百余丈至一千余丈不等"。而到了光绪三十三年（1907）十二月，则是"自七堡起，迤东至十四堡止，东西计长三千一百余丈，宽自四百余丈至九百余丈不等"。

塔山护坝竹篓分三层，各二百个，光绪七年十一月，上层竹篓的护沙"被潮刷去，现在显露坝身"。到光绪二十四年七月到光绪三十三年十二月，则"护坝竹篓底层、中层、上层均有涨沙拥护"。从贴黄的内容，可以看出不同时代沙水与塘工的情况及其变化。

前面所罗列的各时期浙江海塘图，大多为彩绘，经折装，从形制上来看，属于随奏折上报的附图。从内容上来看，这些舆图所描绘的大多是同一区域，即杭州湾北岸，具体来说，是从杭州至海宁州的小尖山。为防御钱塘江的摆动和海水的倒灌，历代在此处修筑海塘，清代对此亦相当重视，这些舆图就是当时负责此事的官员向中央汇报时所绘。从绘制方式来看，这些舆图也存在相当的一致性，大多数舆图右起浙江省城（杭州）的六和塔，以钱塘江为中心，横亘纸面，一直到海宁州的小尖山与塔山一线，所以图的方向为上南下北。舆图都用形象化的符号法表现地物，杭州城和海宁城都描绘为带有鸟瞰式透视效果的城垣，祠庙、塘汛等用简单的建筑形式表现，山脉也带有山水画的风格，反映了清代官绘海塘舆图的总体风格和绘制手法。现存钱塘江海塘地图以表现北岸者为多，也体现了当时江潮趋北大门，北岸塘工更重的情况。另外，前述从光绪七年至三十三年的七种钱塘江海塘沙水情形图，均系某年某月呈送，是清代定期绘图奏报钱塘江海塘沙水情形的制度设计与实践的第一手资料。

值得注意的是，前文所述之《仁和县、海宁州海塘沙水情形图》与《仁和、海宁州县塘工沙水情形图》诸图，在从方位、风格和所表现内容上与光绪朝沙水情形图非常接近，都是以南岸为上方，表现钱塘江北岸的海塘工程和江中的沙水情形，都是右起杭州省城，中接圆形的海宁州城，最左端到尖山、大洋为止，通过颜色来区分新老堆沙，用贴黄注记沙水变化的具体情形。只是乾隆朝的几幅随折地图尺寸与光绪朝诸图有较大差异，前者纵33厘米多一点，横80厘米左右；而后者纵19厘米左右，横68厘米左右。很有可能是不同时期习惯不同，或者是呈送机构不同。

要之，现存的钱塘江海塘沙水情形地图，描绘了清代钱塘江江水、海潮、沙洲、两岸的地理情况，对塘工和沙水变化进行了重点表现，保留了珍贵的史料，对于进一步研究清代浙江海塘工程、管理与钱塘江口的历史地理，是珍贵的第一手资料，具有不可替代的史料和文献价值，值得学界进一步深入利用、研究。

由"读史地图"到"历史地图"

——《中国史稿地图集》对中国现代历史地图集发展的影响

历史地图是专题地图的一种,根据《中国大百科全书》地理卷的定义,为"反映人类历史时期自然和政治、经济、军事、文化状况及其变化的地图"①。《辞海》中的定义与之相似:"反映人类某一历史时期自然、经济、政治、军事、文化状况的地图。如历史事件的地点、历史时期疆域和政区、历代政治形势、国内外战争、民族迁徙、地理环境变迁、经济和文化发展等。"② 这两部重要工具书均认为历史地图应反映历史时期多维度、多面向的地理特征。

正如中国历史地理学脱胎于传统的沿革地理研究一样,中国的历史地图也经历了由传统的作为研学经史辅助工具的读史地图向展现历史时期广阔地理景观的历史地图转变的过程。③。这一过程主要在20世纪70至90年代完成,并确立了历史地图集的标准,以《中国历史地图集》的编绘与出版为重要标志,区域地图则以《北

---

① 刘宗弼、葛剑雄:《历史地图》,《中国大百科全书》地理学卷,中国大百科全书出版社1990年版,第280页。

② 夏征农、陈至立主编:《辞海》第六版彩图本,上海辞书出版社2009年版,第1353页。

③ 关于历史地图集的内容,侯仁之在论述《北京历史地图集》表现内容的时候,指出:"如果按照一部历史地图集的严格要求来说,还必须增加其他一系列有重要内容的图幅,例如历代人口的分布、交通的变迁、经济与社会的发展以及自然环境诸要素的变化等等,这样才能看到北京城市及整个郊区发展演变的全貌。"参见氏著《北京历史地图集·政区城市卷》《前言》,文津出版社2013年版。李孝聪教授指出:历史地图要提供历史时期地理学"时间的剖面"与"剖面的序列",以及"人类历史时期的地理现象、地理演变及规律"。参见氏著《〈中华人民共和国国家历史地图集〉城市遗址与布局图组的编纂——兼谈历史地图与读史地图之别》,北京大学历史地理研究中心编:《侯仁之师九十寿辰纪念文集》,学苑出版社2003年版,第365页。韩光辉、尹钧科、俞美尔亦对读史地图和历史地图进行了比较,参见氏著《〈北京历史地图集〉编制理论实践和社会评价》,《中国历史地理论丛》1993年第3辑,第236页。

京历史地图集》《西安历史地图集》为代表。而在1982年启动的《中华人民共和国国家历史地图集》中，共计划编绘远古遗址、夏商周、疆域、政区、民族、人口、文化、宗教、农牧、工矿、近代工业、城市、都市分布、港口、交通、战争、地貌、沙漠、植被、动物、气候、灾害等20个图组，1300多幅地图和相应的表格、说明等，是一部真正意义上的综合历史地图集。①

在这一重要的学术规范确立时期，由郭沫若先生主持编绘的《中国史稿地图集》（上下册）以其丰富的内容、精确科学的制图，呈现了中国历史疆域、政区、古代遗址、战争、水利工程、城市、交通、农业、工矿、商业、民族、科技、中外交流等广阔的内容，体现出现代历史地理学的研究成果，影响深远，是中国现代历史地图发展史上的重要一环。本文拟结合清末民国以降中国读史地图向历史地图转变的轨迹，探讨《中国史稿地图集》的学术贡献和编绘背景。

一 民国之前历史地图的编绘情况

历史地理学在中国拥有悠久的历史，东汉班固所著《汉书》之《地理志》，开篇即梳理自《禹贡》九州至《周官·职方》之历史沿革，体现出成熟的历史地理思维。而用历史地图来表现历史时期地理形势，亦可上溯两汉时期，如东汉永平十二年，明帝派遣王景主持治河工程，"赐景《山海经》《河渠书》《禹贡图》及钱帛衣物"②。汉明帝所赐三部图籍都与王景治河使命有关，《禹贡图》所表现自亦应为《禹贡》中的河流情况。西晋时裴秀主持编绘《禹贡地域图》，"考《禹贡》山海川流，原隰陂泽，古

---

① 葛剑雄：《地图绘就中国历史——关于〈中华人民共和国国家历史地图集〉》，《光明日报》2014年2月24日第15版。
② （宋）范晔编撰、（唐）李贤等注：《后汉书》卷76《循吏列传》，中华书局1973年版，第2465页。

之九州，及今之十六州，郡国县邑，疆界乡陬，及古国盟会旧名，水陆径路，为地图十八篇"①。裴秀图上的历史地理内容（相对于西晋）除了《禹贡》中的自然地理格局和九州之外，还有"古国盟会旧名"，可见还包括了先秦时期的政治地理，只是不清楚此"地图十八篇"是按时代而分还是地域而分。不论如何，《禹贡地域图》都可认为是文献记载中已知中国最早的历史地图集。西晋以后，迭有历史地图集问世，著名者有北宋税安礼《历代地理指掌图》等，明清时期更是进入传统历史地图编绘的高峰时期，涌现出诸多历史地图集，其中成就最高的当数清末杨守敬所编绘《历代舆地图》。②

二　民国时期历史地图集的编绘状况

民国建立之后，地图出版呈现兴旺的局面，亦有诸多历史地图集刊行于世，既采取了新的绘制方法，又能看出传统学术的痕迹，③ 现对其中影响较大的几部的特点梳理如下。

1. 卢彤编绘的《中华民国历史四裔战争形势全图》，南京同伦学社1912年9月初版

此图集系在其1910年所刊行《中国历史战争形势全图》（武昌同伦学社）的基础上增补而成，彩色石印，主图48幅，副图136幅，主图以战争形势为主，附图展现了相关的城池、局部战争

---

① （唐）房玄龄等：《晋书》卷35《裴秀传》，中华书局1974年版，第1039页。
② 关于中国传统历史地图集绘制，迭有学者进行研究，如陈连开《中国古代第一部历史地图集——裴秀〈禹贡地域图〉初探》，《中央民族学院学报》1978年第3期；曹婉如《论清人编绘的历史地图集》，曹婉如等编《中国古代地图集（清代卷）》，文物出版社1997年版；葛剑雄《中国历史地图：从传统到数字化》，《历史地理》第十八辑，上海人民出版社2002年版；辛德勇《19世纪后半期以来清朝学者编绘历史地图的主要成就》，《社会科学战线》2008年第9期；蓝勇《中国历史地图集编绘的历史轨迹和理论思考》，《史学史研究》2013年第2期等。
③ 对于民国时期历史地图集的绘制，参见李鹏《清末民国中国历史地图编绘与民族国家建构》，《史林》2018年第1期；华林甫《110年来中国历史地图集的编绘成就与未来展望》，《中国历史地理论丛》2021年第3辑。

形势等。此图集主图绘有经纬线,但底图为清末建置,分省设色,清末地名均为墨色,历史内容为不同时期的要地,用红色标注,体现出"古朱今墨"的古今对照传统。

2. 童世亨编绘的《历代疆域形势一览图》,由上海中外舆图局印行,民国三年(1914)八月第一版,后多次再版

在此地图集中,首列"唐贾耽禹迹图"和"唐贾耽华夷图"两幅石刻古地图的拓片,之后为从"禹贡九州图""职方九州图"至"清季疆域图"的历代地图,以疆域形势图为主,共18页,大小图47幅。除疆域形势图外,亦有"明初西南诸国交通图",表现了郑和下西洋的路线。"清季疆域图"附有"京师图(重点展现被毁的圆明园)""辽东半岛图""九龙香港图""澳门图""威海卫图""胶州湾图""广州湾图"等小图,重在展现鸦片战争以来帝国主义对中国的侵略。此图集为彩色印刷,绘有经纬线,无今内容。

3. 民国时期另一影响深远的历史地图集为苏甲荣编绘的《中国地理沿革图》

此图集由上海日新舆地学社印行,第一版为民国十一年(1922),迭有十四年(1925)十一月增补再版、十九年(1930)九月增补三版、二十五年一月订正四版等。此图集卷首有多位著名学者之序,分别为:张相文(民国七年冬)、杨敏曾(民国八年一月)、朱希祖(民国十年十二月二十八日)、白眉初(民国十一年四月十日)和梁启超(民国十一年四月二十日),又苏甲荣在"例言"中说明"本图稿编于民国四年至七年间,迄十一年修补制印"①,可知此图集虽然印行于1922年,但成书于1918年,亦为民国时期编绘较早的历史地图集。

在《中国地理沿革图》的第一版中,共有地图100幅,并附

---

① 苏甲荣:《中国地理沿革图》,日新舆地学社1922年第1版,1936年订正第4版。

有附图 12 幅。时代从《禹贡九州图》到民国分道图，反映了中国历史从古至"今"的数千年的沿革变化。其地图主要分为四类：

第一类为历代疆域政区图，如主图中的《禹贡九州图》《尔雅九州图》《周制职方图》《战国七雄图》《秦三十六郡图》《汉地理志图》《三国疆域图》《隋州郡图》《唐州郡图》《唐极盛时之版图》《宋州域形势图》《元极盛时之版图》《元行省图》《明十五省图》《清极盛时之版图》《清季疆域及四邻图》等。第二类为形势格局图，如《楚汉之际形势及诸侯王》《汉初封建及七国形势》《前汉末割据及光武定乱图》《后汉末大乱及群雄割据图》《蒙古勃兴时之近邻诸部图》《元末割据图》《明末诸王图》等。此类地图往往将同类的不同时代的地理格局和政区、建置、政权、人物集团等放置在同一幅图内，如第五十七图《唐藩镇图》中，将唐代安史之乱之后的诸多藩镇、藩帅均标于图上，既有中唐时期的李怀仙、李希烈、田承嗣、李宝臣、薛嵩等，也有唐后期及唐末的李国昌、李茂贞、杨行密等。又如第七十五图《明九边七行都指挥使司及明初诸王图》，亦是将明代不同时期的建置置于同一图上。第三类是军事图，包括战争图和要地图，如《三国时长江要地图》《梁萧铣之灭图》《安史之乱图》《晋梁战争地域图》《元军灭金地理图》《清初兵事地理图》等。第四类是小区域图，主要是清末被列强强占强租地区之图，如《胶州湾图》《广州湾图》《威海卫图》《香港图》《澳门图》等。

在民国时期，一些重要的历史地图集编绘者对距离其时代较近的若干影响颇大的历史地图集进行了评述，如在《历代疆域形势一览图》的序言中，童世亨梳理了中国历代疆域地理地图的沿革，指出了距离作者时代较近的清代以来的地图绘制情况：

> 图则惟杨（守敬）氏之《历代舆地沿革图》三十四册较为详尽，惜其于放缩分合、雕版着色之术未曾研究，故往往有地名无几字，而亦分为数图，连缀成十余页者。日人和田

（罴）氏之《支那疆域沿革图》外观似较精美，然以一代为一图，于纷更割据之际殊欠明了。箭内（亘）氏近辑《东洋读史地图》，简要明晰，似胜和田氏之作矣，顾其中舛误脱漏之处仍多不免。甚矣！沿革地图之未易编制也。①

而在1934年，顾颉刚、谭其骧在其主编的《禹贡半月刊》发刊词中，列举了《禹贡》所要计划开展的几项主要工作，其中第二项为：

> 我们也还没有一部可用的地理沿革图。税安礼的《历代地理指掌图》早已成了骨董，成了地图学史中的材料了。近三十年来中国、日本两方面所出版中国地理沿革图虽然很多，不下二三十种，可是要详备精确而合用的却一部也没有。日本人箭内亘所编的《东洋读史地图》很负盛名，销行甚广，实际错误百出，除了印刷精良之外一无足取。中国亚新地学社所出版的《历代战争疆域合图》还比箭内氏图稍高一筹。至于上海商务印书馆等所出版的童世亨、苏甲荣二人的《中国地理沿革图》，最为通行，但其讹谬可怪尤有甚于《东洋读史地图》者。比较可以称述的，只有清末杨守敬所编绘的《历代舆地图》。此图以绘录地名之多寡言，不为不详备；以考证地名之方位言，虽未能完全无误，亦可以十得七八，可是它有一种最大的缺点，就是不合用。一代疆域分割成数十方块，骤视之下，既不能见其大势，检查之际，又有翻前翻后之苦。所以我们第二件工作是要把我们研究的结果，用最新式的绘制法，

---

① 童世亨：《历代疆域形势一览图》"自序"，上海中外舆图局1914年版，第4页。

第四章 专题地图与历史地图

绘成若干种详备精确而又合用的地理沿革图。①

在前引两段评述中童世亨、顾颉刚和谭其骧回顾了清末民国以来坊间流行的多种历史地图集，指出了存在的问题：

一、杨守敬的《历代舆地图》具有内容丰富、考订精审的优点，但同时又卷帙浩繁，加上采用同一朝代总图分割拼合的方式，读者如果不熟悉地理形势或者查阅接派表，很难找到所需的地点，所以不方便读者使用。无独有偶，日本学者箭内亘在其《东洋读史地图》的"凡例"中，亦谈到杨图的这一问题："近年，杨守敬氏中国沿革图全集从上古到隋代，考证精核，盖可称作苦心之大作。然而描图的技法实在是以旧套之法，将一代之疆域图分割在数十枚纸幅之上，最终合缀一册，细节处翻阅尤其不便。斯种地图只有熟练习惯者容易检索到所要的地名，今之世，被视作不够科学的著作，而不免受到讥讽。"② 可见当时的使用者普遍感受到杨图使用难度大的这一问题。

二、当时日本编绘的中国历史地图（或包括中国在内的"东洋"历史地图）销路甚广，影响很大，如前举的重垫安绎/河田罴的《支那疆域沿革图》和箭内亘的《东洋读史地图》等，但亦存在很多缺点，如童世亨指出《支那疆域沿革图》一代仅一幅总图，"于纷更割据之际殊欠明了"，不符合读史的需要。而《东洋读史地图》，童、顾、谭三人均认为错误颇多。

通过对民国时期比较重要、影响较大的中国历史地图集的梳理，我们可以看出这些历史地图集的几个显著特点：

一、以疆域形势图为主，辅以军事形势与战争图。不止上述所列几种中国学者所编绘的中国历史地图集，在中国影响较大的几部日本学者所编绘的中国历史地图集亦是如此，如苏甲荣《中国地

---

① 顾颉刚、谭其骧：《禹贡发刊词》，《禹贡半月刊》第 1 期。
② ［日］箭内亘：《东洋读史地图》，东京：富山房 1912 年版。这段话本为日文，系张子旭同学帮助翻译为中文，特此感谢。

理沿革图》中参考文献中所列的重埜安绎/河田罴编绘《支那疆域沿革图》、桑原骘藏编绘《中等东洋历史地图》、小岛彦七编绘《支那古今沿革地图》、石泽发身编绘《东洋历史地图》、箭内亘编绘《东洋读史地图》等均如此。①

二、某些地图集亦收有少数疆域军事类型之外的地图，如童世亨《历代疆域形势一览图》中《明末西南诸国交通图》、箭内亘《东洋读史地图》中《法显三藏印度旅行图》《唐代海上交通图》等，但数量很少，而且并不普遍。

三、从制图学角度来看，有些历史地图无经纬度，如石泽发身《东洋历史地图》等；有些地图只有古内容，而无今内容做底图，未能体现中国传统历史地图的"古今对照"表现形式。如石泽发身《东洋历史地图》、箭内亘《东洋读史地图》和苏甲荣《中国地理沿革图》等。有些地图失之简略，不但地名不多，战争、军事图亦无行军路线，示意图色彩浓厚。

上述特点，反映了中国现代历史地理学学科体系建立之前的学术面貌，如前所述，"禹贡学会和《禹贡》半月刊创办的三年余，是我国历史地理学发展的关键时期，也是从传统的沿革地理学向现代历史地理学发展的转变时期"②，《禹贡》半月刊中也逐渐刊发了自然、经济、城市、交通、人口、民族、民俗等多个领域的论文，但依然以传统的疆域政区沿革为主，这体现了传统的沿革地理的学术取向，从当时高校普遍开设的"中国疆域沿革史""中国地理沿革史"等课程，也能看出这一点。另外，正因为处于传统学术向现代学术研究发展的阶段，反映疆域地名之外的历史内容缺乏积

---

① ［日］重埜安绎/河田罴：《支那疆域沿革图》，东京：富山房，明治二十九年（1896）五月刊行；［日］桑原骘藏：《中等东洋历史地图》，东京：大日本图书株式会社，明治三十二年（1899）刊行；［日］小岛彦七：《支那古今沿革地图》，东京：三松堂，明治三十六年（1903）刊行；石泽发身：《东洋历史地图》，东京：弘文馆，明治三十四年（1901）刊行。

② 邹逸麟：《中国历史地理概述》（第三版），复旦大学出版社2013年版，第3页。

累，需要开展新的研究，而疆域政区地名大多有历代正史地理志及地理总志做基础，有长期的学术传承，制作较为容易。更重要的是，民国时期中国历史地图以表现历代疆域为主，既是中国传统沿革地理注重疆域政区传统的延续，更是民国时期帝国主义侵略加剧，学术界唤醒民众国家民族认同的努力的一种反映。①

三 《中国史稿地图集》的编绘过程与内容

中华人民共和国建立以后，历史地理学科性质、体系得以确立，历史地图集的编绘也进入科学的现代历史地图集阶段，尤其是经过数十年的积累，在20世纪70至90年代，涌现出多部重要的历史地图集，其中，《中国史稿地图集》编绘出版后，得到了社会的良好反响，为中国现代历史地图集体系的确立起到了重要的作用。

《中国史稿地图集》是郭沫若主编的《中国史稿》的组成部分。1956年年初，中央请郭沫若主编一本干部读物《中国历史》，经过两年的筹备，编写工作于1958年年底开始。1962年，此书定名为《中国史稿》，所以所附地图集亦名为《中国史稿地图集》。②编写工作一开始，郭沫若就向编写组提出："作为干部读物，在史实的比例、章节的安排、行文的风格等方面，都要活泼些，不要太呆板了；同时，要吸收史学界现有的成果，使它具有正确的思想、严密的结构和独创的风格。"所以，郭沫若决定"这部书要做到文图并茂，图谱出专册，书内有插图，书后附年表并有历史地图集"③。郭沫若特别提到历史地图，"应有的历史地图，要求编绘达

---

① 参见李鹏《清末民国中国历史地图编绘与民族国家建构》，《史林》2018年第1期，第108—121页。李鹏在其文章中有系统论述，此不赘述。
② 翟清福：《郭沫若与尹达二三事》，中国郭沫若研究会主编：《郭沫若研究》第八辑，文化艺术出版社1990年版，第314页。
③ 翟清福：《郭沫若与尹达二三事》，中国郭沫若研究会主编：《郭沫若研究》第八辑，文化艺术出版社1990年版，第312页。

到一定水平"①。"必须尽可能编绘，使读者有比较准确的历史地理的概念。"所以，在《中国史稿》编写之初，"就组织力量分别编绘应有的历史地图，选编有关的图版及插图。第一册中的地图及图版经过郭老一再审阅，才定了下来。《中国史稿地图集》的书名也是郭沫若所提，可见郭老对地图集的重视。后来，因为地图多了些，出版部门认为制图困难，装订费时，颇有难色；这就不得不采取另册出版的形式了"②。于是在1979年出版了上册。1990年又出版了下册，以配合《中国史稿》第四、五、六、七册。③

《中国史稿地图集》上册有大小地图74幅，下册有大小地图117幅，除两册均置于卷首的《中华人民共和国全图》外，共计历史地图189幅，在清末以降，1990年之前除杨守敬《历代舆地图》和谭其骧《中国历史地图集》之外的主要历史地图集中，居于前列。④

《中国史稿地图集》上册于1979年推出后，由于丰富精审的内容，美观的制图，受到社会的广泛欢迎，被选定为高等院校的文科教材，先后重印和再版多次，在上册的第二次印刷本的封底，就标明了"高等学校试用教材"的字样，⑤1995年被评为全国高校优秀教材一等奖，⑥充分反映了该图集的学术价值和社会对其的肯

---

① 陈可畏、邓自欣：《历史地理组的成立与任务》，载中国社会科学院历史研究所编《求真务实五十载——历史研究所同仁述往（1954—2004）》，中国社会科学出版社2004年版，第511—521页。

② 尹达：《中国史稿地图集》上册《前言》，载郭沫若主编《中国史稿地图集》上册，人民出版社1979年版。

③ 载郭沫若主编：《中国史稿地图集》下册《编后记》，中国地图出版社1990年版。

④ 参见华林甫《110年来中国历史地图集的编绘成就与未来展望》，《中国历史地理论丛》2021年第3辑，第112、116页。

⑤ 就笔者所了解，《中国史稿地图集》上册分为精装本和平装本，其中精装本第一版第一次印刷印数为5500册；平装本印数为20501。下册精装本第一版第一次印刷印数就达到20000册，可见其受社会欢迎程度。

⑥ 郭沫若主编：《中国史稿地图集》再版说明，中国地图出版社1990年版。陈可畏、邓自欣：《历史地理组的成立与任务》，载中国社会科学院历史研究所编《求真务实五十载——历史研究所同仁述往（1954—2004）》，中国社会科学出版社2004年版，第511—521页。

定。现总结其特点如下:

(一) 反映历史内容的综合性

《中国史稿地图集》改变了以往历史地图集以历代疆域为主的格局,反映了广阔的历史内容,除疆域政区外,还包括了原始社会遗址、阶级斗争形势、战争、水利工程、城市分布、城市形态、中外交通、工商业、经济、民族、科技、作物等诸多领域,大大拓宽了历史地图所表现、反映的历史景观。

(二) 理论框架的科学性

在《中国史稿》的前言中,明确指出:"中国是一个统一的多民族的国家。汉族和各兄弟民族在长期的生产斗争和阶级斗争中,共同缔造了我们统一的多民族的祖国,开发了祖国的锦绣河山。祖国境内各少数民族的历史,都是我国历史不可分割的组成部分。他们都为我国统一的多民族国家的形成和发展,为实现祖国各民族平等的联合和接触外来的民族压迫,作出了各自的贡献。"[①] 为中国历史所表现的内容做出了科学的阐释,即"统一的多民族国家"的历史。在《中国历史地图集》的编绘工作中,谭其骧也对"历史上的中国"进行了阐释,指出:中国"是各族人民包括边区各族所共同缔造的,不能把历史上的中国同中原王朝等同起来。我们需要画出全中国即整个中国历史的地图来,不应只画秦、汉、隋、唐、宋、元、明、清等中原王朝。……范围要包括各个时期的全中国。……我们是拿清朝完成统一以后,帝国主义侵入中国以前的清朝版图,具体说,就是从18世纪50年代到19世纪40年代鸦片战争以前这个时期的中国版图作为我们历史时期的中国的范围。所谓历史时期的中国,就以此为范围"[②]。在此基础上,《中国史稿地图集》的地图编绘则充分体现出这一科学理论。在下册的《编后记》

---

① 《中国史稿》编写组:《前言》,第6页。郭沫若主编:《中国史稿》第1册,人民出版社1976年版。

② 谭其骧:《历史上的中国和中国历代疆域》,氏著:《长水集续编》,人民出版社1994年版,第2页。

中，编者就清楚地说明了这一点："我国是一个多民族的国家，经历了一个长期的发展过程，直到清乾隆时期才最后完成全国的大统一。它是中原王朝和边区少数民族政权之间经济、政治、军事、文化关系自然发展的结果。鸦片战争以后，由于资本主义列强的宰割，我国丧失了大片土地，才形成今天这个样子。我们这部图集，就是以清朝前期全国大统一的版图为基点，做历史回顾的。"[1] 在《中国史稿地图集》上册出版后，刘寅年、卢运祥即指出："由郭沫若主编的《中国史稿地图集》，则一反这种传统的历史地图编制方法（指以王朝疆域为内容的表现方法），坚持以人民群众创造历史的观点，着重探求自古以来我国各族人民在祖国土地上共同活动的历史地理情况。"[2]

（三）地图表现方法的规范性

《中国史稿地图集》是一部现代历史地图集，其制图是由地图出版社（现中国地图出版社）和人民出版社的刘宗弼、卢运祥等专业地图工作者与历史地理学者共同完成的，其底图选择、经纬投影以及古墨今朱的古今对照表现方法，都体现出了当时历史地图制图的科学规范。

（四）地图底层信息的学术性

《中国史稿地图集》图稿的编绘是建立在中华人民共和国成立后历史学与地理学发展的基础之上的，不但其内容反映了几十年来学术研究的成果，更重要地是反映了学术和学科方法的进步。如历史地图中的海岸线、河流、湖泊等，都进行了复原，与地理底图中的今内容形成鲜明的对比，使得读者很直观地感受到自然环境的变迁。上册前三幅历史地图，分别为："原始社会遗址""黄河长江流域原始社会前期遗址（旧石器时代）"和"黄河流域原始社会后期遗址（新石器时代）"，汉长安城图中更是区分了"城墙、宫墙"

---

[1] 载郭沫若主编《中国史稿地图集》下册《编后记》，人民出版社1979年版。
[2] 刘寅年、卢运祥：《一本内容充实形式新颖的历史地图集——〈中国史稿地图集〉上册评介》，《历史研究》1981年第1期。

第四章　专题地图与历史地图

和"尚在发掘的宫墙",既是编绘团队吸收考古学研究成果的体现,又普及了考古学知识和方法。《中国史稿地图集》非常突出的一点,是其很多图幅标注了标准年代,尤其是疆域政区图,这是中国历史地图科学化专业化的重要标志之一。其中诸多标准年代未能有地理志或地理总志作为支撑,需要大量学术研究工作进行复原,工作量和困难程度可想而知,如《春秋时期黄河长江中下游地区(前506年)》《战国时期形势(前291年)》《唐代大运河和黄河长江中下游地区(741年)》等。历史事件也多标出年份,若是超过一年的历史事件,如农民起义、战争、游历等,亦会标出其起止年代,如《楚汉战争(前205—292年)》《法显西行(399—413年)》《隋末农民起义(611—623年)》等。即使是建置形势图,亦会标出年代范围,如《唐代贞观、总章年间安东、东夷、安北、单于、安西都护府(640—669年)》等,进一步增强了历史地图所表现时空范围的准确性。

四　《中国史稿地图集》所反映的学术背景

如前所述,《中国史稿地图集》具有综合性、科学性、规范性和学术性四个重要特征,是中国现代历史地图集中重要一部。尤其是综合性,是其对于中国现代历史地图集发展史的重要贡献。谭其骧曾指出,《中国历史地图集》从严格意义上讲,应该称作"中国历代疆域政区地图集",或者"中国历代的普通地图集"[①]。当然,《中国历史地图集》中对海岸线、河流、湖泊、岛屿、山峦、陉道、陵墓等要素都进行了呈现,但主体依然是历代疆域政区。而老一辈历史地理学者均致力于一部能够综合体现中国历史各领域内容的综合地图集,1982年正式启动的,由中国社会科学院主办,谭其骧任总编纂,夏鼐、侯仁之、史念海、翁独健等数百名学者共同

---

① 郭沫若主编:《中国历史地图集》"后记",中国地图出版社1987年版,第122页。

参与编绘的《中华人民共和国国家历史地图集》则是这一思路的成果。但由于此图集编绘工作繁重，除2012年出版第一册外，其余两册仍在编绘中。而1979年出版的《中国史稿地图集》则成为这几十年中国现代综合历史地图集的先驱和代表，对于中国历史地理学科的建设、历史学与地理学知识与研究成果的普及和教育，起到了重要的不可磨灭的贡献。

《中国史稿地图集》能够具备上述重要特征，是与当时学术发展的背景分不开的。

首先，中华人民共和国建立以来，郭沫若等老一辈马克思主义历史学家自觉运用唯物史观指导中国历史研究，引领了史学发展的方向。唯物史观重视地理环境对人类历史的作用，马克思、恩格斯指出："任何历史记载都应当从这些自然基础以及他们在历史进程中由于人们的活动而发生的变更出发。"[①] 从研究内容和研究方法来看，郭沫若在《中国古代社会研究》的导言中开明宗义地指出："人类社会的发展是以经济基础的发展为前提，这已经是成了众所周知的事实了。"[②] 唯物史观打破了"帝王将相"的历史叙事体系，改变了"二十四姓家谱"的研究取向，重视经济基础，重视社会发展，重视社会各阶层的历史，取得了一系列的成果，《中国史稿》就是以郭沫若的史学思想为指导进行编写的。作为《中国史稿》的配套地图集，更是体现了郭老的史学思想，尽可能地呈现了中国历史广阔的多维度内容。正如尹达在《中国史稿地图集》上册"前言"中所指出的："这部地图集包括从原始社会到鸦片战争的有关地图。其中有原始社会遗址分布图，有奴隶社会、封建社会各朝代的行政区划图，有历史上的民族分布及迁徙图，有历代战

[①] 马克思、恩格斯：《德意志意识形态》，载《马克思恩格斯选集》第1卷，人民出版社2012年版，第147页。

[②] 郭沫若：《中国古代社会研究》，郭沫若著作编辑出版委员会编：《郭沫若全集·历史编》第1卷，人民出版社1982年版，第13页。

争的地图，有历代中外交通的地图，有反映经济发展的地图等等；总之，尽力以地图的形式，把我国历史上各族人民重大的阶级斗争和生产斗争的活动史实反映出来，使《史稿》的读者对一定历史时期人们活动的地区有个比较具体的概念。"[1] 同时，这也得益于中华人民共和国成立以后，在马克思主义理论指导下，史学在各方面取得的成就。如果没有这些成就，很多图幅很难画出。正如顾颉刚、章巽在其编绘的《中国历史地图集》的前言中所指出的，他们也力图体现更多的历史内容，尤其是农民战争和经济情况，但由于"对于我国历史上的农民战争的科学研究是最近才开始的，研究的范围还不够普及，研究的程度还不够深入，所得到的一些结论也往往还未能完全作为肯定""旧有经济史料苦多苦乱，新的整理成绩又苦其太少"，所以"关于经济方面资料只能从'正史'和'十通'等书里面爬梳了一部分出来"[2]。

第二，中华人民共和国成立后，现代历史地理学科建立起来，1950年，侯仁之发表《"中国沿革地理"课程商榷》一文，指出，应将"中国沿革地理"改为"中国历史地理"，"其内容不以历代疆域的消长与地方政治区划的演变为主，而以不同时代地理环境的变迁为主，这样应该从先史时期开始，举凡每一时期中自然和人文地理上的重要变迁，如气候的变异、河流的迁移、海岸的伸缩、自然动植物的生灭移动以及地方的开发、人口的分布、交通的状况、都市的兴衰等，凡是可能的都在讨论范围之内"[3]。正是因为历史地理学学科性质和学科体系的确定，在侯仁之、谭其骧、史念海等历史地理学者的努力和推动下，涌现出诸多分支学科的成果。在此

---

[1] 尹达：《中国史稿地图集》上册《前言》，载郭沫若主编《中国史稿地图集》上册，人民出版社1979年版。
[2] 顾颉刚、章巽编，谭其骧校：《中国历史地图集》序，中国地图出版社1996年版第3页。
[3] 侯仁之：《"中国沿革地理"课程商榷》，《新建设》1950年第11期。

| 地图史学研究

基础上,才实现了《中国史稿地图集》由传统的读史读图向现代的历史地图的转变。

第三,全国研究人员的协作。《中国史稿地图集》的编绘人员,主要是当时中国科学院历史研究所(现中国社会科学院古代史研究所)的学者,1970年,中央指示恢复《中国史稿》的编写工作,尹达指定陈可畏负责《地图集》工作,要求与上海复旦大学史地室协作。1972年12月,尹达在给陈可畏的信中写道:"有事多的同历史地理组的负责同志商量,多请教谭其骧同志。"① 在《中国史稿地图集》上册的前言中,也提到上册的编绘工作,"是在陈可畏、刘宗弼两同志主持下进行的,历史研究所李学勤、卫家雄同志等参加了这项工作。历史研究所的林甘泉同志经常关切着上册地图集的编绘工作,从编绘的内容设计到出版都费了不少的心力。在编绘进行中,还得到不少单位的合作,其中有:考古研究所的王世民、郑乃武同志,复旦大学的杨宽、钱林书、周维衍、项国茂、嵇超、祝培坤同志……在编绘过程中,谭其骧同志一直非常关心,他和复旦大学历史地理研究室的同志们对这部图集的编辑及绘图都给我们以无私的帮助,提供了许多宝贵意见"②。而参加下册编绘工作的,"有中国社会科学院历史研究所的陈可畏、刘宗弼、田尚、卫家雄、史为乐、邓自欣、苏治光、杜瑜、朱玲玲同志,复旦大学历史地理研究所的周维衍、祝培坤、项国茂、嵇超同志,人民出版社的卢运祥同志。历史内容由陈可畏同志最后修改、定稿,今内容和图幅设计则由刘宗弼同志负责。抄清工作是由朱力雅、王

---

① 陈可畏、邓自欣:《历史地理组的成立与任务》,载中国社会科学院历史研究所编《求真务实五十载——历史研究所同仁述往(1954—2004)》,中国社会科学出版社2004年版,第511—521页。
② 尹达:《中国史稿地图集》上册《前言》,载郭沫若主编《中国史稿地图集》上册,人民出版社1979年版。

影静同志完成的"①。

如上文所述,《中国史稿地图集》的编绘工作,是由中国社会科学院(原中国科学院哲学社会科学学部)历史研究所(现古代史研究所)承担(具体执行者以历史地理研究室人员为主),同时也得到了中国社会科学院考古所和复旦大学等单位的学者的帮助与支持,体现出协同攻关的合作精神。

同时,我们可以看到,《中国史稿地图集》大部分编绘人员,同时也是中国社会科学院主办、谭其骧主编的八卷本《中国历史地图集》的编绘人员,② 也是中国社会科学院主办、谭其骧主编的《中华人民共和国国家历史地图集》的编绘人员。③ 可以说,中华人民共和国成立以来,围绕着现代的中国历史地图集的编绘,培养了现代历史地理学的人才和学术团队,也催生出杰出的学术著作,这三部重要历史地图集,是当时全国大协作和集体攻关的产物,正如邹逸麟所指出的:"集体项目既出成果,也培养人才。"④

结　语

中国传统历史地图集经历了漫长的发展过程,在清末达到顶峰,民国时期亦出版了诸多历史地图集,但多以历代疆域战争为主,属于"读史地图"范畴。中华人民共和国建立后,随着郭沫若等马克思主义历史学家的努力,马克思主义史学迅速发展起来,而中国历史地理学者亦推动了由传统的沿革地理学向现代历史地理学的转变。在这样的学术背景下,配合郭沫若主编《中国史稿》

---

① 载郭沫若主编《中国史稿地图集》下册《编后记》,人民出版社1979年版。
② 谭其骧主编:《中国历史地图集》第8册《清时期》所附编绘人员名单,中国地图出版社1996年版。
③ 谭其骧总编纂:《中华人民共和国国家历史地图集》第1册,中国地图出版社、中国社会科学出版社2012年版。第2、3册的作者名单见《中华人民共和国国家历史地图集》编辑室档案。
④ 段伟:《集体项目既出成果也出人才——访邹逸麟先生》,《中国史研究动态》2019年第4期。

而编绘的《中国史稿地图集》改变了传统的以疆域形势示意图为主的框架，呈现出中国广阔的历史面貌，对由传统读史地图向现代历史地图的学术转向，对中国历史知识的传播，起到了重要的作用，其学术贡献不可忽视。

参考文献

一 古籍

《广舆图全书》,国际文化出版公司1997年版。

何建章注释：《战国策注释》,中华书局1990年版。

(明) 兵部编：《九边图说》,《玄览堂丛书》初辑005,台北"国立中央图书馆"出版1981年版。

(明) 陈建撰,岳元声订：《皇明资治通纪》,四库禁毁书丛刊影印北京师范大学图书馆藏明刻本,北京出版社1995年版。

(明) 陈循等撰：《寰宇通志》,台北"国立中央图书馆"1985年版。

(明) 陈子龙等编：《明经世文编》,中华书局1962年版。

(明) 方孔炤辑：《全边略记》,《续修四库全书》第738册,上海古籍出版社1995年版。

(明) 冯时可：《俺答前志》,《中华文史丛书》第113册,台北华文书局股份有限公司1969年版。

(明) 顾炎武：《昌平山水记》,北京古籍出版社1980年版。

(明) 瞿九思撰：《万历武功录》,《续修四库全书》第436册,上海古籍出版社1995年版。

(明) 李肯翊：《燃藜室记述选编》,辽宁大学历史系编,1980年版。

(明) 李维祯纂修：万历《山西通志》,明万历间（1573—1620）修,崇祯二年（1629）刻本,中国科学院图书馆选编《稀见中国地方志汇刊》第四册，中国书店影印 1992 年版。

（明）李贤等撰：《大明一统志》，天顺五年（1461）御制序刊本，台北统一出版印刷公司影印 1965 年版。

（明）刘以守纂修：崇祯《山阴县志》，明崇祯二年（1629）刊刻，抄本，藏于中国科学院图书馆。

（明）卢象升：《卢象升疏牍》，浙江古籍出版社 1984 年版。

（明）罗洪先：《广舆图》，嘉靖三十二年至三十六年（1553—1557）间初刻本，藏于日本。

（明）毛霖：《平叛记》，《四库全书存目丛书》史部第 55 册，齐鲁书社 1996 年版。

（明）茅元仪辑：《武备志》，《四库禁毁书丛刊》子部 023 册，北京出版社 2000 年版。

（明）沈德符：《万历野获编》，中华书局 1959 年版。

《明实录》，台北"中央研究院"历史语言研究所 1962 年校印本。

（明）孙世芳修，栾尚约辑：嘉靖《宣府镇志》，嘉靖四十年（1561）刻本，成文出版社 1970 年影印版。

（明）谈迁：《国榷》，中华书局 1958 年版。

（明）王崇献纂修：正德《宣府镇志》，嘉靖增修本，线装书局 2003 年版。

（明）王国光辑：《万历会计录》，书目文献出版社 1988 年版。

（明）王琼：《北虏事迹》，《四库全书存目丛书》子部第 31 册，齐鲁书社 1997 年版。

（明）王士琦撰：《三云筹俎考》，华文书局影印明万历刊本 1969 年版。

（明）王士性：《广志绎》，中华书局 1981 年版。

（明）王一鹗：《总督四镇奏议》，正中书局 1985 年版。

（明）王徵撰，李之勤辑：《王徵遗著》，山西人民出版社 1987 年版。

（明）魏焕：《皇明九边考》，《四库全书存目丛书》史部第 226 册，齐鲁书社1997年版。

（明）翁万达撰，朱仲玉、吴奎信点校整理：《翁万达集》，上海古籍出版社1992年版。

（明）谢庭桂纂，苏乾续纂：嘉靖《隆庆志》，明嘉靖二十八年（1549）刻本，《天一阁藏明代地方志选刊》8，上海古籍书店影印1981年版。

（明）许论：《九边图论》，《四库禁毁书丛刊》第21册，北京出版社2000年版。

（明）杨时宁：《宣大山西三镇图说》，明万历癸卯（1603）刊本，《玄览堂丛书》初辑004，"国立中央图书馆"出版，正中书局印行1981年版。

（明）杨守介纂修：万历《怀仁县志》，明万历二十九年（1601）刊刻，抄本，藏于中国科学院图书馆。

（明）袁褧辑：《金声玉振集》，中国书店影印1959年版。

（明）张燮：《东西洋考》，中华书局1981年版。

（明）张雨：《边政考》，中华文史丛书第14册，华文书局影印1969年版。

（明）郑若曾撰，李致忠点校：《筹海图编》，中华书局2007年版。

（明）郑晓：《吾学编》，《续修四库全书》第424册，上海古籍出版社1995年版。

（清）陈伦炯：《海国闻见录》，《台湾文献丛刊》第七辑，大通书局。

（清）陈伦炯著，李长傅校注：《海国闻见录校注》，中州古籍出版社1985年版。

（清）陈坦纂修：康熙《宣化县乡土志》，清康熙五十年（1711）抄本，成文出版社1968年版。

（清）陈坦纂修：康熙《宣化县志》，清康熙五十年（1711）刻本。

（清）房裔兰修，苏之芬纂，雍正《阳高县志》，清雍正七年（1729）刻本，民国铅印，成文出版社1966年版。

（清）谷应泰：《明史纪事本末》，中华书局1977年版。

（清）顾祖禹撰，贺次君、施和金点校：《读史方舆纪要》，中华书局2005年版。

（清）桂敬顺纂修：乾隆《浑源州志》，清乾隆二十八年（1763）刻本。

（清）郭磊等纂修：乾隆《广灵县志》，清乾隆十九年（1754）刻本，成文出版社1966年版。

（清）国史馆辑：《满汉名臣传》，哈尔滨：黑龙江人民出版社1991年版。

（清）贺澍恩修，程续等纂：光绪《浑源州续志》，清光绪六年（1880）刻本。

（清）洪汝霖等修，杨笃纂：光绪《天镇县志》，清光绪十六年（1890）刻本，民国二十四年（1935）铅印，成文出版社1968年版。

（清）胡文烨等纂修：顺治《云中郡志》，清顺治九年（1652）刻本。

（清）姜际龙纂修：康熙《新续宣府志》，清康熙十三年（1674）修，康熙抄本。

（清）金志节原本，黄可润纂修：乾隆《口北三厅志》，清乾隆二十三年（1758）刻本，成文出版社1968年版。

（清）觉罗罗麟修，储大文纂：雍正《山西通志》，清雍正十二年（1734）刻本。

（清）昆冈、李鸿章等修：《钦定大清会典》，光绪二十五年重修本。

（清）昆冈、李鸿章等修：《钦定大清会典事例》，光绪二十五年重修本。

（清）勒德洪等撰：《平定三逆方略》，《台湾文献丛刊》第六辑，大通书局1997年版。

（清）雷棣荣、严润林修，陆泰元纂：光绪《灵丘县补志》，清光绪七年（1881）刻本。

（清）黎中辅纂修：道光《大同县志》，清道光十年（1830）刻本。

（清）李士宣修，周硕勋纂：乾隆《延庆卫志略》，清乾隆十年（1745）抄本，成文出版社1970年版。

（清）李翼圣原纂：光绪《左云县志》，清光绪六年（1880）增修本，民国石印。

（清）李英纂修：顺治《蔚州志》，清顺治十六年（1659）刻本。

（清）李钟俾修，穆元肇、方世熙纂：乾隆《延庆州志》，清乾隆七年（1742）刻本。

（清）梁永祚修，张永曙纂：康熙《保安州志》，清康熙五十年（1711）刻本。

（清）刘士铭修，王霨纂：雍正《朔平府志》，清雍正十一年（1733）刻本。

（清）孟思谊纂修：乾隆《赤城县志》，清乾隆十三年（1748）刻本，成文出版社1968年版。

（清）齐彦槐：《海运南漕议》，贺长龄辑：《皇朝经世文编》卷48《户政二十三：漕运下》，沈云龙主编：《近代中国史料丛刊》第74辑，文化出版社1966年版。

（清）庆之金修，杨笃纂：光绪《蔚州志》，清光绪三年（1877）刻本，成文出版社1968年版。

（清）穆彰阿等修：《嘉庆重修一统志》，《四部丛刊续编》本，上海书店1984年版。

（清）阮元校刻：《十三经注疏》，中华书局1980年版。

《清实录》，中华书局1985—1987年版。

（清）宋起凤原本，岳宏誉增订：康熙《灵邱县志》，清康熙二十三年（1684）刻本。

（清）唐执玉、李衡修，陈仪、田易纂：雍正《畿辅通志》，清雍正十三年（1735）刻本。

（清）铁保纂修：《钦定八旗通志》，学生书局1968年版。

（清）屠秉懿等修，张惇德纂：光绪《延庆州志》，清光绪七年（1881）刻本，成文出版社 1968 年版。

（清）汪嗣圣纂修，王霨汇纂：雍正《朔州志》，清雍正十三年（1735）刻本，成文出版社 1976 年版。

（清）王昶撰：《金石萃编》，上海宝善石印本，光绪十九年（1893）。

（清）王锡祺：《小方壶斋舆地丛钞》，光绪十七年（1891）上海著易堂铅印本，杭州古籍书店影印 1985 年版。

（清）王育榞修，李舜臣纂：乾隆《蔚县志》，清乾隆四年（1739）刻本，成文出版社 1968 年版。

（清）王者辅原本，张志奇续修，黄可润续纂：《宣化府志》，乾隆八年（1743）修，二十二年（1757）订补刊印，成文出版社 1970 年版。

（清）温达等：《亲征平定朔漠方略》，《清代方略全书》第五辑，影印清康熙内府刻本，北京图书馆出版社 2006 年版。

（清）文庆等纂：《筹办夷务始末》（道光朝），沈云龙主编《近代中国史料丛刊》第五十六辑，文海出版社 1966 年版。

（清）吴辅宏修，王飞藻纂，文光校订：乾隆《大同府志》，清乾隆四十一年（1776）修，四十七年（1782）重校刻本。

（清）许隆远纂修：康熙《怀来县志》，清康熙五十一年（1712）刻本。

（清）寻銮晋修，张毓生纂：光绪《保安州续志》，清光绪二年（1876）刻本，成文出版社 1968 年版。

（清）杨大崑修，钱戬曾纂：乾隆《怀安县志》，清乾隆六年（1741）刻本。

（清）杨桂森纂修：道光《保安州志》，清道光十五年（1835）刻本。

（清）杨世昌修，吴廷华、杨大猷纂：乾隆《蔚州志补》，清乾隆十年（1745）刻本。

（清）杨亦铭等纂修：光绪《广灵县补志》，清光绪六年（1880）刻本，成文出版社1966年版。

（清）荫禄修，程燮奎纂：光绪《怀安县志》，清光绪二年（1876）刻本。

（清）于成龙修，郭棻纂：康熙《畿辅通志》，清康熙二十二年（1683）刻本。

（清）允禄等监修：《大清会典》（雍正朝），《近代中国史料丛刊三编》第78辑，第776册，文海出版社1995年版。

（清）曾国荃、张煦等修，王轩、杨笃等纂：光绪《山西通志》，清光绪十八年（1892）刻本。

（清）张充国纂修：康熙《西宁县志》，清康熙五十一年（1712）刻本。

（清）张廷玉等撰：《明史》，中华书局1974年版。

（清）章梫：《康熙政要》，《中华文史丛书》之八十七，光绪刊本，华文书局股份有限公司影印1969年版。

（清）章焞撰修：康熙《龙门县志》，清康熙五十一年（1712）刻本，成文出版社1969年版。

（清）周馥：《周悫慎公全集》，民国十一年（公元1922年）秋浦周氏校刊。

（清）朱乃恭修，席之瓒纂：光绪《怀来县志》，清光绪八年（1882）刻本。

（清）左承业原本，施彦士续纂修：道光《万全县志》，清道光十四年（1834）增刻乾隆七年（1742）本。

（宋）乐史撰，王文楚等点校：《太平寰宇记》，中华书局2007年版。

（唐）杜佑撰，王文锦、王永兴、刘俊文、徐庭云、谢方点校：《通典》，中华书局1988年版。

（唐）李吉甫：《元和郡县图志》，中华书局1983年版。

（唐）李泰等著，贺次君辑校：《括地志辑校》，中华书局1980

年版。

（元）孛兰肹等著，赵万里校辑：《元一统志》，中华书局1966年版。

赵尔巽等撰：《清史稿》，中华书局1977年版。

二 专著、译著与图集

Robert Batchelor, *London: The Selden Map and the Making of a Global City, 1549–1689*, The University of Chicago Press, 2014.

Timothy Brook（卜正民）, *Mr. Selden's Map of China: Decoding the Secrets of a Vanished Cartographer*, Bloomsbury Press, 2013.

安金辉、苏卫国：《天朝大国的景象：西方地图中的中国》，华东师范大学出版社2015年版。

北京市古代建筑研究所、北京市文物局资料信息中心编：《加摹乾隆京城全图》，北京燕山出版社1996年版。

北京图书馆金石组、中国佛教图书文物馆石经组编：《房山石经题记汇编》，书目文献出版社1987年版。

北京图书馆善本特藏部舆图组编：《舆图要录：北京图书馆藏6827种中外文古旧地图目录》，北京图书馆出版社1997年版。

毕远溥、刘林林编：《辽宁省海岛地名志》，海洋出版社2014年版。

曹婉如等编：《中国古代地图集·明代卷》，文物出版社1995年版。

曹婉如等编：《中国古代地图集·清代卷》，文物出版社1997年版。

曹婉如等编：《中国古代地图集·战国至元代卷》，文物出版社1990年版。

晁中辰：《明代海外贸易研究》，紫禁城出版社2012年版。

陈博翼：《防海之道：明代南直隶海防研究》，社会科学文献出版社2023年版。

成一农：《当代中国历史地理学研究（1949—2019）》，中国社会科学出版社 2019 年版。

成一农：《"非科学"的中国传统舆图：中国传统舆图绘制研究》，中国社会科学出版社 2016 年版。

成一农：《〈广舆图〉史话》，国家图书馆出版社 2017 年版。

成一农：《史料、方法与历史研究：基于古代城市、古地图的探究》，科学出版社 2022 年版。

成一农：《中国古代舆地图研究（修订本）》，中国社会科学出版社 2020 年版。

《东莞历代地图集》，中国人民政治协商会议东莞市委员会文史资料委员会 2002 年版。

樊铧：《政治决策与明代海运》，社会科学文献出版社 2009 年版。

葛剑雄：《中国古代的地图测绘》，商务印书馆 1998 年版。

顾诚：《南明史》，中国青年出版社 1997 年版。

广东省文物局编：《广东明清海防遗址调查与研究》，上海古籍出版社 2014 年版。

韩振华主编：《我国南海诸岛史料汇编》，东方出版社 1988 年版。

何锋：《明朝海上力量建设》，厦门大学出版社 2015 年版。

河北省测绘局编绘：《河北省地图集》，河北省测绘局 1981 年版。

侯仁之：《历史地理学的理论与实践》，上海人民出版社 1979 年版。

侯仁之：《历史地理学四论》，中国科学技术出版社 1994 年版。

侯仁之主编：《北京城市历史地理》，北京燕山出版社 2000 年版。

华林甫：《德国普鲁士文化遗产图书馆藏晚清直隶山东县级舆图整理与研究》，齐鲁书社 2015 年版。

华林甫主编：《中华文明地图》，中国地图出版社 2018 年版。

华林甫、胡恒、乔欣：《清代政区地理三探》，北京联合出版公司 2024 年版。

华林甫：《英国国家档案馆庋藏近代中文舆图》，上海社会科学院出版社2009年版。

华夏子：《明长城考实》，档案出版社1988年版。

季永海、刘景宪、屈六生：《满语语法》，民族出版社1986年版。

景爱：《中国长城史》，上海人民出版社2006年版。

赖建诚：《边镇粮饷：明代中后叶的边防经费与国家财政危机，1531—1602》，联经出版有限公司2008年版。

蓝勇主编：《重庆古旧地图研究》，西南师范大学出版社2013年版。

李金明：《中国南海疆域研究》，福建人民出版社1999年版。

李鹏：《清代民国长江上游航道图志研究》，中国社会科学出版社2023年版。

李庆新：《濒海之地：南海贸易与中外关系史研究》，中华书局2010年版。

李孝聪：《古地图上的长城》，江苏凤凰科学技术出版社2022年版。

李孝聪：《朗润舆地问学集》，凤凰出版社2024年版。

李孝聪：《历史城市地理》，山东教育出版社2007年版。

李孝聪：《美国国会图书馆藏中文古地图叙录》，文物出版社2004年版。

李孝聪：《欧洲收藏部分中文古地图叙录》，国际文化出版公司1996年版。

李孝聪、饶权主编：《问水：中国国家图书馆藏山川名胜图集珍》，上海书画出版社2024年版。

李孝聪、饶权主编：《寻山：中国国家图书馆藏山川名胜图集珍》，上海书画出版社2024年版。

李孝聪、饶权主编：《游胜：中国国家图书馆藏山川名胜图集珍》，上海书画出版社2024年版。

李孝聪、饶权主编：《中国国家图书馆藏山川名胜舆图集成》，上海书画出版社2021年版。

李孝聪、汪前进、成一农、孙靖国、席会东、王耀、覃影：《中国古代舆图调查与研究》，中国水利水电出版社2019年版。

北京大学中国古代史研究中心编：《舆地、考古与史学新说：李孝聪教授荣休纪念论文集》，中华书局2012年版。

李孝聪、陈军主编：《中国长城志·图志》，江苏科学技术出版社2016年版。

李孝聪：《中国区域历史地理》，北京大学出版社2004年版。

李孝聪：《中国运河志·图志》，江苏凤凰科学技术出版社2019年版)。

李孝聪、钟翀主编：《外国所绘近代中国城市地图总目提要（彩图版)》，中西书局2020年版。

李孝聪主编：《唐代地域结构与运作空间》，上海辞书出版社2003年版。

李旭旦：《人文地理学概说》，科学出版社1985年版。

李旭旦：《人文地理学论丛》，人民教育出版社1986年版。

梁方仲：《中国历代户口、田地、田赋统计》，上海人民出版社1980年版。

林天人等编：《河岳海疆：院藏古舆图展图录》，台北故宫博物院2012年版。

林为楷：《明代的江海联防——长江江海交会水域防卫的建构与备御》，"明史研究丛刊"第十四，明史研究小组印行2006年版。

刘谦：《明辽东镇长城及防御考》，文物出版社1989年版。

刘迎胜编：《〈大明混一图〉与〈混一疆理图〉研究》，凤凰出版社2010年版。

刘镇伟主编：《中国古地图精选》，中国世界语出版社1995年版。

卢建一：《明清海疆政策与东南海岛研究》，福建人民出版社2011年版。

吕一燃主编：《中国海疆史研究》，四川人民出版社2016年版。

吕一燃：《南海诸岛：地理、历史、主权》，黑龙江教育出版社

2014年版。

毛佩奇、王莉:《中国明代军事史》,人民出版社1994年版。

[美] J. B. 哈利、[美] 戴维·伍德沃德主编,包甦译,卜宪群审译:《地图学史》第二卷第一分册《伊斯兰与南亚传统社会的地图学史》,中国社会科学出版社2022年版。

[美] J. B. 哈利、[美] 戴维·伍德沃德主编,成一农、孙靖国、包甦译,卜宪群审译:《地图学史》第一卷《史前、古代、中世纪欧洲和地中海的地图学史》,中国社会科学出版社2022年版。

[美] J. B. 哈利、[美] 戴维·伍德沃德主编,成一农译,卜宪群审译:《地图学史》第三卷《欧洲文艺复兴时期的地图学史》第一分册,中国社会科学出版社2021年版。

[美] J. B. 哈利、[美] 戴维·伍德沃德主编,黄义军译,卜宪群审译:《地图学史》第二卷第二分册《东亚与东南亚传统社会的地图学史》,中国社会科学出版社2022年版。

[美] J. B. 哈利、[美] 戴维·伍德沃德主编,刘夙译,卜宪群审译:《地图学史》第二卷第三分册《非洲、美洲、北极圈、澳大利亚与太平洋传统社会的地图学史》,中国社会科学出版社2022年版。

[美] J. B. 哈利、[美] 戴维·伍德沃德主编,孙靖国译,卜宪群审译:《地图学史》第三卷《欧洲文艺复兴时期的地图学史》第二分册,中国社会科学出版社2021年版。

[美] 阿瑟·沃尔德隆(Arthur Waldon)著,石云龙、金鑫荣译:《长城:从历史到神话》(*The Great Wall of China from history to myth*),江苏教育出版社2008年版。

[美] 拉铁摩尔著,唐晓峰译:《中国的亚洲内陆边疆》,江苏人民出版社2005年版。

[美] 马克·蒙莫尼尔著,黄义军译:《科学新视野:会说谎的地图》,商务印书馆2012年版。

[美] 施坚雅等主编,叶光庭等合译:《中华帝国晚期的城市》,中

华书局2000年版。

［美］詹姆斯（James，P. E.）著，李旭旦译：《地理学思想史》，商务印书馆1982年版。

（明）刘效祖著，彭勇、崔继来校注：《四镇三关志校注》，中州古籍出版社2018年版。

彭勇：《明代北边防御体制研究——以边操班军的演变为线索》，中央民族大学出版社2009年版。

［日］宫崎正胜著，朱悦玮译：《航海图的世界史》，中信出版社2014年版。

［日］和田清著，潘世宪译：《明代蒙古史论集》，商务印书馆1984年版。

［日］井上彻编：《中国都市研究の史料と方法》，大阪市立大学大学院文学研究科都市文化研究センター2005年版。

孙靖国：《舆图指要：中国科学院图书馆藏中国古地图叙录》，中国地图出版社2012年版。

孙逊、钟翀主编：《上海城市地图集成》，上海书画出版社2017年版。

谭广濂：《从方圆到经纬——香港与华南历史地图藏珍》，中华书局（香港）2010年版。

谭广濂：《中外老地图里的东海与南海》，新星出版社2018年版。

谭其骧主编：《中国历史地图集》（八册），中国地图出版社1982年版。

唐锡仁、杨文衡编：《中国科学技术史：地学卷》，科学出版社2000年版。

陶存焕、周潮生：《明清钱塘江海塘》，中国水利水电出版社2001年

汪前进：《中国地图学史研究文献集成（民国时期）》，西安地图出版社2007年版。

汪志国：《周馥与晚清社会》，合肥工业大学出版社2004年版。

271

王恒杰著，张雪慧整理：《从边疆到海疆：王恒杰南海考古与边疆民族研究文集》，辽宁民族出版社2013年版。

王宏斌：《清代内外洋划分及其管辖权研究》，中国社会科学出版社2020年版。

王宏斌：《清代前期海防：思想与制度》，社会科学文献出版社2002年版。

王宏斌：《晚清边防：思想、政策与制度》，中华书局2017年版。

王宏斌：《晚清海防地理学发展史》，中国社会科学出版社2012年版。

王耀：《水道画卷：清代京杭大运河舆图研究》，中国社会科学出版社2016年版。

王颖主编：《中国海洋地理》，科学出版社2013年版。

王庸：《中国地理图籍丛考》，商务印书馆1956年版。

王毓铨：《明代的军屯》，中华书局1965年版。

王泽民：《杀虎口与中国北部边疆》，内蒙古大学出版社2007年版。

文物编辑委员会编：《中国长城遗迹调查报告集》，文物出版社1981年版。

吴晗辑：《朝鲜李朝实录中的中国史料》，中华书局1980年版。

武汉历史地图集编纂委员会编辑：《武汉历史地理图》，中国地图出版社1998年版。

席会东主编：《三秦经纬：陕西古代地图集》，西安地图出版社2020年版。

席会东：《中国古代地图文化史》，中国地图出版社2013年版。

向达整理：《中外交通史籍丛刊：郑和航海图》，中华书局1961年版。

肖立军：《明代省镇营兵制与地方秩序》，天津古籍出版社2010年版。

谢国兴主编，林天人编撰：《方舆搜览：大英图书馆所藏中文历史地图》,"中研院"台史所、"中研院"数字文化中心2015年版。

阎平、孙果清等编著:《中华古地图集珍》,西安地图出版社1995年版。

杨煜达主编:《中国千年区域极端旱涝地图集》,中华地图学社2024年版。

姚伯岳主编:《皇舆遐览——北京大学图书馆藏清代彩绘地图》,中国人民大学出版社2008年版。

喻沧、廖克:《中国地图学史》,测绘出版社2010年版。

喻沧主编:《中国古地图珍品选集》,哈尔滨地图出版社1998年版。

张力果、赵淑梅、周占鳌:《地图学》,高等教育出版社1990年版。

张萍主编:《西北城市变迁古旧地图集粹》,西安地图出版社2021年版。

张荣群:《地图学基础》,西安地图出版社2002年版。

张文彩:《中国海塘工程简史》,科学出版社1990年版。

章巽:《古航海图考释》,海洋出版社1980年版。

章巽:《章巽文集》,海洋出版社1986年版。

赵淑梅:《地图学基础》,高等教育出版社1987年版。

赵树国:《明代北部海防体制研究》,山东人民出版社2014年版。

赵现海:《明长城时代的开启:长城社会史视野下榆林长城修筑研究》,兰州大学出版社2014年版。

赵现海:《明代的王朝国家之路》,社会科学文献出版社2022年版。

赵现海:《明代九边长城军镇史》,中国社会科学出版社2013年版。

郑锡煌主编:《中国古代地图集:城市地图》,西安地图出版社2005年版。

郑永昌撰述,宋兆麟主编:《水到渠成:院藏清代河工档案舆图特展》，台北故宫博物院 2012 年版。

中国长城学会主编：《长城百科全书》，吉林人民出版社 1994 年版。

中国第一历史档案馆、辽宁省档案馆编：《中国明朝档案总汇》（101 册），广西师范大学出版社 2001 年版。

《中国海岛志（山东卷）：第 1 册：山东北部沿岸》，海洋出版社 2013 年版。

中国航海学会：《中国航海史（古代航海史）》，人民交通出版社 1988 年版。

钟翀：《北江盆地：宗族、聚落的形态与发展史研究》，商务印书馆 2011 年版。

钟翀编：《温州古旧地图集》，上海书店出版社 2014 年版。

钟翀：《江南近代城镇地图萃编》，上海书店出版社 2023 年版。

钟翀编著：《旧城胜景：日绘近代中国都市鸟瞰地图（增订本）》，上海书画出版社 2018 年版。

周绍良、赵超：《唐代墓志汇编》，上海古籍出版社 1992 年版。

周运中：《郑和下西洋新考》，中国社会科学出版社 2013 年版。

周振鹤主编，傅林祥、郑宝恒著：《中国行政区划通史·中华民国卷》，复旦大学出版社 2007 年版。

周振鹤主编，郭红、靳润成著：《中国行政区划通史·明代卷》，复旦大学出版社 2007 年版。

朱鉴秋、陈佳荣、钱江、谭广濂编著：《中外交通古地图集》，中西书局 2017 年版。

邹爱莲、霍启昌主编：《澳门历史地图精选》，华文出版社 2000 年版。

三 论文

Robert Batchelor, "The Selden Map Rediscovered: A Chinese Map of

East Asian Shipping Routes, c. 1619", *Imago Mundi*, No. 1, Vol. 65, 2013.

Stephen Davies, "The Construction of the Selden Map: Some Conjectures", *Imago Mundi*, No. 1 Vol. 65, 2013.

卞师军:《胶东半岛在元明清海运中的地位》,《烟台师范学院学报(哲学社会科学版)》1989年第1期。

陈代光:《陈伦炯与〈海国闻见录〉》,《地理研究》1985年第4期。

陈佳荣:《〈东西洋航海图〉绘画年代上限新证》,《海交史研究》2013年第2期。

陈佳荣:《〈明末疆里及漳泉航海通交图〉编绘时间、特色及海外交通地名略析》,《海交史研究》2011年第2期。

丁一:《耶鲁藏清代航海图北洋部分考释及其航线研究》,《历史地理》第二十五辑,上海人民出版社2011年版。

龚缨晏:《国外新近发现的一幅明代航海图》,《历史研究》2012年第3期。

龚缨晏、许俊琳:《〈雪尔登中国地图〉的发现与研究》,《史学理论研究》2015年第3期。

顾诚:《明帝国的疆土管理体制》,《历史研究》1989年第3期。

顾诚:《明前期耕地数新探》,《中国社会科学》1986年第4期。

顾诚:《谈明代的卫籍》,《北京师范大学学报(社会科学版)》1989年第5期。

郭永芳:《中国传统的海上小区——"洋"》,《中国科技史料》1990年第1期。

郭育生等:《〈东西洋航海图〉成图时间初探》,《海交史研究》2011年第2期。

姜勇、孙靖国《〈福建海防图〉初探》,《故宫博物院院刊》2011年第1期。

李弘祺：《美国耶鲁大学图书馆珍藏的古中国航海图》，《中国史研究动态》1997年第8期。

李孝聪：《关于中国古代城市研究的几点看法》，《北大史学》第2辑，北京大学出版社1994年版。

李孝聪、武宏麟：《应用彩红外航片研究城市历史地理——以九江、芜湖、安庆三座沿江城市的文化景观演化与河道变迁关系为例》，《北京大学学报》（历史地理专刊）1992年版。

李孝聪：《中国历史上的海洋空间与沿海地图》，载萧婷（Angela Schottenhammer）编：《东亚经济与社会文化论丛》，威斯巴登2006（*Maritime Space and Coastal Maps in the Chinese History*, *East Asian Economic and Socio-cultural Studies*, *East Asian Maritime History 2*, Harrassowitz Verlag, Wiesbaden.）。

梁淼泰：《明代"九边"的军数》，《中国史研究》1997年第1期。

林梅村《〈郑芝龙航海图〉考》，《文物》2013年第9期。

刘大可：《古代山东海上航线开辟与对外交流述略》，《国家航海》第六辑。

孟繁勇：《清代督抚满保与东南海防》，《社会科学战线》2009年第9期。

孟昭信、孟忻：《"东江移镇"及相关问题辨析》，《东北史地》2007年第5期。

米镇波：《清代中俄恰克图边境贸易》，南开大学出版社2003年版。

钱江：《牛津藏〈明代东西洋航海图〉姐妹作——耶鲁藏〈清代东南洋航海图〉推介》，《海交史研究》2013年第2期。

钱江：《一幅新近发现的明朝中叶彩绘航海图》，《海交史研究》2011年第2期。

任金城、孙果清：《关于法国国家图书馆发现的一张十六世纪的中国地图》，《文献》1986年第1期。

王大学：《皇权、景观及雍正朝的江南海塘工程》，《史林》2007年第4期。

王大学：《美国国会图书馆藏〈松江府海塘图〉的年代判定及其价值》，《中国历史地理论丛》2007年第4辑。

王静：《对〈海国闻见录〉中"南澳气"的考释》，《兰台世界》2008年第14期。

王荣湟、何孝荣：《明末东江海运研究》，《辽宁大学学报（哲学社会科学版）》2015年第6期。

王赛时：《古代山东与辽东的航海往来》，《海交史研究》2005年第1期。

吴春明：《"北洋"海域中朝航路及其沉船史迹》，《国家航海》第一辑，上海古籍出版社2011年版。

吴凤斌：《明清地图记载中南海诸岛主权问题的研究》，《南洋问题》1984年第4期。

向燕南：《明代边防史地撰述的勃兴》，《北京师范大学学报（人文社会科学版）》2000年第1期。

严敦杰：《释〈郑和航海图〉引言》，《自然科学史研究》1986年第1期。

张宝钗：《明绘本〈边镇地图〉考》，《东南文化》1997年第4期。

张士尊：《论明初辽东海运》，《社会科学辑刊》1993年第5期。

周长山：《中法陆路勘界与〈广西中越全界之图〉》，《历史地理》第31辑，上海人民出版社2015年版。

周琳：《万历四十六年至天启七年海运济辽》，《长春师范学院学报（人文社会科学版）》2005年第3期。

周运中：《明代〈福建海防图〉台湾地名考》，《国家航海》第十三辑，上海古籍出版社2015年版。

周运中：《南澳气、万里长沙与万里石塘新考》，《海交史研究》2013年第1期。

周运中:《牛津大学藏明末万老高闽商航海图研究》,澳门《文化杂志》第 87 期。

周运中:《章巽藏清代航海图的地名及成书考》,《海交史研究》2008 年第 1 期。

周运中:《"郑芝龙航海图"商榷》,《南方文物》2015 年第 2 期。

后　　记

我对历史地理学的兴趣，正是在读初中时被历史教材所附的历史地图册所引发。2005年，我进入北京大学历史学系，跟随导师李孝聪教授攻读历史地理学博士学位，当时李老师就已经带着研究生开"中国地图学史"的课程，我也参加了导师的相关课题，将中国科学院图书馆所藏的近百种古旧地图进行了整理与出版研究，也对地图学史有了兴趣。2009年进入中国社会科学院历史研究所（今古代史研究所）工作，在整理出版自己的博士论文之后，面临着如何开展下一步研究工作的问题，就将研究的重心转移到古地图研究。而且为了更好地进行中外比较，还参加了卜宪群所长主持的国家社科基金重大项目"《地图学史》翻译工程"，经过八年的艰苦翻译，把这套大部头权威著作翻译成了中文。其中我承担了第一卷《史前、古代、中世纪欧洲和地中海的地图学史》的部分篇章，和第三卷《欧洲文艺复兴时期的地图学史》的第二分册。八年的工作，让我在世界背景下对中国地图学史有了更多的感悟。

历史地图是研究历史地理的必备工具，1996年，我进入北京师范大学历史学系读书之后，就对历史地图非常喜欢。跟随李老师读书之后，也经常听他讲起辅助侯仁之先生绘制《北京历史地图集》和《中华人民共和国国家历史地图集》"城市图组"的工作，但当时还没有想到这些大项目和自己有什么关系。2017年，主持《中华人民共和国国家历史地图集》项目的高德先生溘然长逝，卜宪群所长找到我，问历史地理研究室能不能接手这个大项目，当时我还是助理研究员，研究室只有四个人（其中包括两位临近退休的老同志），可谓力量薄弱已极，但还是不知天高地厚地把这个大项目接了下来。在之后的七年中，这项工作成了我生活的重心，也让我对历史地图的编绘有了深刻而直接的认知，在审读每一幅图的时候，都会让我有面对海量数据和无限空间的慨叹，也对编绘历史地图所带来的研究空间有了自己的感触。

正是在这些工作的基础上，让我对"地图史学"这样一个学科方法的概念有了自己的思考，也回顾了自己在进入古代史研究所之后的工作，虽然几乎一直在做集体项目，但还是做了一些具体的研究工作，涉及地图学史和历史地图的多个方面，从2009年入所工作以来，陆续在《中国史研究》《中国历史地理论丛》等学术期刊上发表了论文几十篇，大部分是围绕古地图与历史地图的，现将这些研究成果整合成本书，是对自己过往工作的一次回顾，也是个人对这个学科理解与认识的一次重新审视，希望能够推动自己有更宏观的思考。

本书能够完成，要感谢的人很多。我入所以来，一直得到所长卜宪群老师的支持和鼓励，古代史所浓厚的学术氛围和历史地理研究室和睦的气氛，是我学术得以滋养的肥沃土壤。我的导师李孝聪教授，带我进入地图学史和历史地图的研究领域，毕业后我在北京工作，得蒙时时耳提面命，李师对学术的热情和严谨态度更是时刻感染和鞭策着我。无论是同在古代史所工作，还是调任云南大学之后，师兄成一农教授一直鼓励和帮助我，本书的出版更是附一农师兄课题成果之骥尾才得以完成，他的理论思考亦常常给我启发，让我时时提醒自己不能沉湎在细节的考证中。

感谢推动本书出版的宋燕鹏编审，他的全力支持和认真编校是本书顺利出版的保证。研究生李林娜帮助我核对稿件，耑此一并致谢。

后 记

最需要感谢的是我的家人，虽然不必天天坐班，但我几乎365天全年无休，能陪母亲、妻子和两个孩子的时间非常有限，希望以后我能在工作和生活中取得平衡。

孙靖国
2024年10月1日于京东郑村坝